大面积填筑黄土地基地下水工程效应

谢春庆　潘凯　著

西南交通大学出版社
·成　都·

图书在版编目（CIP）数据

大面积填筑黄土地基地下水工程效应 / 谢春庆，潘凯著. —成都：西南交通大学出版社，2021.11
ISBN 978-7-5643-8311-4

Ⅰ. ①大… Ⅱ. ①谢… ②潘… Ⅲ. ①黄土地基－地下水－地下工程－工程地质－研究 Ⅳ. ①P64

中国版本图书馆 CIP 数据核字（2021）第 204914 号

Da Mianji Tianzhu Huangtu Diji Dixiashui Gongcheng Xiaoying
大面积填筑黄土地基地下水工程效应

谢春庆 潘 凯 **著**

责任编辑 姜锡伟
封面设计 曹天擎

出版发行 西南交通大学出版社
（四川省成都市金牛区二环路北一段 111 号
西南交通大学创新大厦 21 楼）
邮政编码 610031
发行部电话 028-87600564 028-87600533
网址 http://www.xnjdcbs.com
印刷 四川煤田地质制图印刷厂

成品尺寸 185 mm × 260 mm
印张 10
字数 213 千
版次 2021 年 11 月第 1 版
印次 2021 年 11 月第 1 次
书号 ISBN 978-7-5643-8311-4
定价 50.00 元

PREFACE 前言

随着国家经济发展，我国在西北、华北的黄土地区进行了数十个大挖大填的基础设施建设，包括工民建、市政、交通建设工程，其中机场工程最具代表性。由于对干旱缺水的黄土地区大面积填筑地基地下水工程效应尚缺乏深入认识，到目前为止，机场工程已出现了一系列的工程问题或病害，如地基过大的沉降与不均匀沉降变形、地面沉陷、塌陷、道面脱空、错台、断板、附属建筑结构开裂、边坡变形失稳等，不同程度地影响了工程的顺利建设和后期的安全营运，造成了不小的经济损失和社会不良影响。

本书以西北地区某重点工程项目为研究对象，采用水文地质与工程地质调绘、水文地质遥感技术、无人机航测技术、水文地质钻探、原位试验、室内试验、大型物理模拟试验、数值模拟、地下水动态监测等技术手段，从水文地质角度，较为深入地研究了大面积填筑黄土地基地下水作用引起的“强度劣化效应”“增湿加重效应”“渗流潜蚀效应”“孔隙水压力效应”“冻结层滞水效应”“锅盖效应”等工程效应，并分析了地下水工程效应造成的地基过大沉降与不均匀沉降变形、季节性冻胀破坏、填方边坡变形失稳等一系列工程问题，有针对性地提出了防治措施建议。其研究思路、方法、成果，具有理论意义和实用价值。

参与本书编著的还有程瑞驭、柳天佳、李航、赵新杰等，感谢他们的辛勤工作。

本书由广东中煤江南工程勘测设计有限公司资助出版。本书撰写中借鉴和参考的文献已列出，但难免疏漏，在此谨向文献作者一并致谢。

由于作者水平有限，书中难免存在不妥及疏漏之处，恳请读者给予批评指正。

作 者

2021 年 6 月

CONTENTS 目录

第1章 绪 论

1.1 工程概况

T机场建设场址位于西北某地，属典型的高填方机场，最高填方边坡高差约160 m，为当前世界上机场土质填方最高边坡。

本期规划建设跑道长3 200 m、宽45 m，平行滑行道长3 200 m、宽18 m；拟规划建设1座7 000 m^2的航站楼，1座800 m^2的航管楼，以及4个（1B3C）机位的站坪；除此之外配套建设空管、供电、供油、给排水、暖通、通信、污水处理、生产辅助等相关配套设施，见图1.1-1。

试验段工程已于2020年9月开工。试验段共分为两个区域（试验段Ⅰ区、试验段Ⅱ区），占地约1 km^2。

1.2 研究现状

1.2.1 场地地质研究现状

建设场地地质资料较为丰富，有1∶20万地质、水文地质调查报告，1∶5万地质灾害危险性评估报告，地震安全性评价报告，全场地初步勘察报告，试验段工程详细勘察报告，试验段工程边坡专项勘察报告，等。这些资料为本次研究提供了较为丰富的基础资料。

1.2.2 国内外研究现状

地下水是一种重要的地质营力，它与岩土体的相互作用，一方面改变着岩土体的物理、化学和力学性质，另一方面也改变着地下水自身物理、力学性质以及化学成分。地下水与岩土体相互作用影响着岩土体的变形和强度，地下水对岩土体的力学性质的影响不可忽视。

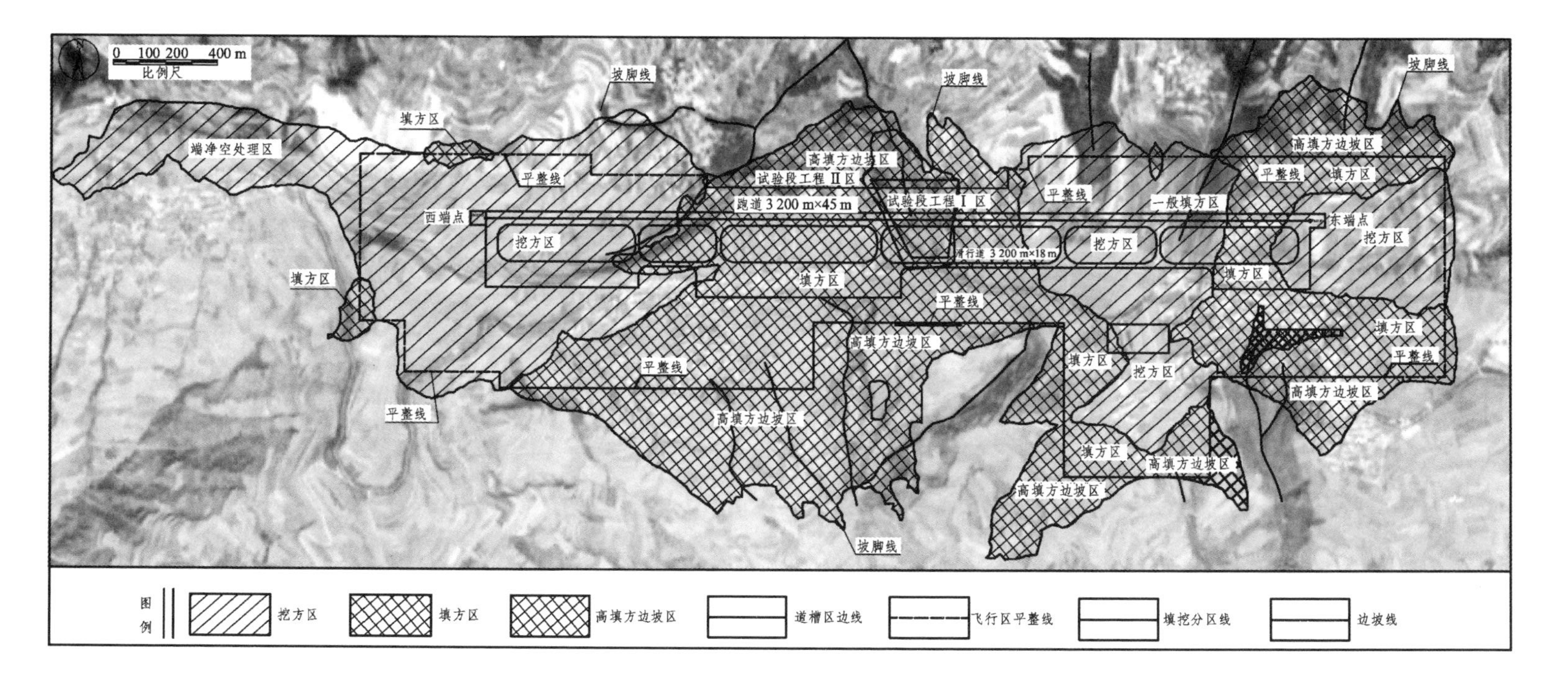

图 1.1-1　T 机场平面布局图

一方面，地下水通过物理、化学作用改变岩土体的结构，从而改变岩土体抗剪强度、承载力和抗变形性能等，在黄土地区地下水的溶解、水解作用还会使黄土湿陷，从而造成地基的过大沉降和不均匀沉降；另一方面，地下水通过孔隙静水压力作用，影响岩土体中的有效应力，从而降低岩土体的抗剪强度，同时地下水通过动水压力作用，造成岩土因渗透压力的作用而变形，或者土体颗粒被地下水潜蚀而流失，固体颗粒损失又造成岩土体的塌陷、失稳等。

山区高填方机场在建设中需进行大面积的挖填施工，大面积挖填会改变场地的地下水渗流场，从而引起地下水环境的变化，包括地下水位的升降，地下水补给、径流、排泄途径的迁移，地下水排泄量的增减，饱和带厚度的增大和非饱和土的增湿，等。在这个过程中，水岩作用产生的地基土“强度劣化效应”“增湿加重效应”“渗流潜蚀效应”“孔隙水压力效应”“冻结层滞水效应”“锅盖效应”将会引起一系列的工程问题，如地基的变形、失稳，边坡滑移，地面沉降、塌陷，工程结构的变形、破坏，等等。

1. 黄土结构及水岩作用机理研究

“水岩相互作用”这一术语由水文地球化学学科的奠基人之一、苏联著名水文地质学家奥弗琴尼柯夫于 1938 年提出，至今，水岩相互作用研究内容已发展成为水-岩（土）-气-有机物相互作用机制[1,2]。“没有一种自然物质，在影响地质作用的进程方面能够与水相提并论”[3]，由此可见，地下水与岩土相互作用对于岩土体变形破坏的重要性。

地下水与岩土体相互作用类型主要包括物理作用、力学作用和化学作用三类：① 力学作用，如孔隙水压力效应、动水压力效应、饱水加载效应；② 物理作用，如浸泡软化、湿化、泥化、润滑作用，结合水强化作用，以及掏蚀、侧蚀作用；③ 化学作用，如离子交换、溶解、水化、水解、溶蚀及氧化还原作用[4]。

我国黄土分布面积广，并以黄土高原为典型代表。黄土高原地处我国西北内陆干旱半干旱气候区，受自然环境、干湿循环气候的作用和时空分布不均匀的水资源作用，导致黄土与生俱来就具有两大工程特性，即结构性与非饱和性[5]。在黄土地区，水岩作用引起的地基湿陷、黄土滑坡等不良地质作用、工程病害等越来越多，因此，在黄土的结构特征、工程特性、水岩作用机制作用下的原生黄土及黄土人工地基的物化特征、强度特征、变形特征一直是黄土及黄土地基工程特性的研究难点和热点。

大量的研究表明，黄土的结构性特征包括固体颗粒大小、形状、分布，孔隙的形态、大小、孔隙率，以及固体颗粒的空间排列分布、胶结形式等；结构性使得黄土具有保持原有结构不被破坏的能力，一旦结构发生破坏，相应的力学性质也将发生变化[6]。关于原生黄土的结构特性，国内外大量学者从细观、微观结构等方面进行了大量研究，取得了很多有益的研究成果。国外学者 Sajgalik J[7]采用电镜扫描研究了黄土的微观结构特征及黄土的崩解机理。国内学者朱海之[8]、张宗祜[9]等，借助光学显微镜对黄土的微观结构进行了研究，提出原生黄土的多种结构形式；高国瑞[10]、王永焱[6]等对黄土的微观结构开展了大量的研究，对黄土显微结构特征进行了较为系统的分析与分类。

这些研究为黄土的特殊工程性质问题的研究奠定了理论基础。在黄土细观、微观结构性研究的基础上，部分学者还从物理力学的角度，定量研究和描述了黄土的结构性力学特征，提出了“结构屈服应力与结构强度”的细观力学概念[11,12]，但仍然存在诸多不足，后续又有很多学者进行了深化研究，细化完善了相关研究成果[13-15]。

黄土的初始结构性与其矿物组成、堆积历史、颗粒之间的联结力大小、排列紧密程度等密切相关，黄土结构的变化为黄土地区环境地质问题、灾害、病害的形成等提供了重要的内在条件。除了外部营力的作用，地下水也是引起黄土结构发生变化的重要因素之一。因此，结构性黄土水岩作用下的结构、强度变化特征及成灾机制对工程建设的影响，需要进一步的深入研究。

2. 大面积填筑工程病害、灾害研究现状

我国西部地区自然环境复杂，受场地条件的制约，许多分布在山区丘陵、山前堆积扇、河谷地区的大型工程，建设阶段都会面临大面积的挖填施工问题，“削山填谷”“填河造陆”的情况很常见；同时，随着经济的发展、城市规模的不断扩大，优质建设用地正在逐年减小，未来这种现象将会越来越多。与公路、铁路、航道、油气管道等线状工程相比，机场工程属面状工程，机场跑道长度可从几百米至几千米，飞行区面积可从十余万平方米至上百万平方米，同时还有大量的场内及场外附属配套设施。山区丘陵地区的机场往往进行大面积挖填施工，土石方量可从几万立方米至数千万立方米。

由于西部地区复杂的地形、地质、岩土、水文条件，使机场工程建设及运营遇到了非常多的工程问题，其中大面积填筑地基地下水问题就是非常典型的工程问题[16-18]。

以西南地区为例，典型工程问题如攀枝花机场高填方边坡多次大规模的滑移[19-23]，铜仁机场建设期填筑体、填方边坡变形滑塌[24]，红河机场试验段填筑体大型滑坡、南充机场道槽区沉陷变形、高填方边坡滑移[25]，康定机场高填方边坡滑坡、道槽及土面区填筑体沉陷[26,27]，昆明长水机场道槽区过大沉降、地面塌陷[28]，泸沽湖机场、黎平机场地面塌陷等。

以西北地区为例，典型工程问题如：甘肃敦煌机场，自建成通航以来，道面逐年出现鼓胀变形破坏，道面板拱起、开裂、错台[29,30]；山西吕梁机场老滑坡、填方边坡变形、地基沉降变形[31,32]；西宁机场道面沉陷、脱空、断板破坏；延安机场、陇南机场填方地基、边坡的变形；青海共和机场道面沉陷、错台、大面积断板；等。

机场大面积填筑地基出现的这些工程问题、工程病害及灾害，不仅增加了建设、维护费用，还给机场的顺利建设和后期安全营运造成了较大影响。

3. 黄土大面积填筑地基地下水工程效应研究现状

关于黄土结构、湿陷性、水敏性特征、非饱和黄土的特性、黄土地基处理技术、黄土灾害防治等，前人已做了大量的研究，取得了很多具有重要意义的研究成果[33-40]。

在大面积黄土填筑地基地下水相关的研究方面，部分学者对西北山区挖填方地基的地下水水位动态变化、渗流场特征及水岩作用引起的滑坡、地基不均匀沉降和坍塌等有一定程度的研究。李源[41]以室内土工试验结合数值模拟的方法，探索湿陷性黄土地区沟壑高填方地基的沉降规律，并对其部分沉降影响因素进行了探讨分析；介玉新、魏英杰等[42]以山西吕梁机场为例，采用数值模拟的方法，研究了湿陷性黄土地区高填方机场沉降特征；陈陆望、曾文[43]以延安东区一期岩土工程为例，利用软件开展不同岩土工程工况下的三维地下水数值模拟，从地下水水位响应的空间和时间特征来分析挖填作用、硬化措施和导水盲沟对地下水系统的影响；朱才辉、李宁[44]探讨了黄土高填方地基中暗穴扩展对机场道面变形的影响，从塌陷平衡理论和破裂拱理论出发，将暗穴扩展模式分为“受黄土垂直裂隙发育影响的竖向抬升模式”和“受黄土水敏性影响的径向扩容模式”，并基于上述理论建立暗穴扩展过程的动态量化计算方法；张硕、裴向军等[45]在对研究区黄土高填方边坡进行原位渗流实验和对裂缝存在条件下暂态非饱和渗流以及饱和黄土力学特性进行分析的基础上，对降雨诱发黄土高填方支挡边坡失稳机理进行了研究；宋焱勋、彭建兵等[46]通过工程地质条件及变形破坏分析，采用数值模拟方法研究了西北某油田基底黄土填方高陡边坡变形破坏机制。

在黄土地基处理、施工技术方面，于丰武等[47]、殷鹤等[48]较多的学者进行了现场物理模型试验、室内试验及数值模拟等相关研究。

王念秦、柴卓（2010）等[31]总结提出：黄土的特殊性质，加上机场建设过程中的深挖高填，使得多种环境地质灾害伴生，同时造成机场建设费用大幅度增加。近年来，我国西南山区机场建设飞速发展，积累了一些成功经验，而西部黄土山区机场建设才刚刚起步，不仅要学习已有成功经验，还必须结合具体实际，考虑与黄土地形地貌及其本身特性有关的种种地质灾害，并以吕梁机场建设工程为例，阐述了机场建设中已存在及可能诱发的各类地质灾害及特征，提出了黄土丘陵区机场建设应遵循“预防优先、防治结合、综合治理、考虑环境美化”的防治原则，并针对各类地质灾害，探讨了相应的防治途径。

前人对黄土地区大面积挖填工程已有一定程度的研究，但将大面积黄土填筑地基地下水工程效应与工程建设实际相结合，以解决具体的工程问题的案例和研究成果还较少。因此，从工程实际出发，开展进一步的深入研究，对解决未来类似工程建设所面临的关键性技术难题，具有非常重要的理论和实用价值。

4. 地下水数值模拟与物理模拟研究现状

地下水模拟是基于计算机利用数值方法来分析和预测不同条件下局部或区域地下水系统行为的一种手段，我国在地下水数值模拟技术方面起步较晚[49]。近几十年来，随着地下水科学和计算机科学的发展，地下水数值模拟也得到了快速发展，特别是三维水流模型与有限元算法程序这两方面的引入，推动了溶质迁移技术的发展。数值模拟方法以其方便灵活，适用于各种复杂水文地质条件的特点，已广泛应用于地下水资源预测、水资源环境分析、水流影响评价之中[50,51]。

常见的地下水数值模拟方法主要包括有限差分法（FDM）、有限元法（FEM）、边界元法（BEM）和有限分析法（FEM）等，常用的地下水数值模拟软件有 GMS、FEFLOW、Visual MODEFLOW、VisualGroundwater、MIKE SHE、MT3DMS、TOUGH2 等，它们已越来越成熟地被应用于各类地下水数值模拟中[52]。但地下水数值模拟在实际运用中，仍然存在不少问题，如：不重视具体地质条件、水文地质条件的研究；在具体建立模型时不能正确建立反映当地具体条件的概念模型，或者不是根据具体地质、水文地质条件来建立模型；不重视概念模型的建立和数值模型的识别、检验，而是随意主观地忽视一些现象或边界条件、随意增删数据，去搞“拟合”等，使得模拟结果失去可信度[49]。但不可否认，地下水数值模拟技术在地下水领域中的应用十分广泛，是辅助解决地下水相关问题的一个重要技术手段。

物理模型方法是一种发展较早、应用广泛、能形象直观地反映地下水与地质体作用过程的分析方法。物理模型试验，可将繁杂的实际场地水文地质条件情况简化为一个简单的水文地质模型信息，然后用相似的物理模型法来比拟水文地质模型[53]。在早期研究中，相关学者做了一些关于地下水物理模型的试验研究，提出在采用的物理模型试验中，材料的选用应能满足模拟相似性原理并易于观察实验现象和测量各种数据，同时模型应尽量简化；陈鸿雁、徐蕾等[54]开展了地下水运移的物理模型试验研究，得到了较好的预期试验结果，地下水物理模型试验可以直观地反映地下水渗流场及可能出现的物理现象。刘东[55]通过物理模拟实验研究，得到了研究区大致的地下水运移规律和特征。

在地下水渗流与边坡稳定性物理模型试验研究方面，俞伯汀等[56]进行了管道排泄系统的物理模拟试验，研究了含碎石黏性土边坡地下水管道排泄系统的形成规律和特征。研究得出：地下水管道排泄系统的存在使含碎石黏性土边坡具有良好的渗透性，能有效排泄坡体中的地下水，避免雨季时坡体地下水位的大幅度上升，有效减少坡体中的渗透力和潜在滑面的孔隙水压力。当地下水管道排泄系统遭到破坏时，地下水位将明显提高，使边坡的稳定性降低。由此可知：管道排泄系统的存在对保持含碎石黏性土边坡的稳定是十分重要的。

关于大面积填筑黄土地基地下水渗流模型试验，目前研究尚浅。由于物理模拟具有形象直观地反映地下水与地质体作用过程的优势，因此可将物理模拟运用于地下水工程效应的研究，探讨与地下水相关的工程问题。

1.3 研究内容和研究方法

本研究的主要研究内容和研究方法，主要围绕以下几个方面展开：

1.3.1 基础地质条件分析

本次研究中，采用资料搜集、整理、分析、水文地质遥感技术、工程测量、水文地质与工程地质测绘、无人机航测、工程物探、水文地质钻探、坑（槽）探、现场试验（标贯、地基承载力检测、微型贯入试验、现场环刀法密度试验、毛细水上升高度试验、现场岩石点荷载试验、现场岩石耐崩解简易试验等等）、现场水文地质试验（浅层渗水试验、钻孔注水试验、钻孔抽水试验）、地下水位动态观测、室内试验等方法，查明了场地的水文地质与工程地质条件。

1.3.2　物理模拟试验分析

采取场地土，根据场地土石方设计、地势设计文件，在室内建立填筑地基水文地质模型，模拟地下水渗流过程，研究大面积填筑地基在地下水作用下可能引发的病害、过程及其形成机理和成灾模式。

1.3.3　数值模拟分析

根据场地特征，选择典型地段建立数值计算模型，模型的边界条件尽量保持与场地基本一致。数值模拟包括：施工前、施工后地下水渗流场数值模拟分析、地下水渗流与地基变形、稳定性分析。

1.3.4　现场大型试验分析

结合试验段工程，进行填筑地基岩土特性试验、地下水位监测，开展大面积填筑地基地下水工程效应试验，验证物理模拟、数值模拟、理论分析的正确性，调校数值模型。

1.4　技术路线

以上述研究内容和研究方法为主线，形成的技术路线，如图 1.4-1 所示。

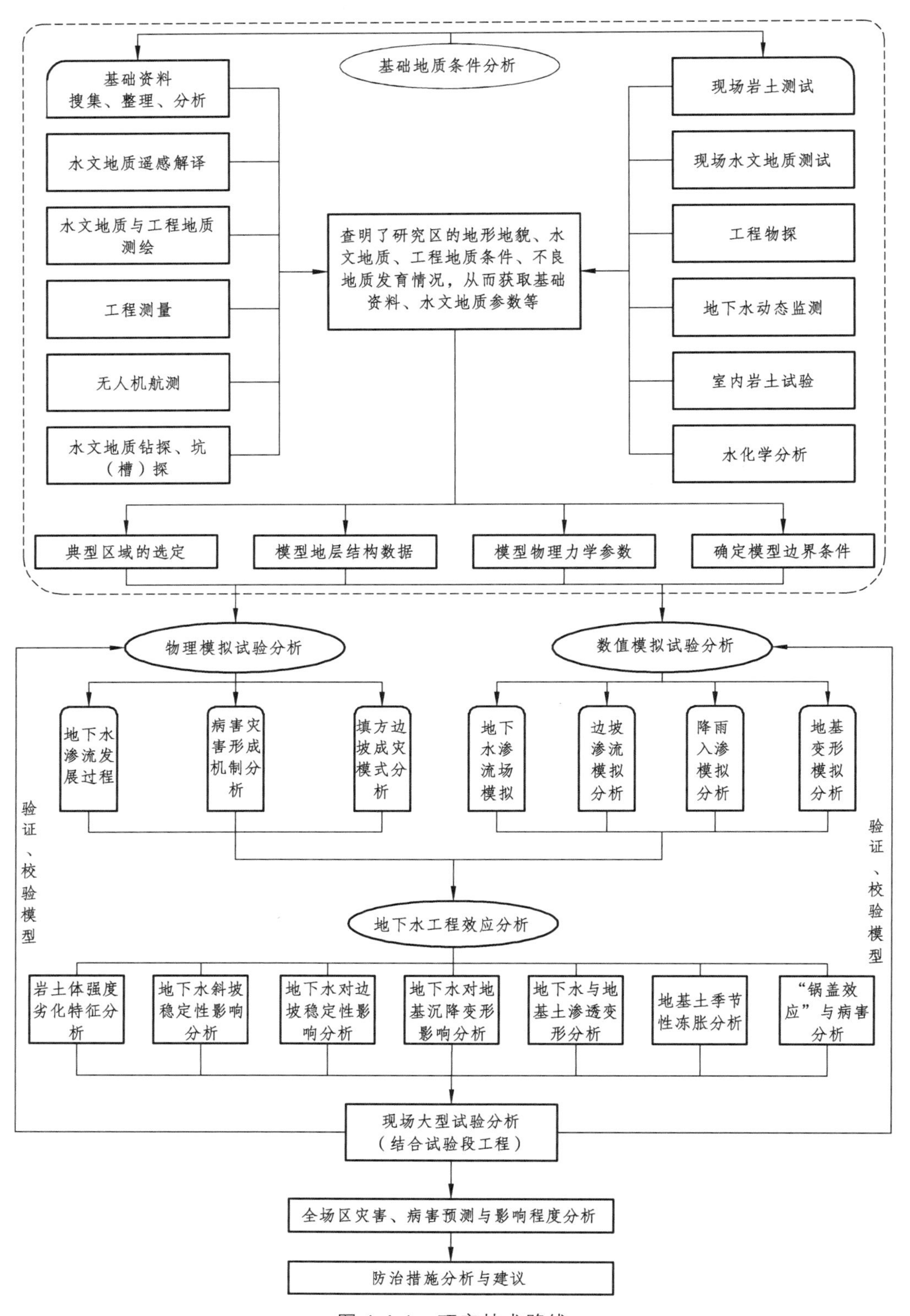

基础地质条件分析
基础资料
搜集、整理、分析
水文地质遥感解译
水文地质与工程地质测绘
工程测量
无人机航测
水文地质钻探、坑（槽）探
查明了研究区的地形地貌、水文地质、工程地质条件、不良地质发育情况，从而获取基础资料、水文地质参数等
现场岩土测试
现场水文地质测试
工程物探
地下水动态监测
室内岩土试验
水化学分析
典型区域的选定
模型地层结构数据
模型物理力学参数
确定模型边界条件
物理模拟试验分析
数值模拟试验分析
地下水渗流发展过程
病害灾害形成机制分析
填方边坡成灾模式分析
地下水渗流场模拟
边坡渗流模拟分析
降雨入渗模拟分析
地基变形模拟分析
验证、校验模型
验证、校验模型
地下水工程效应分析
岩土体强度劣化特征分析
地下水斜坡稳定性影响分析
地下水对边坡稳定性影响分析
地下水对地基沉降变形影响分析
地下水与地基土渗透变形分析
地基土季节性冻胀分析
“锅盖效应”与病害分析
现场大型试验分析
（结合试验段工程）
全场区灾害、病害预测与影响程度分析
防治措施分析与建议

图 1.4-1 研究技术路线

第 2 章 地质条件

2.1 工程地质条件

2.1.1 地形地貌

机场位于何家湾—上韩家湾—马家湾一带，根据地貌的成因类型和形态特征，属剥蚀残留的黄土梁、峁状丘陵地貌。黄土丘陵以梁、峁为主要特征，斜坡、冲沟并存，陡崖、切沟与落水洞、台地等微地貌发育，其伸展方向基本与耤河谷地相平行，梁顶相对耤河河谷高差 400 ~ 450 m，山坡平均坡度为 5° ~ 15°。梁南北两侧冲沟发育，切割深度一般为 10 ~ 50 m，部分冲沟切割到泥岩。

试验段区位于龙凤村所在山梁的北面阴坡，东西向上地势表现为两端高中部低，以县道 X441 为界，表现为南侧高北侧低，形成“马鞍”状的地貌形态。试验段区顶部高程 1 605 ~ 1 615 m，坡脚沟底高程 1 475 ~ 1 542 m，斜坡顶部与坡脚高差 60 ~ 140 m。

场区沟谷多呈“V”形，将山梁侵蚀分割成条带状，沟梁相间，冲沟处和梁边缘坡度较大，达 20% ~ 30%，局部形成直立的陡崖。该区多被开垦为耕地，水土流失较严重，滑坡、错落、崩塌、不稳定斜坡较为发育。从山梁顶部冲沟后缘向前缘（耤河、罗峪沟方向），滑坡、错落、崩塌、不稳定性斜坡的发育程度和规模逐步加大，并逐步由单个滑坡向滑坡群发展。

机场将进行大面积的挖方和填方施工，场地西端、中东部、东端为挖方区，中部及两侧沟谷部位为填方区。西端平整高程大致为 1 639.72 m，东端平整高程大致为 1 618.32 m，中心点部位平整高程大致为 1 626.52 m，东西端高差约 21.4 m，坡率约 6.7‰。

2.1.2 地层岩性

场地内岩土层由第四系覆盖层（$Q_{1\text{-}4}$）、新近系（N）泥岩组成，主要地层见表 2.1-1，典型地质剖面见图 2.1-1、图 2.1-2。

表 2.1-1　地层岩性一览

界	系	统	地层符号	地层描述
新生界	第四系	全新统（Q_4）	Q_4^{pd}	植物土：以粉土为主，含大量植物根，广泛分布，厚 0.5～1.0 m，局部土层厚度可达 1.5 m
			Q_4^{ml}	人工填土：分布于道路沿线、村庄、试验段填方区，杂色，松散—密实，稍湿，成分较杂。主要分为两大类：第一类为细粒土素填土，主要为粉土与粉质黏土混合形成，夹少量泥岩及碎块石；第二类为碎石土与细粒土混合填土，一般填土易挖动，压实填土锹挖困难
			Q_4^{del}	滑坡堆积层：主要分布于滑坡区及部分沟道内，呈褐黄色、灰黄色、微红色，可塑，该层主要为历史滑坡堆积物，岩土混合型（或切岩滑坡）可见土层中包裹大量的泥岩碎块包裹体，土质滑坡堆积体则土质成分相对单一
			Q_4^{al}	冲洪积层：主要为黄土状粉土、粉质黏土，黄褐色，稍湿—湿，可塑状，孔隙发育，干强度较低，韧性较低，无光泽反应，摇振反应中等，具有中—高等压缩性。偶见泉出露区域，岩性为淤泥质粉质黏土，软塑状态，饱和，有臭味
		更新统（Q_{2-3}）	上更新统 Q_3^{eol}	马兰黄土：主要为黄土状粉土、黄土状粉质黏土，黄褐色，稍湿—湿，可塑—硬塑，干强度、韧性中等，光泽反应中等，无摇振反应，切面光滑，土质较均匀，垂直裂隙发育，具有湿陷性
			中更新统 Q_2^{eol}	离石黄土：黄褐色—棕黄色，稍湿，硬塑—坚硬状，土质较均匀，有光泽反应，干强度高，无湿陷性，中等压缩性。含多层古土壤层，岩性结构稍密，大孔隙少，透水性差
	新近系	上新统	甘肃群 N	基岩：红色、棕红色泥岩、泥页岩、粉砂质泥岩与灰绿色、灰白色泥岩互层，顶部以灰绿色泥岩为主，泥质结构，层状构造，遇水易软化，失水易崩解，属于极软岩

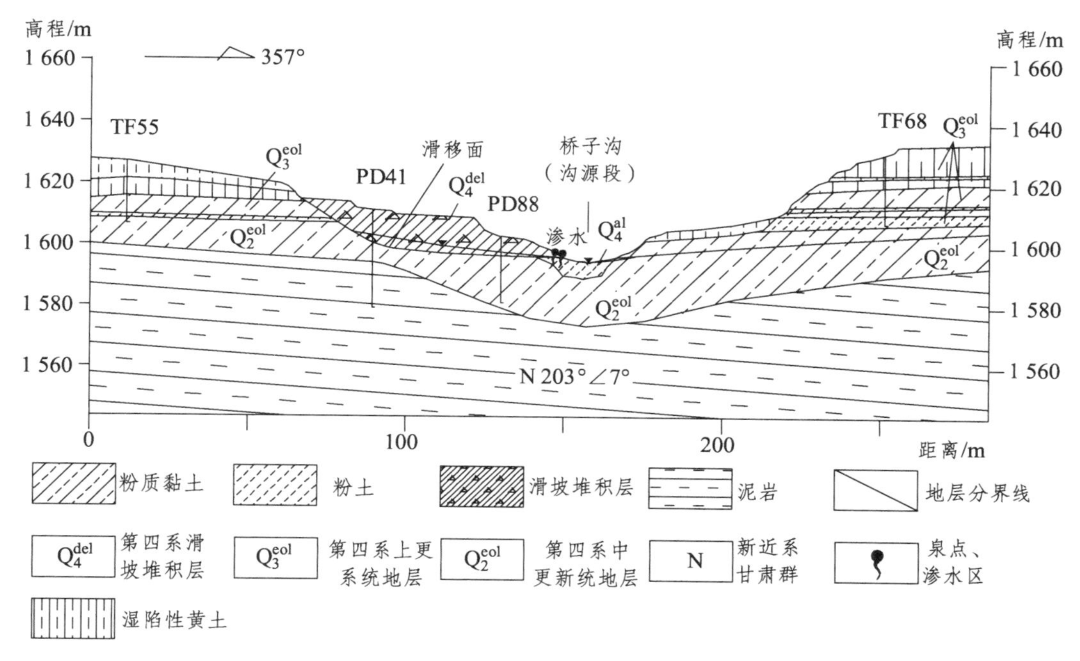

图 2.1-1　研究区典型地质剖面（平行于跑道方向）

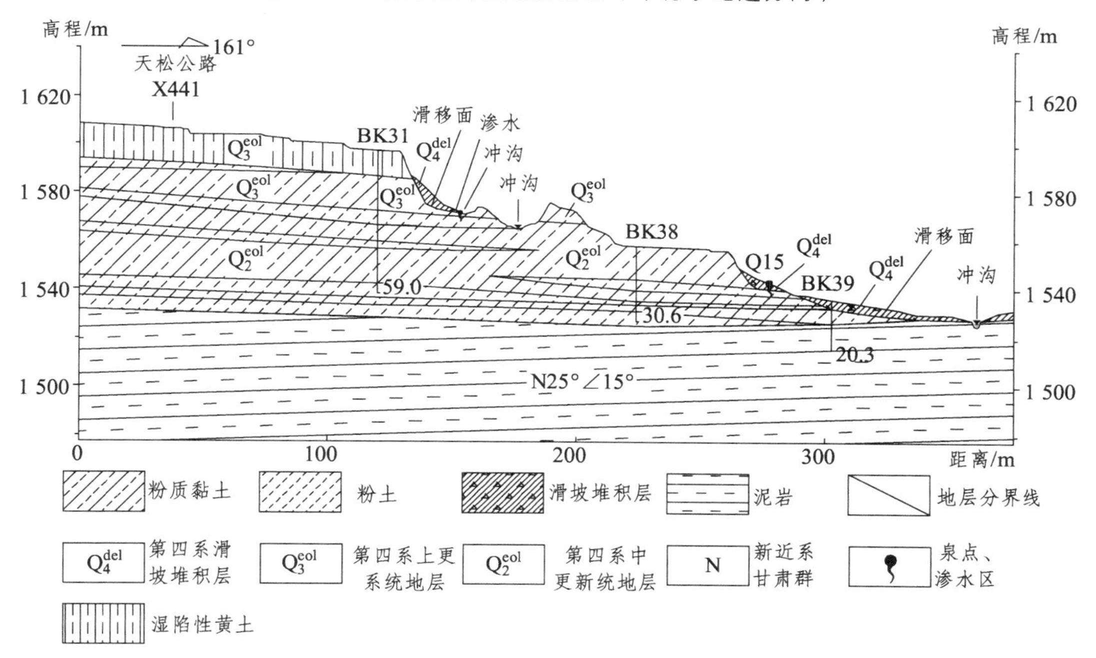

图 2.1-2　研究区典型地质剖面（垂直于跑道方向）

2.1.3　地质构造

拟建场地位于区域向斜近核部，两翼基本对称，场地内岩层倾角为 3°～15°。场地内无区域性断层穿过，仅发育 6 条小断层，均为非全新世活动断层，对工程影响不大。区域附近地质纲要图见图 2.1-3。

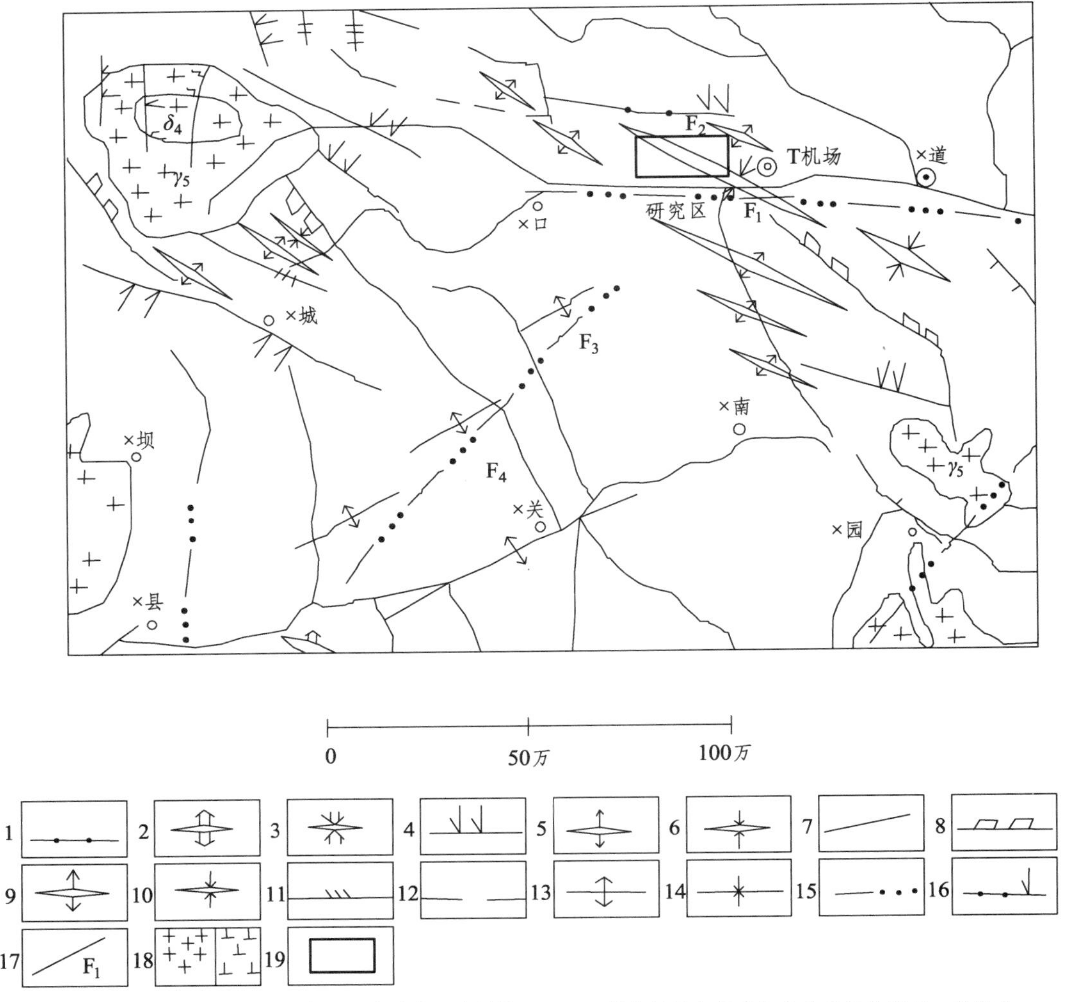

1～3—秦岭纬向构造体系压性断裂、背斜轴、向斜轴；4～7—祁吕贺兰山字型构造体系压性断裂、背斜轴、向斜轴、挤压带；8～10—陇西旋卷构造体系压性断裂、背斜轴、向斜轴；11～15—未归属构造带压性断裂、性质不明断裂、背斜轴、向斜轴、隐伏断裂；16—纬向与山字型构造体系复合；17—活动断裂及编号；18—花岗岩、闪长岩；19—研究区。

图 2.1-3　研究区附近地质构造纲要图

2.1.4　不良地质作用

拟建工程场地存在的不良地质作用主要包括崩塌、滑坡、潜在不稳定斜坡和地面塌陷，其中滑坡和潜在不稳定斜坡对机场安全建设影响最大。

2.1.4.1 滑坡

场地内发育规模不等的滑坡及潜在不稳定斜坡数十处，可划分为 7 个滑坡群（编号：滑坡群 01#～07#），见图 2.1-4。滑坡多沿冲沟发育，形成一系列的滑坡群，并表现出明显的“后退式”滑坡特征。

1. 01#滑坡群

01#滑坡群分布于机场东端北侧③#冲沟填方边坡区，用地红线内及其影响区范围内共发育 9 处规模不等的滑坡、滑塌和潜在不稳定斜坡。该区滑坡顺冲沟呈条带状发育，并在冲沟交汇部位连成片呈裙状发育。受沟谷切割、地形及地下水的影响，滑坡主要向沟中心和斜坡下侧滑移。滑坡横向宽度为 45～400 m，纵向长度为 30～290 m，滑坡体厚度为 1～15 m，单体滑坡体方量为（0.5～40）$\times 10^4$ m^3，属于以浅层为主的小型—中型滑坡。

2. 02#滑坡群

02#滑坡群分布于机场东端北侧④#冲沟挖方区。用地红线内及其影响区范围内发育 2 个滑坡。滑坡横向宽度为 360～390 m，纵向长度为 40～75 m，滑坡体厚度为 1～6 m，单体滑坡体方量为（5.0～7.0）$\times 10^4$ m^3，属于浅层小型滑坡。

3. 03#滑坡群

03#滑坡群分布于试验段工程区及其影响区内（⑤#沟，$⑤_1$ 桥子沟、$⑤_2$ 张家沟沿线及两沟之间的斜坡部位），共发育 5 处规模较大的滑坡。

1#滑坡：位于试验段Ⅰ区，平面上位于张家沟西侧。该滑坡纵向长度约 230 m，平均宽度约 100 m，滑体平均厚度为 6.5 m，体积约 12.0×10^4 m^3，属浅层中型滑坡。该滑坡主滑方向约 345°，受张家沟冲沟影响，滑坡方向局部发生偏转。该滑坡为黄土-泥岩接触面滑坡。

2#滑坡：位于试验段Ⅱ区填方段，该滑坡主滑方向 345°，纵向长度约 340 m，平均宽度约 200 m，滑体平均厚度为 10.0 m，体积约 70.0×10^4 m^3，属中层中型、黄土-泥岩接触面滑坡。

3#滑坡：位于试验段Ⅱ区填方段，位于兄集村对面。主滑方向 330°，纵向长度约 80 m，平均宽度约 100 m，滑体平均厚度为 2.8 m，体积约 2.2×10^4 m^3，属浅层小型、黄土-泥岩接触面滑坡。

4#滑坡：位于试验段Ⅱ区填方段坡脚段，位于兄集村下部位置。主滑方向 110°，纵向长度为 80～150 m，横向宽度为 200 m，滑体平均厚度为 5.0 m，体积约 16.5×10^4 m^3，属浅层中型、黄土-泥岩接触面滑坡。

5#滑坡：位于试验段Ⅰ区填方段对面，即张家沟右侧。主滑方向 278°，纵向长度为 120～200 m，横向宽度为 100～150 m，滑体平均厚度为 10.0 m，体积约 17.0×10^4 m^3，属中型、黄土-泥岩接触面滑坡。

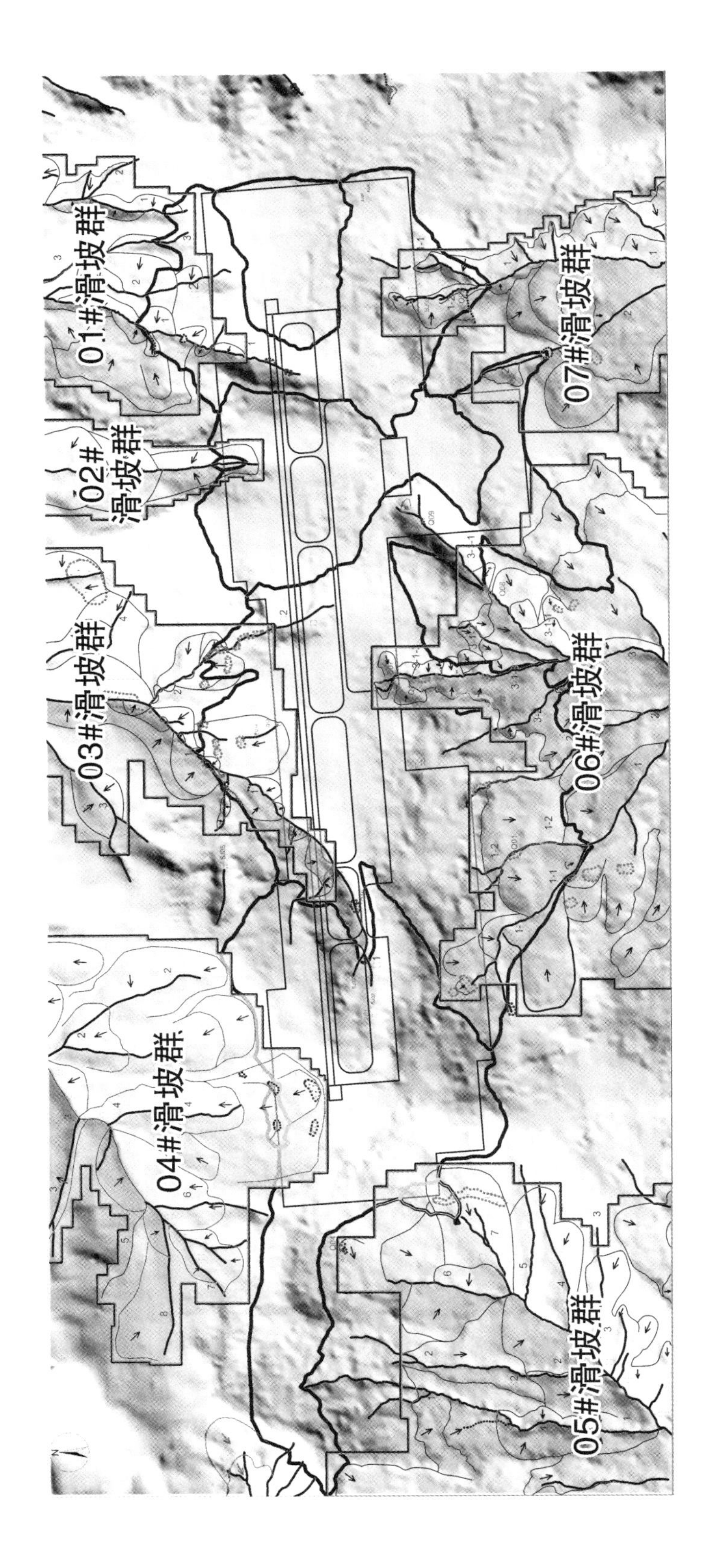

图 2.1-4　滑坡群分布平面示意

4. 04#滑坡群

04#滑坡群分布于机场飞行区西端北侧（⑥#沟，$⑥_2$#、$⑥_2$#支沟所在位置）。用地红线内及其影响区共发育4处规模较大的滑坡。滑体厚度为3～15 m，横向长度为170～460 m，纵向长度为130～650 m，滑坡体方量为（20～140）×10^4 m^3，属于中型—大型滑坡。滑带主要位于泥岩接触面附近，属于蠕滑拉裂-后退式土质滑坡。

5. 05#滑坡群

05#滑坡群分布于机场飞行区西端南侧（⑦#沟，$⑦_6$#、$⑦_7$#支沟所在位置）。用地红线内及其影响区共发育3处规模较大的滑坡。滑坡横向宽度为200～300 m，纵向宽度为120～405 m，滑坡体厚度为3～20 m，单体方量为（20～90）×10^4 m^3，属于中型、蠕滑拉裂-后退式滑坡。

6. 06#滑坡群

06#滑坡群分布于机场飞行区南侧填方区（上韩家湾、航站区西南侧所在的⑧#沟，$⑧_1$#、$⑧_2$#、$⑧_3$支沟及其次级支沟所在区域）。用地红线内及其影响区共发育10余处规模不等的滑坡。滑体厚度为3～15 m，单体滑坡方量为（2～200）×10^4 m^3，属于小型—大型、崩塌-滑移拉裂后退式或蠕滑拉裂-后退式滑坡。

7. 07#滑坡群

07#滑坡群分布于机场飞行区东端南侧填方区（何家湾所在的⑨#沟，$⑨_1$#、$⑨_2$#支沟及其次级支沟所在区域）。用地红线内及其影响区共发育7处规模不等的滑坡。滑坡横向宽度为20～350 m，纵向长度为20～200 m，滑坡体厚度为3～20 m，滑坡方量为（3～50）×10^4 m^3，属于小型—中型、崩塌-滑移拉裂后退式或滑移拉裂-后退式滑坡。

2.1.4.2 地面塌陷

场地部分区域发育黄土陷穴、洞（暗）穴，洞穴直径一般为1～4 m，最大为5 m，深度为2～5 m。黄土洞穴断面形态以圆形、狭缝状、三角形、圆拱形为主，兼有其他一些不规则形状呈串珠状分布。场地区域内的塌陷主要发育于晚更新统马兰黄土地层中，沿着冲沟两侧呈蜂窝状或条带状分布。

2.2 水文地质条件

2.2.1 气象条件

拟建场地所在地区属温带季风气候，多年平均气温为11 °C。最热月为7月，平均气温为22.8 °C；最冷月为1月，平均气温为-2.0 °C。极端最高气温为38.2 °C，极端最低气温为-17.4 °C。多年平均降水量为580.0 mm，主要集中在7～9月，约占全年降水量的 65%。场区一次连续最大降水量为 286.6 mm，一日最大降水量为 113 mm，1 小时最大降水量为 57.3 mm，见表 2.2-1。年平均蒸发量为 1 290.5 mm。

表 2.2-1　拟建场地降水量统计表（2015—2019 年）　单位：mm

年份	1 月	2 月	3 月	4 月	5 月	6 月	7 月	8 月	9 月	10 月	11 月	12 月	全年
2015				89.8	76.6	78.7	37.9	27.6	77.7	37.6	22.4	11.2	
2016	4.4	11.5	11.9	47.9	80.4	70.3	72.1	16.1	84.7	53.9	6.4	4.6	464.2
2017	4.1	16.4	60.5	59.3	80.6	60.8	39.4	96.9	54.7	81.7	7.3	0.0	561.7
2018	21.6	9.9	26.5	90.0	73.2	124.2	202.9	29.4	120.0	10.0	39.6	7.2	754.5
2019	2.0	7.0	12.9	57.8	67.5	39.9	52.9	156.3	149.6	42.8	13.0	1.8	603.5
平均	8.0	11.2	28.0	63.8	75.4	73.8	91.8	74.7	102.3	47.1	16.6	3.4	596.0

拟建场地属于季节性冰冻地区，季节性冻土标准冻深为 61 cm，最大积雪厚度为 15 cm。

2.2.2　地表水条件

拟建工程区位于耤河及其支流罗峪沟之间的山梁上，以山脊为地表分水岭，北侧流入罗峪沟，南侧流入耤河。场地南北两侧分布有 10 条较大的冲沟，长度短则几百米，长则几千米，沟谷多呈“V”形深切冲沟，冲沟底部多切割至基岩。另外还有 7 处人工水塘，多处泉点和渗水点，见图 2.2-1。

2.2.3　地下水条件

场地总体上属于耤河水系，以黄土梁分水岭为界，北侧属于罗峪沟水文地质系统，南侧属于耤河水文地质系统。工程影响深度范围内地下水类型包括第四系松散岩类孔隙裂隙水、第四系松散岩类孔隙水和碎屑岩类孔隙裂隙水。受地形、岩土结构、岩土类型、渗透性的影响，区内地下水分布、埋深差异大，具有“普遍性分布，不连续带状分布，水位埋深变化大，不同地貌单元上含水层厚度差异大”的特点。

2.2.3.1　地下水类型与分布特征

1. 第四系松散岩类孔隙裂隙水

这类地下水主要赋存于场地内黄土梁、峁及部分斜坡地带堆积的 Q_2、Q_3 黄土孔隙、裂隙中。马兰黄土（Q_3）浅层结构疏松，具大孔隙结构特征，同时发育大量的黄土裂隙，是包气带的主要组成部分；Q_3 黄土下部和 Q_2 黄土较坚实致密，渗透性较弱。Q_2、Q_3 黄土分布广、厚度大，具有相对较大的储水空间。

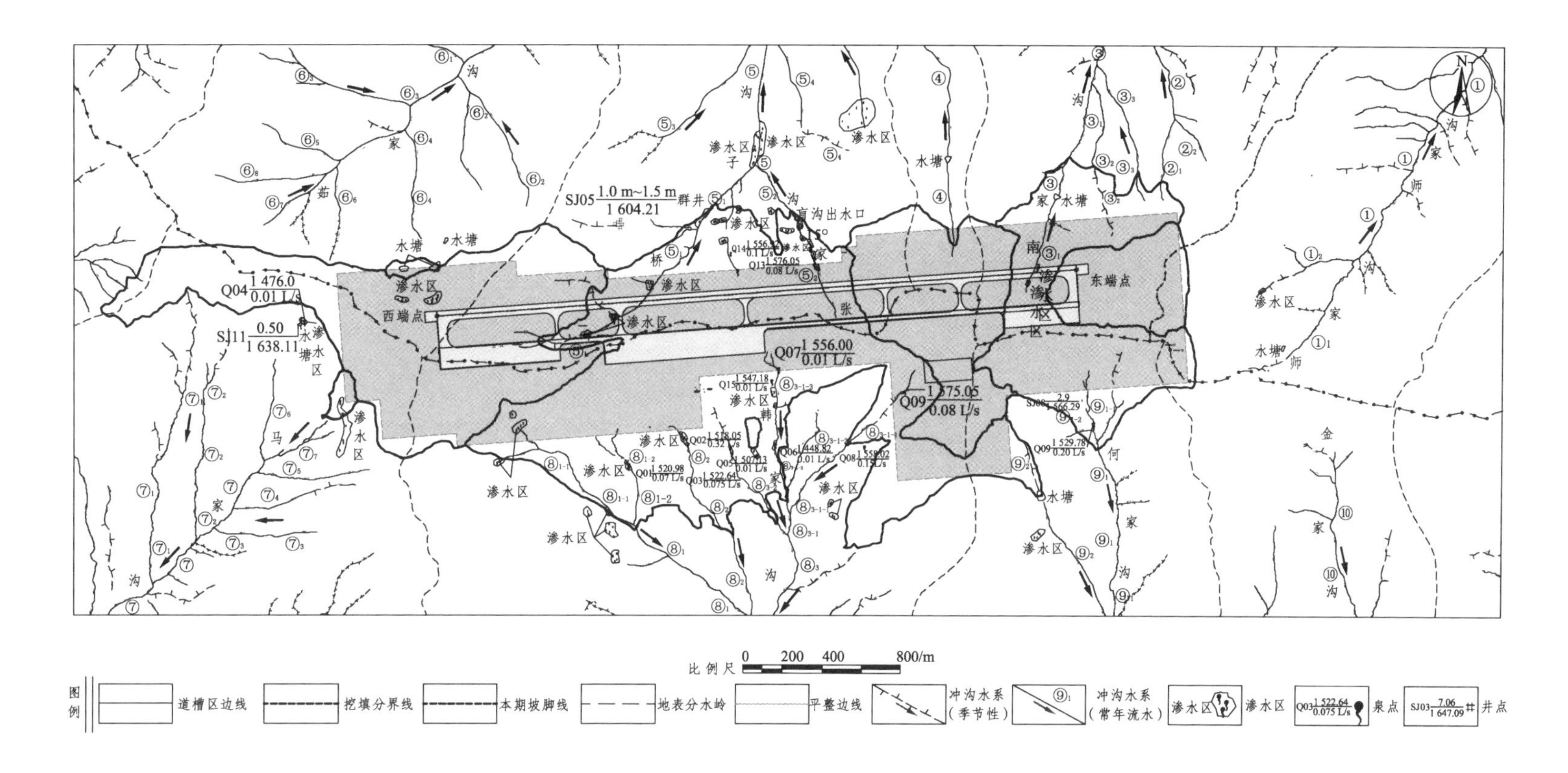
图例
道槽区边线
挖填分界线
本期坡脚线
地表分水岭
平整边线
冲沟水系（季节性）
冲沟水系（常年流水）
渗水区
泉点
井点
比例尺
0 200 400 800/m
东端点
西端点
渗水区
水塘
盲沟出水口
群井
SJ05 1.0 m~1.5 m 1 604.21
Q07 1 556.00 0.01 L/s
Q09 1 575.05 0.08 L/s
Q04 1 476.0 0.01 L/s
SJ11 0.50 1 638.11
Q03 1 522.64 0.075 L/s
SJ03 7.06 1 647.09

图 2.2-1 地表水体分布

该层含水层以孔隙、裂隙为赋存空间及运移通道，透水性及富水性整体较弱。地下水主要接受大气降水和农耕灌溉补给，径流途径短。水体下渗至相对致密、裂隙不发育的古土壤层时将难以继续下渗，形成局部相对富水区；下渗至泥岩隔水界面时，地下水将顺斜坡倾斜方向渗流，在地形切割部位从隔水界面附近以下降泉形式排泄。

根据钻探揭露的情况，在黄土梁、峁上土层常出现粉土（或黄土状粉土）与粉质黏土的交互层和交错层，即透水层、弱透水层、相对隔水层交互或交错堆积，特别是在 Q_3 黄土的底部及 Q_2 黄土中往往分布有数层厚度 0.5 ~ 3 m 不等的棕红色的致密古土壤层隔水层。

钻孔资料及对场区内的水井调查结果显示，受沉积环境、地形和后期剥蚀作用的影响，含水层与隔水层分布不连续，从而使得场地无统一的地下水位，水位埋深变化大。

2. 第四系松散岩类孔隙水

这类地下水主要分布于场地沟槽底部、沟道两侧滑坡堆积区的坡洪积、冲洪积层（Q_4^{dl+pl}、Q_4^{al+pl}）及重力堆积层（Q_4^{del}）中，主要接受降水、农耕灌溉（生产、生活废水）、地表径流、黄土梁、峁及斜坡部位黄土孔隙裂隙水渗流和下降泉排泄补给，其次是高处的基岩裂隙水排泄补给。

在沟槽、斜坡坡脚地带多堆积坡洪积、冲洪积和受重力作用影响的松散层。由于地势较低，堆积历史较新，其结构松散，孔隙率高，因此透水性和富水性较好，主要赋存松散层孔隙潜水，具有相对连续的地下水位面，但局部也存在受地形、冲沟切割和泥岩起伏界面的影响，间断不连续、片状分布。

以试验段滑坡区为例，滑坡堆积区泥岩隔水界面上，除部分滑床泥岩出露区和冲沟切割的陡坎临空区外，钻孔基本上都揭露到地下水，滑坡体中下部地下水位多在 0.5 ~ 5 m 深度，中后段及后缘部位水位多在 8 ~ 15 m，具有相对连续的地下水位面，具潜水的性质。

3. 碎屑岩类孔隙裂隙水

新近系（N）碎屑岩类孔隙裂隙水，主要赋存于第四系之下的新近系泥岩风化裂隙、构造裂隙中，主要接受大气降水、顶部孔隙水裂隙水的补给。该类地下水的径流、排泄及富水性受构造裂隙、风化裂隙控制，总体含水量少，富水性弱。风化程度较高的泥岩及深部较新鲜的泥岩，属于相对隔水层。

场地内断层发育规模较小，断层破碎带宽度小，且多处于闭合—微张状态，加之风化和淋滤作用，裂隙往往充填泥质胶结物，因此导水性总体较差。场地内未发现上升泉，无构造裂隙水远程补给的特征。

场地处于麦王山—甘泉寺褶皱带的向斜核部，向斜的轴线基本上与机场所在黄土梁地表分水岭的走向重合。从构造地质学和水文地质学角度考虑，向斜属于宏观储水构造，向斜构造的存在一定程度上提高了场地的储水性和储水量。向斜核部储存的深层地下水，在两翼冲沟的切割部位及构造裂隙发育部位渗出，补给下游斜坡和沟槽区的地下水，但由于场区基岩为泥岩，其本身的富水性和透水性差，属于相对的贫水地层，加之两翼产状平缓，因此向斜的储水性能并不高，向斜核部储存的深层地下水对工程区影响深度内的地下水的补给作用十分有限。

4. 地下水分布总体特征

（1）场地地下水具有普遍性、不连续带状分布特征。

（2）在黄土梁、峁地带及坡度较陡斜坡区的浅部多分布上层滞水；地形宽缓的残垣地带、缓坡地带及黄土梁、峁地带的深部多分布潜水，并表现出呈片状、带状、块状不连续分布的特征。

（3）滑坡区、沟槽区、缓坡区及地势低洼地带多分布潜水，局部具上层滞水的性质。该区大部分区域具有相对连续的地下水位，但受地形切割、岩土类别及补给条件的影响，部分区域地下水位不连续。

2.2.3.2 含水层、隔水层与富水性

场地内梁、峁、斜坡部位含水层为 Q_3（马兰黄土）黄褐色、黄灰色的黄土层（粉土、黄土状粉土和孔隙、裂隙发育、结核含量较高的粉质黏土）；斜坡下侧缓坡、沟槽、冲沟交汇区域含水层主要为次生黄土、重力作用（滑坡、崩塌）堆积层、坡洪积和冲洪积堆积的粉土、含砾粉质黏土层。

隔水层主要为黏性高、致密的粉质黏土、黏土、古土壤层，全强风化泥岩层、裂隙不发育的中风化泥岩层。

场地内浅部黄土总体属于弱透水层，其中部分孔隙、裂隙发育的黄土，属于中等透水层，富水性中等；深层致密黄土总体属于弱透水层—微透水层，富水性弱，其中分布的古土壤层及下伏泥岩属于隔水层，富水性极弱。

2.2.3.3 地下水补径排条件

场地位于东西走向的黄土梁上，无规模较大的断层穿越，且基岩为泥岩，可判断无断层远程补给。黄土梁位置高，两侧地形切割强烈，沟壑纵横，几乎无侧向补给。地下水主要接受大气降水、农耕和果木灌溉水及灌溉渠线状渗流补给，其次是当地居民的生产、生活废水补给。黄土固有的大孔隙、垂直裂隙及潜蚀孔洞为地表水入渗提供了快速通道。地下水在重力的作用下沿孔隙、裂隙向地势低洼处渗流，在陡坎、冲沟、滑坡等地形切割合适部位，沿黄土-泥岩界面、古土壤层顶面（包括致密的粉质黏土、黏土隔水层顶面）以下降泉的形式排泄，单泉流量为 0.01 ~ 0.70 L/s，见图 2.2-2、图 2.2-3。部分区域因滑坡作用使土体结构松动，土层渗透性得到改善，在降雨、地表积水作用下形成富水区，土体处于湿润—饱水状态。

当地农耕和果木灌溉多采用人工引水和水车运输分散灌溉方式，灌溉水沿黄土裂

缝或垂直裂隙快速入渗，一般于灌溉后 1 ~ 2 d 排泄，对场地地下水动力场有一定影响，是场地内滑坡重要的促滑因素之一。机场建设后，农耕和果木灌溉补给消除，地下水的补给量减小，但机场土面区大面积绿化浇水对地下水补给仍然较大，减小绿化用水是控制机场运营期地下水位的重要手段。

从地下水系统的空间分布上看，场地地下补给关系表现出以下特征：

（1）平面上：大气降水、灌溉水和生产、生活废水 $\xrightarrow{\text{渗流、补给}}$ Q_3、Q_2 黄土孔隙裂隙水 $\xrightarrow{\text{渗流、补给}}$ Q_4 人工填土、滑坡堆积、坡洪积、冲洪积堆积层孔隙水 $\xrightarrow{\text{渗流、补给}}$ 碎屑岩类孔隙裂隙水（N）。

（2）垂向上：大气降水、灌溉水和生产、生活废水 $\xrightarrow{\text{渗流、补给}}$：① 梁、峁部位 Q_3 黄土孔隙裂隙水 $\xrightarrow{\text{渗流、补给}}$ Q_2 黄土孔隙裂隙水 $\xrightarrow{\text{渗流、补给}}$ 碎屑岩类孔隙裂隙水（N）；② 大气降水、灌溉水和生产、生活废水 $\xrightarrow{\text{渗流、补给}}$ 梁、峁、斜坡部位 Q_3、Q_2 黄土孔隙裂隙水 $\xrightarrow{\text{渗流、补给}}$ 斜坡、沟槽（Q_4）松散层孔隙水 $\xrightarrow{\text{渗流、补给}}$ 碎屑岩类孔隙裂隙水（N）[部分地形切割部位存在高处基岩裂隙水渗流补给斜坡、沟槽（Q_4）松散层孔隙水的情况，或无滑坡的斜坡部位的黄土孔隙裂隙水直接补给碎屑岩类孔隙裂隙水的情况]。

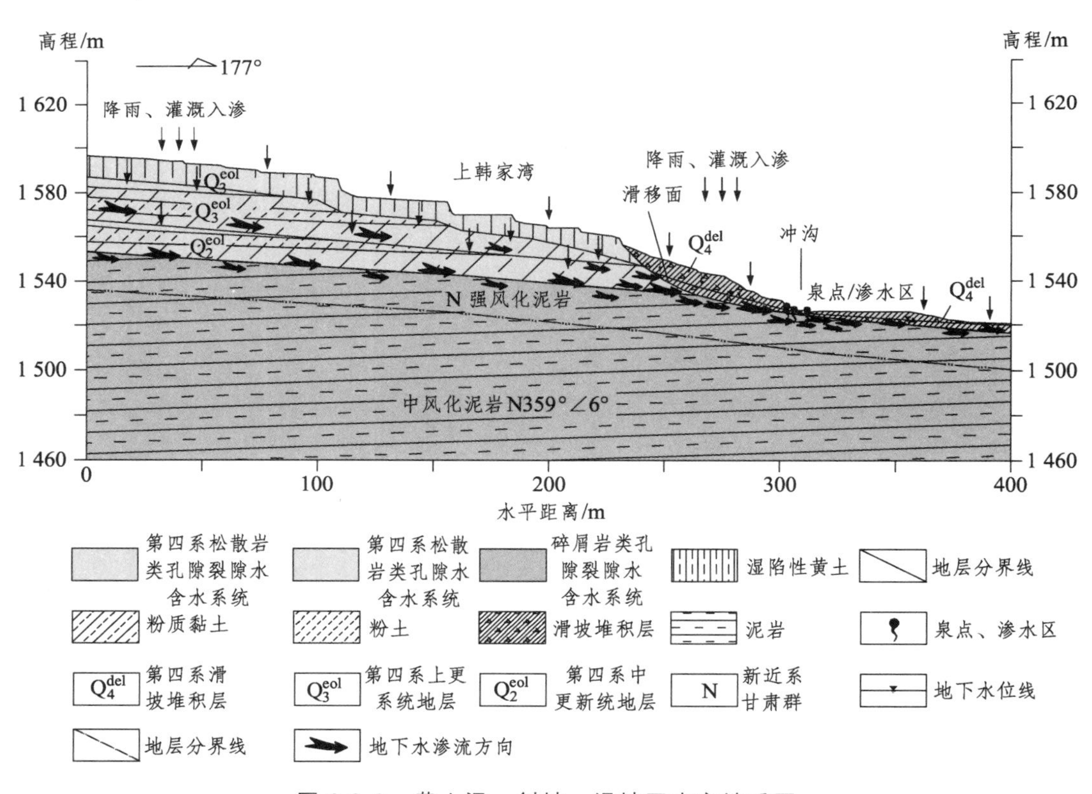

图 2.2-2　黄土梁、斜坡、滑坡区水文地质图

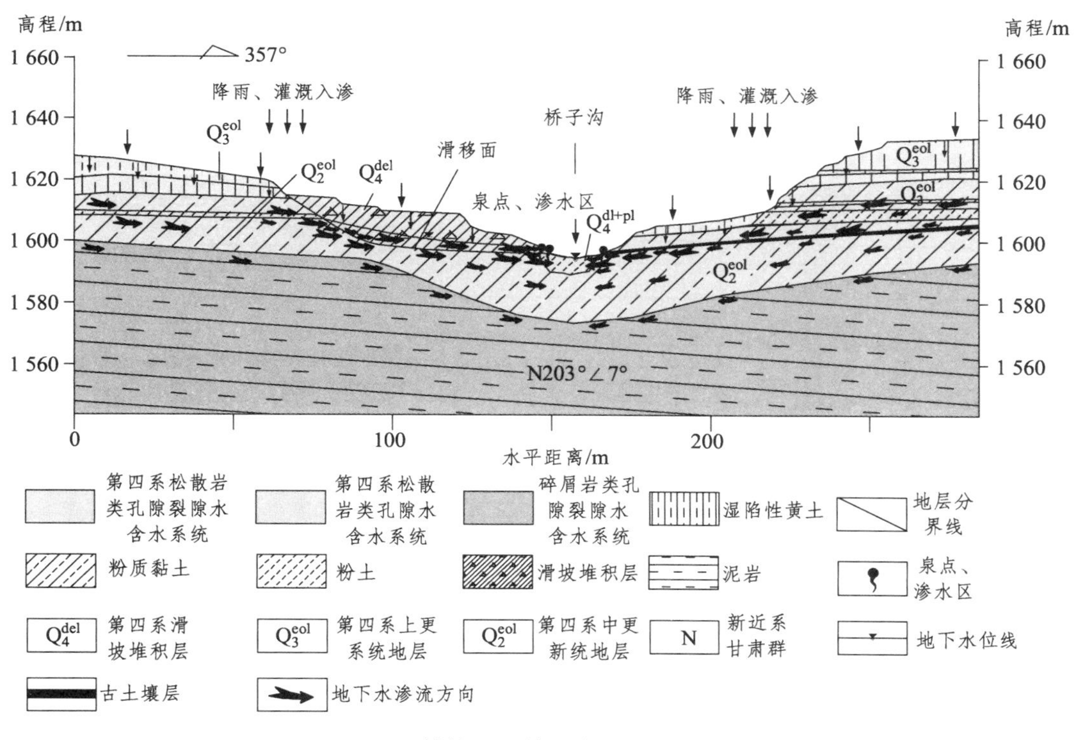

图 2.2-3 斜坡、滑坡、沟槽区水文地质图

2.2.3.4 地下水动态特征

在场地内设置 33 个地下水位长观孔。通过对比水位观测点 2020 年 12 月—2021 年 10 月地下水观测数据得出，研究区枯、丰水期地下水动态变幅为 0.8 ~ 4.4 m，地下水位的变化主要受季节性降水（夏秋季降雨、春季融雪）和农业灌溉作用影响，其次受施工扰动的影响。

综合分析得出，场地黄土梁、峁、斜坡部位地下水位枯水期与丰水期动态变化为 2 ~ 10 m；沟槽、缓坡、滑坡部位地下水位枯水期与丰水期动态变化为 0 ~ 5 m，代表性监测点地下水位埋深动态变化曲线见图 2.2-4、图 2.2-5。

2.2.3.5 地下水化学特征

在全场地采集地下水样做水质分析得出，地下水类型主要为 HCO_3+Cl—Ca+Mg+Na、HCO_3+Cl+SO_4—Na+Ca+Mg 和 HCO_3+Cl—Ca+Na+Mg，见图 2.2-6。

地下水大部分 pH 在 7.0 ~ 8.0，属于中性水，但有部分受居民生产、生活废水污染的地下水和试验段盲沟流出的水 pH 较高，甚至达到“强碱性水”。

试验段盲沟流出的地下水 pH 值为 13.53，溶解性总固体含量为 1 025 mg/L，其原因是盲沟铺设了碎石，填料改良中掺拌了山皮石和水泥，降雨入渗和地下水渗流中将碎石、山皮石表面和水泥中的盐分溶解，使水中盐分（离子）含量升高。盲沟内排出的地下水水质发生明显变化，从侧面说明了目前盲沟透水性、导水性良好，达到了预期的排水目的。

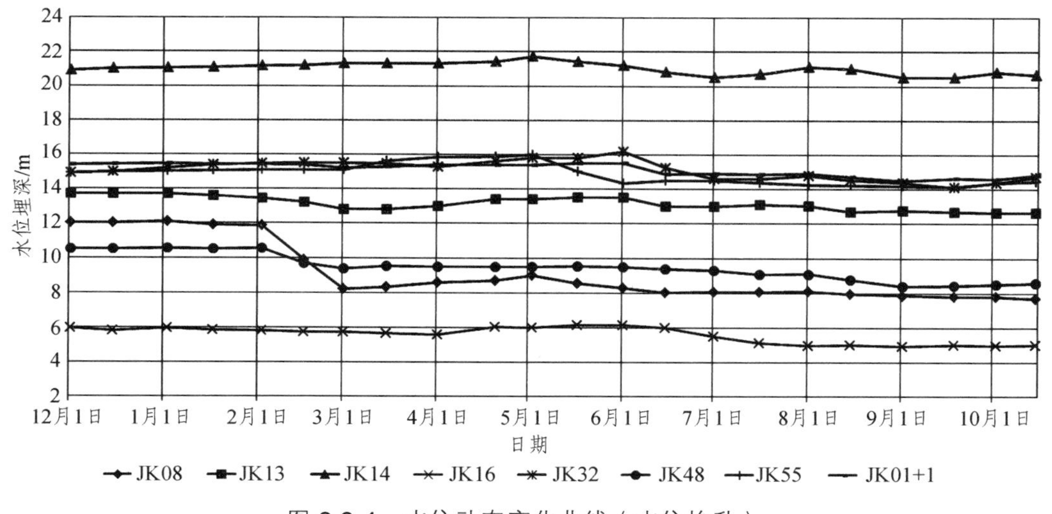

图 2.2-4　水位动态变化曲线（水位抬升）

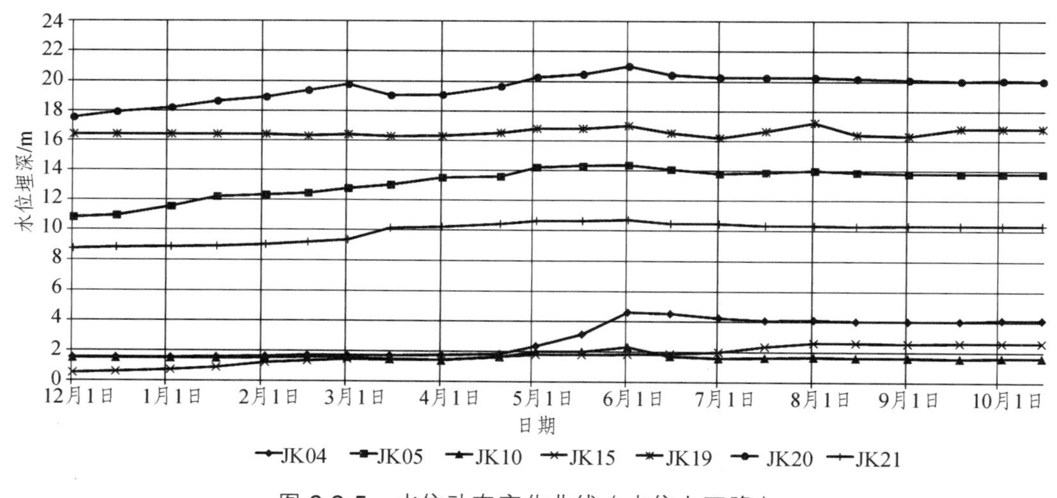

图 2.2-5　水位动态变化曲线（水位上下降）

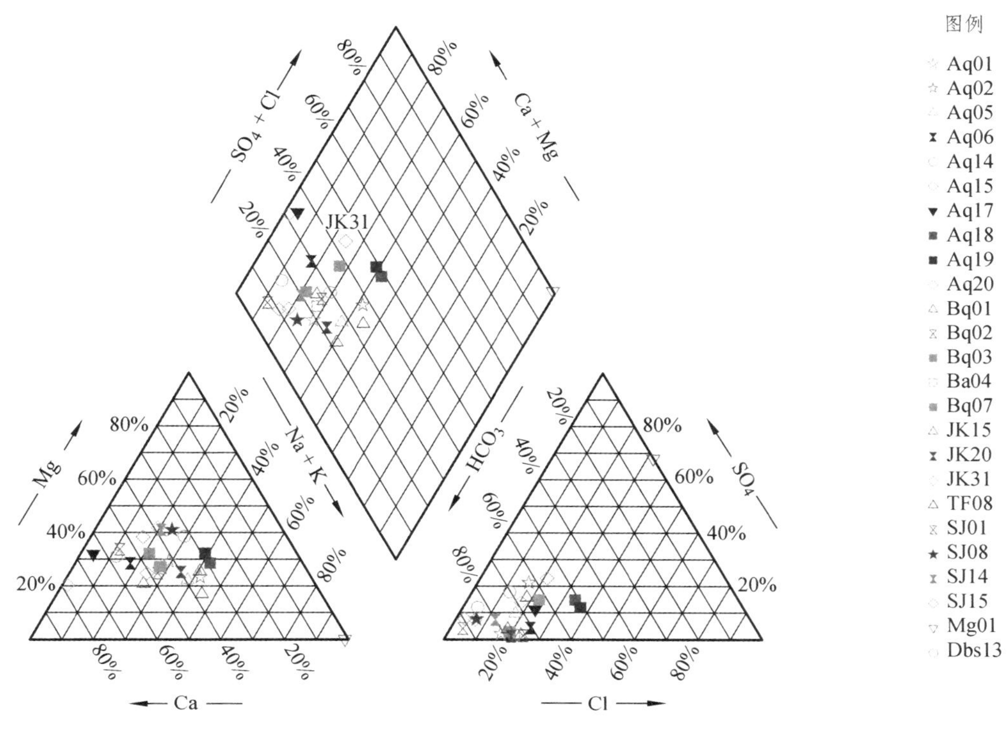

图 2.2-6　场地水化学分类 Piper 图

2.2.3.6　含水层渗透特性

在现场进行了浅层渗水试验、注水试验、抽水试验和室内渗透试验，试验成果见表 2.2-2。

表 2.2-2　水文地质试验成果统计表

地层岩性	导水系数 T/（m^2/d）		渗透系数 K/（m/d）	
	区间值	平均值	区间值	平均值
粉土、粉质黏土（Q_4^{al}）	0.26 ~ 12.50	8.52	0.17 ~ 8.33	5.68
滑坡堆积体（Q_4^{del}）	4.5 ~ 20.5	12.30	0.90 ~ 4.10	2.46
压实人工填土（Q_4^{ml}）	0.04 ~ 0.40	0.20	0.01 ~ 0.10	0.05
粉土（Q_3^{eol}）	3.18 ~ 188.7	59.70	0.53 ~ 31.45	9.95
粉质黏土（Q_3^{eol}）	0.72 ~ 18.80	7.20	0.09 ~ 2.35	0.90
粉土（Q_2^{eol}）	1.08 ~ 28.62	12.24	0.12 ~ 3.18	1.36
粉质黏土（Q_2^{eol}）	0.42 ~ 5.34	2.16	0.07 ~ 0.89	0.36
泥岩（N）	0.01 ~ 0.31	0.08	0.002 ~ 0.061	0.016

机场区域地下水天然渗流场矢量图见图 2.2-7。

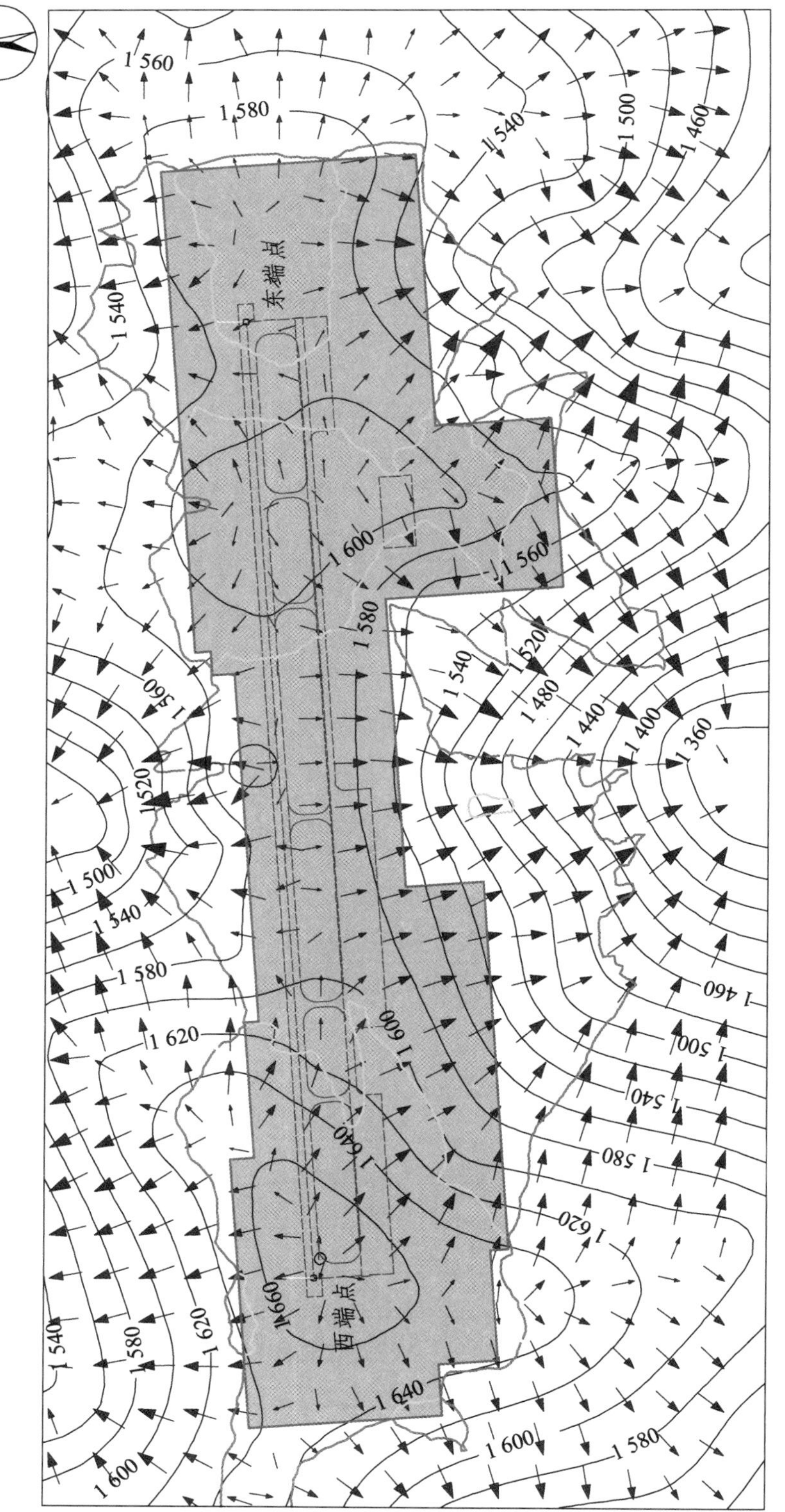

图 2.2-7 地下水天然渗流场矢量图

2.2.4 地基土及填料含水率特征

根据现场含水率测试得出：

（1）挖方区浅层 20 m 深度范围内，西端土层含水率为 13.5%～35.4%，平均含水率为 20.81%。其中位于公路旁陡坎、上韩家湾、龙凤村黄土梁顶部边缘的陡坎部位，因地下水埋深较大，地形陡立，表层受蒸发作用较强烈，含水率 $w<15\%$。

（2）试验段填方区陡坎、平台部位土体含水率为 16.02%～30.15%，平均含水率为 21.8%；试验段滑坡区及富水区土体含水率为 28.0%～43.66%，平均含水率＞30%。

试验段填筑地基含水率现场测试：未改良的压实填土表层含水率为 17.6%～19.7%，平均含水率为 19.0%，大于填料的最优含水率（14%～15%）；掺拌水泥后压实填土含水率为 10.4%～16.6%，平均值为 12.8%；掺拌山皮石后压实填土含水率为 13.5%～19.1%，平均值为 16.1%。

2.2.5 毛细水上升高度

毛细水上升高度现场调查和试验结果：

（1）粉质黏土（马兰黄土，Q_3）：长期浸水条件下毛细水强烈上升高度为 2.6～4.3 m，间断浸水条件下毛细水强烈上升高度为 1.7～2.5 m。

（2）粉土（马兰黄土，Q_3）长期浸水条件下毛细水强烈上升高度为 2.0～3.4 m，间断浸水条件下毛细水强烈上升高度为 1.4～2.3 m。

（3）粉质黏土（离石黄土，Q_2）：长期浸水条件下毛细水上升高度为 1.6～2.0 m，间断浸水条件下毛细水上升高度为 1.1～1.7 m。

（4）试验段填方区压实素填土毛细水强烈上升高度为 0.5～1.4 m。

工程区毛细水上升高度总体较大，受土层结构和临水条件的影响，毛细水上升高度存在差异：长期浸水区域土体的毛细水上升高度大于间断浸水区毛细水上升高度；粉质黏土毛细水上升速率较粉土慢，但毛细水强烈上升高度大于粉土。

根据室内试验测试结果，93%压实度条件下毛细水上升高度为 23.5～91.3 cm，96%压实度条件下毛细水上升高度 16.3～77.0 cm，平均值为 39.8 cm。

第 3 章　地下水渗流场特征

T 机场属典型的高填方机场，挖填方量约 $1.3\times10^8\ m^3$。挖填方、道面、房屋、排水系统等建设，改变了场地水文地质条件，如含水层、隔水层分布与厚度，岩土的渗透性，地下水补给、径流和排泄条件。水文地质条件变化后，地下水渗流场将发生相应变化。渗流场的改变可能对地基沉降、边坡稳定性等造成不良影响，研究场地条件改变后地下水渗流场具有重要意义。

3.1　水文地质模型

以水文地质工程地质勘察成果为基础，根据设计文件，采用加拿大滑铁卢大学开发的 VIUSAL-MODFLOW 软件，建立场地地下水渗流场三维模型，对场地施工前后的渗流场进行分析和预测。

3.1.1　模型的范围

模型北至罗峪沟，南至耤河，东至上金村东山脊线，西至徐家山村和杨家山村的大沟，为一个完整的水文地质单元。模型东西长 9 700 m，南北宽 8 100 m，高程 1 100 ~ 1 800 m，见图 3.1-1。

3.1.2　含水层概化

模型分布的地层：第四系全新统（Q_4）松散堆积洪积层、滑坡堆积层和人工填土层、第四系晚更新统（Q_3）马兰黄土及中更新统（Q_2）午城黄土（土层类型主要包括湿陷性粉土、湿陷性粉质黏土、非湿陷性粉土、非湿陷性粉质黏土），下伏基岩为第三系（新近系 N）泥岩、泥页岩。

模型分布的含水层在黄土梁、峁部位为 Q_3 粉土、黄土状粉土和孔隙裂隙发育且结核含量较高的粉质黏土、Q_2 粉土、裂隙发育的粉质黏土；斜坡下部缓坡、沟槽、冲沟含水层为次生黄土、重力作用（滑坡、崩塌）堆积层、坡洪积、冲洪积堆积层，裂隙发育的浅部强风化泥岩。

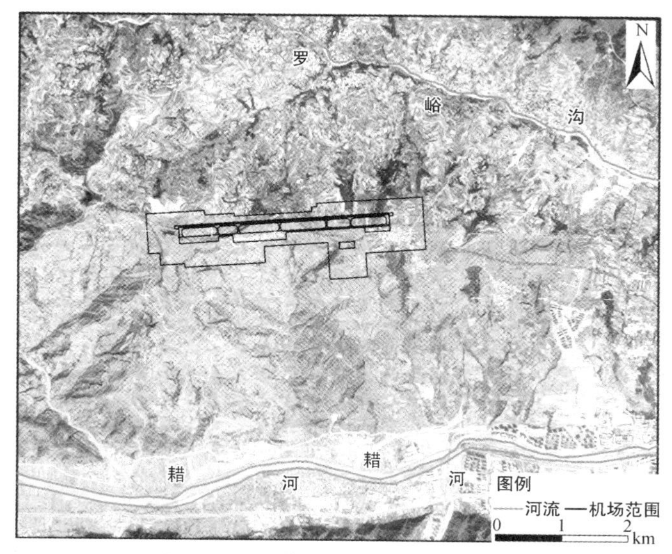

图 3.1-1　模型模拟范围示意图

模型含水层类型为第四系松散岩类孔隙水、第四系松散岩类孔隙裂隙水和基岩裂隙水三个大类。根据埋藏条件，地下水分为上层滞水（包气带水）、潜水和弱承压水三种类型。

3.1.3　水力特征概化

含水层水力特征的概化主要体现在三个方面：一是确定渗流是否为达西流；二是确定水流是否呈三维运动状态；三是确定其是否为非稳定流。

从空间上来看，场地地下水流总体是向机场南北两侧的冲沟排泄，地下水系统符合质量守恒定律和能量守恒定律，地下水运动符合达西定律。考虑到含水层之间有流量的交换，地下水运动可概化为空间三维流；地下水动态随时间的变化量，概化为非稳定流；参数随空间变化体现了系统的非均质性，含水介质概化为非均质各向同性介质。

3.1.4　边界条件概化

1. 垂向边界

根据模型范围内不同的地层岩性、地质构造、水文地质条件等因素，模型边界在垂向上可分为覆盖层、湿陷性黄土层、粉质黏土和粉土交互层、交错层，以及泥岩基座层。地下水赋存在马兰黄土和离石黄土层的粉质黏土和粉土层中，该界面上大气降水和入渗的灌溉用水、地表水与地下水之间发生紧密的水力联系，为位置不定的水量交换边界，将之概化为弱—中等透水层边界；模拟区的下部边界为致密粉质黏土层、古土壤层和泥岩层，概化为隔水层—微透水层边界。

2. 侧向边界

在进行实际模拟的过程中，模型侧向边界的概化分为定水头单元、无效单元、变水头单元。其中定水头单元是水头已知的单元，无效单元是指不在研究范围内的单元，变水头单元则是指随着降雨和时间的变化而可能改变的单元。

模型范围内地下水在接受大气降水、灌溉水等补给后，向南北两侧沟谷径流和排泄。北部沟谷汇入罗峪沟，南部沟谷汇入耤河。受控于南北两侧的耤河、罗峪沟及其支沟的切割影响，场址区形成相对独立的水文地质单元，见图 3.1-2。

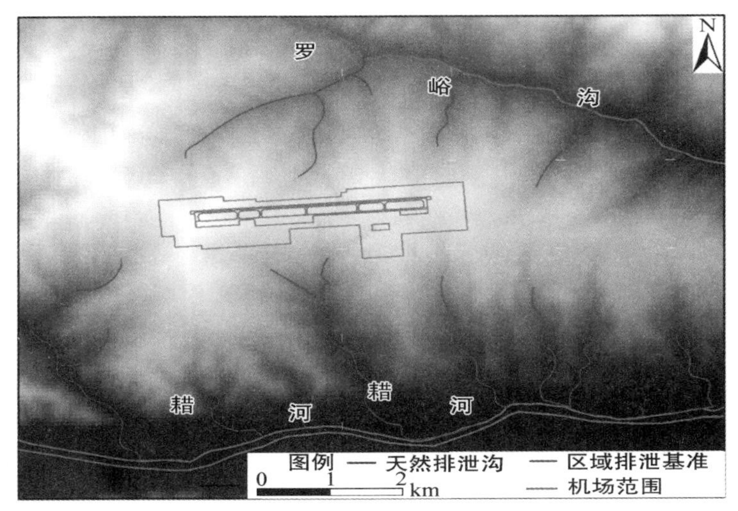

图 3.1-2　模型边界条件概化

3.1.5　模型源汇项分析

场址区地处地表分水岭位置，地下水补给包括大气降水、地表农业灌溉水入渗补给和地下水的侧向径流补给，其中大气降水和农业灌溉用水为主要补给；地下水排泄途径主要为地下径流、沟谷排泄、蒸发，伴有下降泉排泄和人工开采。

3.1.6　三维渗流模型建立

3.1.6.1　模型离散

1. 空间离散

模型空间范围 X 方向为 9 700 m，Y 方向为 8 100 m，高程范围为 1 100 ~ 1 800 m，总面积为 78.57 km^2。将其剖为 48.5 m×40.5 m 的单元格，平面上共剖成了 200×200（200 列 200 行）个单元格，每个单元格水平面积为 1 964.25 m^2。垂向上根据各个含水层的划分，将模型区域划分为 8 层：耕土层 0.1 ~ 2.2 m；湿陷性黄土层 5 ~ 10 m；粉质黏土和粉土的互层概化为上下两层粉质黏土夹粉土，粉土层为 2 ~ 10 m，粉质黏土为 10 ~ 18 m，互层厚约 30 m；强风化泥岩层约 30 m，中风化泥岩约 15 m，底部为基座微风化泥岩。地层空间离散及各剖面地层结构如图 3.1-3 所示。

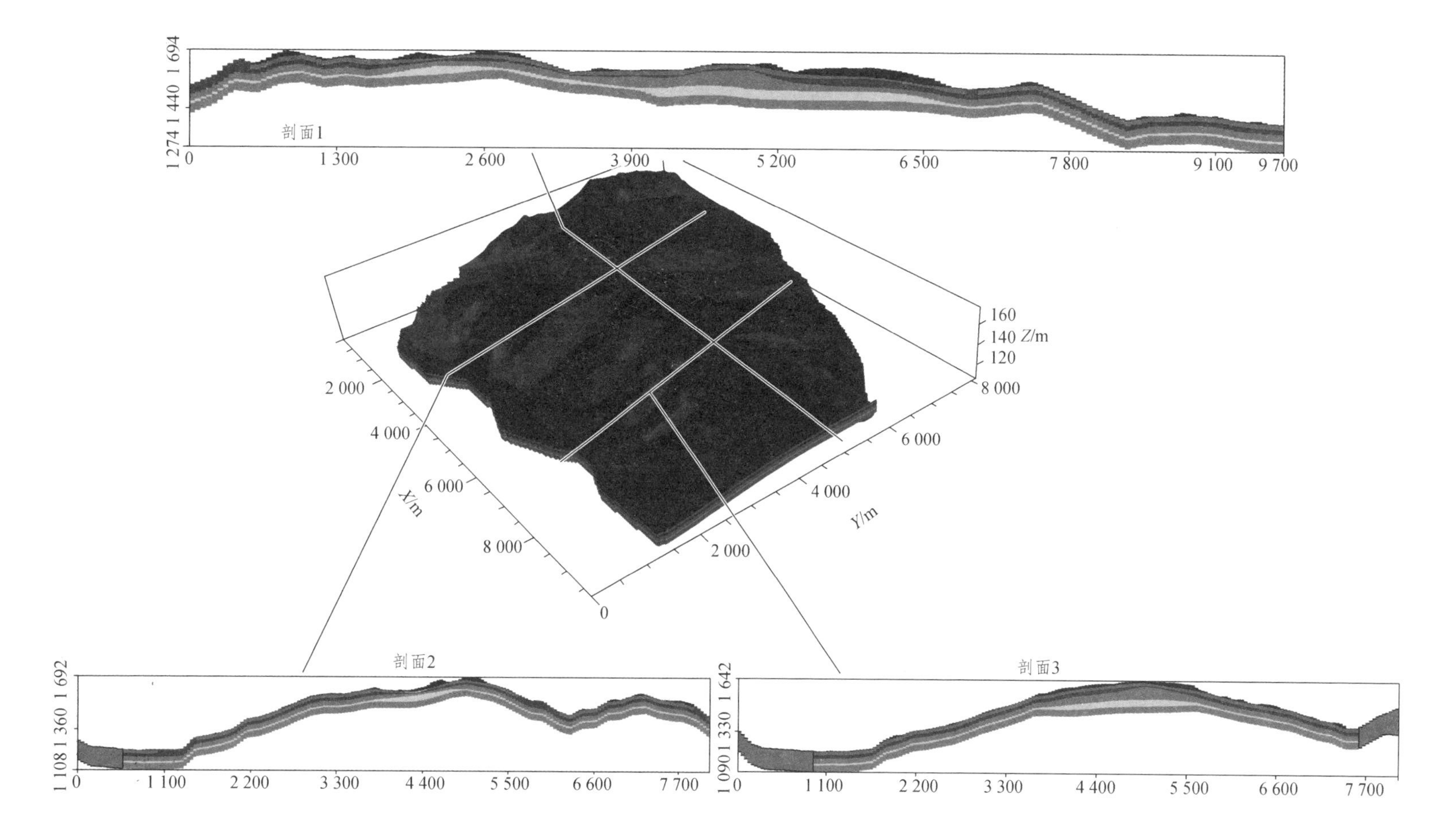
剖面1
1 274 1 440 1 694
0
1 300
2 600
3 900
5 200
6 500
7 800
9 100
9 700
160
140 Z/m
120
8 000
6 000
4 000
Y/m
2 000
0
2 000
4 000
6 000
X/m
8 000
剖面2
1 108 1 360 1 692
0
1 100
2 200
3 300
4 400
5 500
6 600
7 700
剖面3
1 090 1 330 1 642
0
1 100
2 200
3 300
4 400
5 500
6 600
7 700

（a）地层空间离散

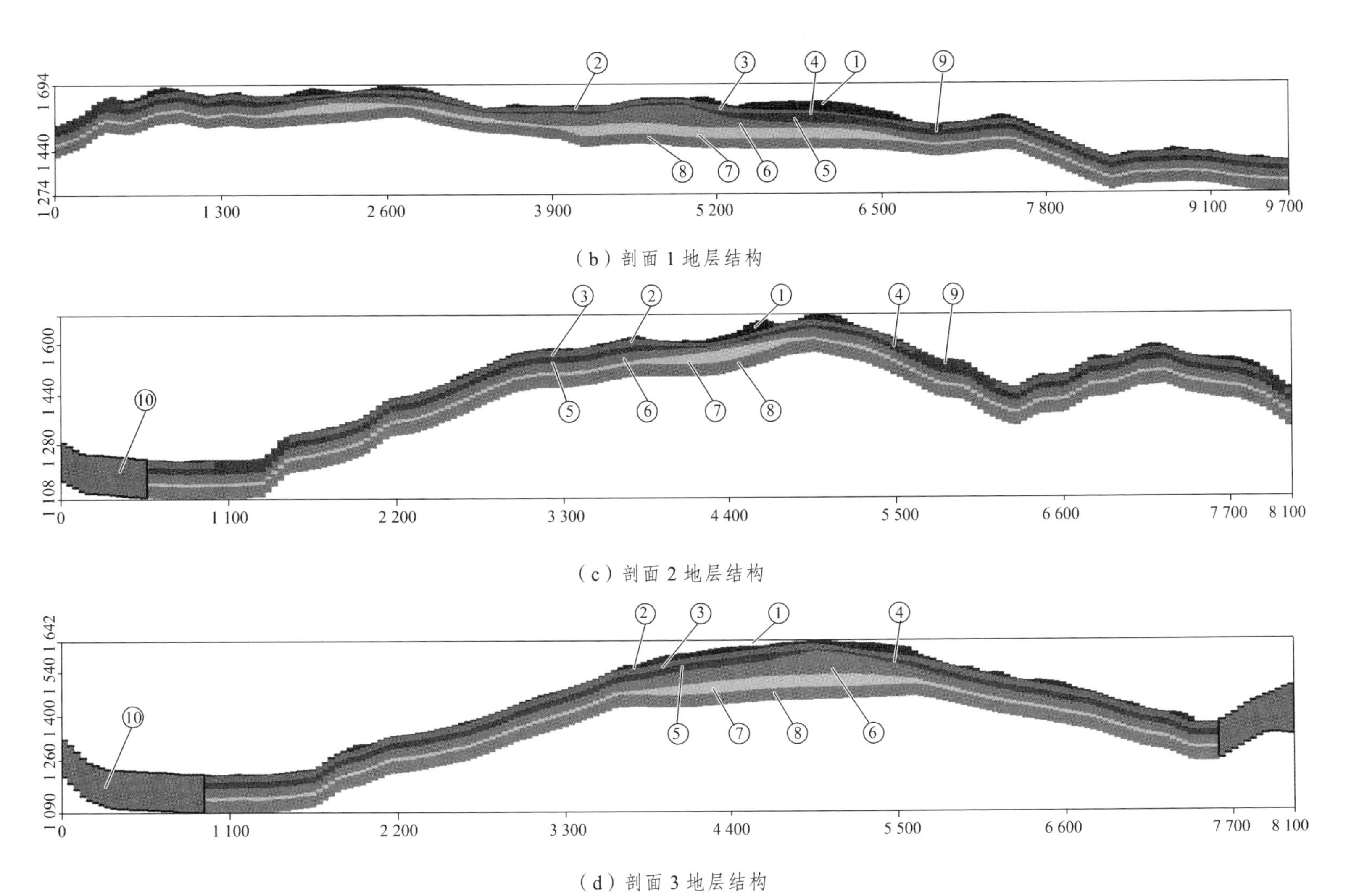

（b）剖面 1 地层结构

（c）剖面 2 地层结构

（d）剖面 3 地层结构

图 3.1-3　地层空间离散及各剖面地层结构

①代表耕土层，②代表湿陷性黄土，③代表上层粉质黏土，④代表粉土，⑤代表下层粉质黏土，⑥代表强风化泥岩，⑦代表中风化泥岩，⑧代表基座微风化泥岩，⑨代表地表出露泥岩，⑩代表无效单元。

2. 时间离散

根据当地国家气象站监测资料，近 15 年，场地年平均降水量为 514.8 mm，最大降水量为 675.2 mm（2013 年），最小降水量为 375 mm（2015 年），见表 3.1-1。最多降水月份为 2013 年 7 月，降水量为 292.9 mm；最少降水月份为 2005 年 12 月、2010 年 1 月、2017 年 12 月，无降水。降水多集中在 4 ~ 9 月。因此，此次计算将模拟时间进行离散，根据降雨量逐月变化，将一个完整的水文周期分为两个时期，分为别为 4 ~ 9 月为雨季，10 月至次年 3 月为枯水季节。

表 3.1-1　降水量统计（2005—2019 年）　　单位：mm

年份	1 月	2 月	3 月	4 月	5 月	6 月	7 月	8 月	9 月	10 月	11 月	12 月	全年
2005	1.9	7.5	15.2	15.1	77.5	78.5	197.8	76.0	62.6	57.2	1.2	0.0	590.5
2006	1.3	12.8	22.7	49.0	91.7	72.4	121.6	146.7	66.5	27.8	7.0	2.3	621.8
2007	1.4	2.2	16.5	25.8	50.8	74.5	154.6	109.7	65.7	81.8	3.8	3.3	590.1
2008	9.4	8.8	9.5	20.5	22.2	104.3	49.0	47.3	111.2	48.7	5.4	0.0	436.3
2009	0.6	8.7	26.1	28.7	69.9	43.6	56.5	88.5	35.3	28.7	25.0	3.3	414.9
2010	0.0	2.3	31.4	30.0	43.9	25.6	69.5	108.9	63.6	55.8	0.2	2.2	433.4
2011	6.2	3.6	15.1	6.6	63.7	30.2	121.9	104.8	166.5	14.5	41.7	2.4	577.2
2012	10.1	1.2	28.0	34.9	110.2	43.6	34.9	119.7	67.7	20.3	15.6	4.8	491.0
2013	1.1	2.1	5.6	35.9	103.1	81.2	292.9	56.9	68.2	19.2	7.6	1.4	675.2
2014	0.8	10.8	6.1	81.0	14.4	30.1	63.7	47.2	141.8	41.7	16.0	3.1	456.7
2015	0.3	3.4	37.1	65.7	62.4	61.4	14.5	27.9	64.4	20.6	11.8	5.5	375.0
2016	3.1	9.7	11.7	37.2	66.4	49.5	78.9	14.2	74.2	44.7	3.9	2.4	395.9
2017	2.9	9.6	46.8	52.0	52.6	65.0	56.3	130.1	55.4	66.8	7.1	0.0	544.6
2018	8.9	7.0	21.9	73.1	69.8	105.1	130.0	31.6	83.2	6.8	24.4	4.0	565.8
2019	1.9	10.8	12.9	57.8	67.8	45.5	33.7	148.4	117.7	42.8	13.0	1.8	554.1
平均	3.3	6.7	20.4	40.9	64.4	60.7	98.4	83.9	82.9	38.5	12.2	2.4	514.7

3.1.6.2　参数选取

根据室内试验、现场水文试验并结合搜集到的资料和规范、经验数据进行综合取值获取，如表 3.1-2 所示。

表 3.1-2　模型水文地质参数取值表

地层划分	模型取值/（m/d）			土工试验渗透系数 K 参考值/（m/d）
	K_X	K_Y	K_Z	
耕土	1.8	1.8	1.8	0.9～2.3
湿陷性黄土	0.075	0.075	0.2	0.02～0.3
上层粉质黏土	0.07	0.07	0.2	0.01～0.71
粉土	0.08	0.08	0.2	
下层粉质黏土	0.06	0.06	0.2	
强风化泥岩	0.03	0.03	0.03	0.001～0.007
中风化泥岩	0.01	0.01	0.01	
微风化泥岩	0.005	0.005	0.005	
填土层	0.06	0.06	0.06	0.01～0.71

场地年平均蒸发量约为 1 290 mm。只考虑降水入渗时，入渗系数 α=0.08；考虑降水入渗、农业灌溉的补给时，入渗系数 α=0.12。入渗补给量为 200 mm/a。考虑地形，植被，果木覆盖等的因素，蒸发量为 300 mm/a。

3.1.6.3　模型校验

为实现更为精确的模拟，通过参数的校验实现模型模拟出的渗流场特征符合现状特征。本次模型校验采用稳定流条件下地下水初始渗流场与天然地下水渗流场拟合。

以野外观测到的 16 个钻孔点作为模型的实际观测井数据，经过反复的调试与计算，直至模型计算水位与实际水位吻合。从拟合误差的结果分析来看，置信度为 0.85，如图 3.1-4。实际观测水位与计算水位拟合误差均小于 1%，能良好地反映出场区内的地下水位分布趋势，见表 3.1-3。

表 3.1-3　模型计算观测孔水位与实测水位拟合

孔号	X	Y	观测水位	模拟水位	误差比例	类型
JK01	18 555 414.80	3 831 091.50	1 656.29	1 655.39	0.05%	钻孔
JK02	18 555 221.30	3 830 565.29	1 637.55	1 629.33	0.5%	钻孔
PD032	18 556 113.13	3 831 036.34	1 632.83	1 645.44	0.7%	钻孔
JK07	18 556 361.89	3 830 806.90	1 618.81	1 633.28	0.89%	钻孔
JK04	18 555 998.95	3 830 464.92	1 608.17	1 624.08	0.98%	钻孔
JK05	18 556 505.72	3 830 089.33	1 491.27	1 504.73	0.9%	钻孔
JK06	18 556 531.82	3 830 266.78	1 520.39	1 535.01	0.98%	钻孔
JK07	18 556 361.89	3 830 806.90	1 618.81	1 629.47	0.65%	钻孔
JK08	18 556 933.18	3 830 082.07	1 469.43	1 464.73	0.32%	钻孔
BK36	18 557 281.21	3 831 021.03	1 595.99	1 610.63	0.92%	钻孔
BK47	18 557 464.06	3 830 931.59	1 590.96	1 600.32	0.58%	钻孔

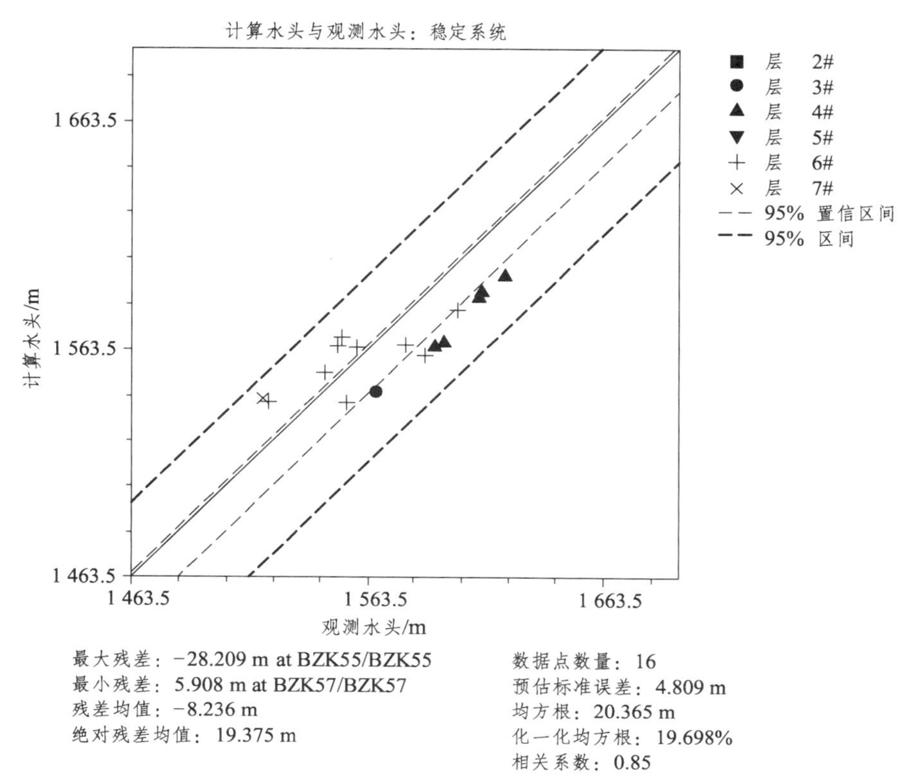

图 3.1-4　计算水位与实测水位拟合

3.1.7　模拟方案

本次数值模拟工况分四类：天然渗流场、挖方工况下的渗流场、土石方工程完工整平后工况影响下的渗流场，以及机场道面硬化并运营了 1 年、3 年、5 年、10 年、20 年的渗流场，见表 3.1-4。

表 3.1-4　模型方案

模型类型		模拟时间段	模拟目的
稳定流模型	天然渗流场	天然条件	获得可信的初始水头、模型校验
非稳定流模型	土石方工程施工整平	挖方后	挖方施工后地下水渗流场变化分析、预测
		填方后	场地完全整平施工后地下水渗流场变化分析、预测
	机场建成	运营 1、3、5、10、20 年	道面硬化，机场建成运营阶段地下水渗流场变化分析、预测

3.2　地下水天然渗流场特征

根据已经掌握的地下水动态资料作为本次预测的地下水水位的初始水位，并对模拟区进行非稳定流模拟计算，模拟得出场地天然条件下地下水渗流场特征。

经过模型的反复调试校验后的场区平面渗流场及地下水三维渗流场见图 3.2-1 ~ 图 3.2-3。

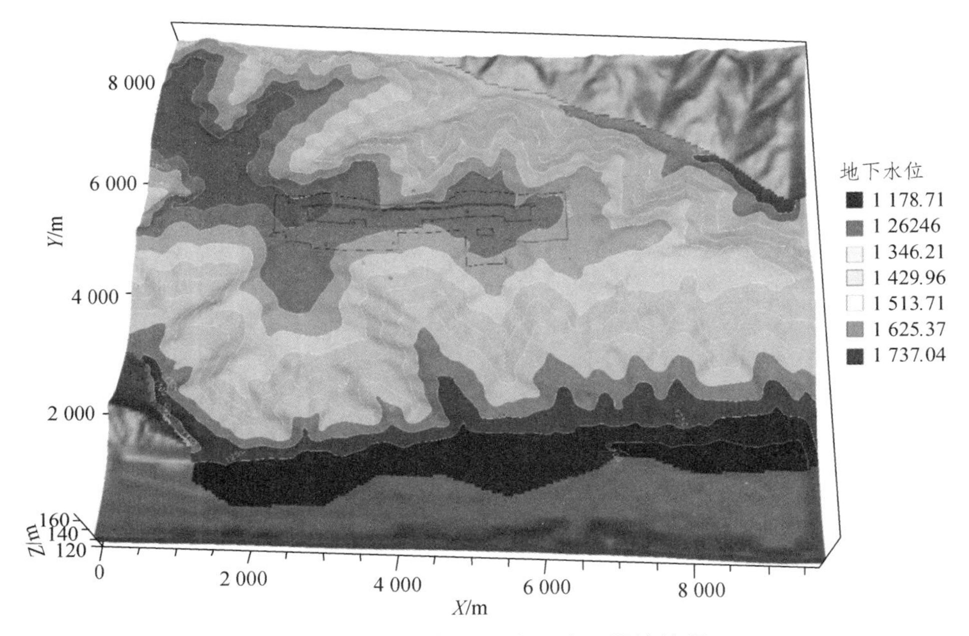

图 3.2-1　天然条件下地下水三维渗流场

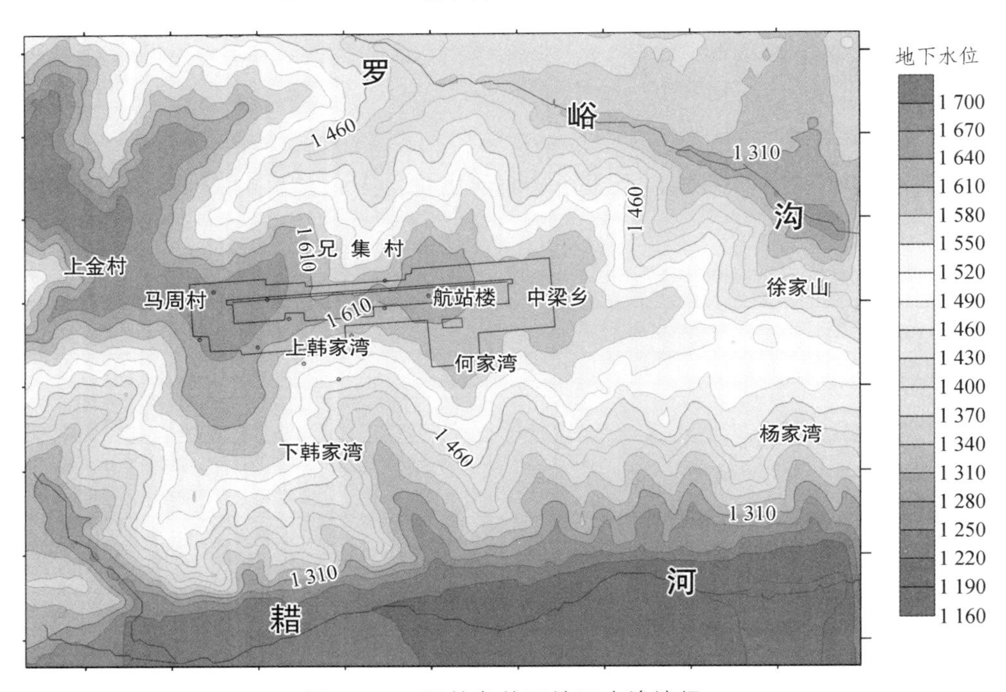

图 3.2-2　天然条件下地下水渗流场

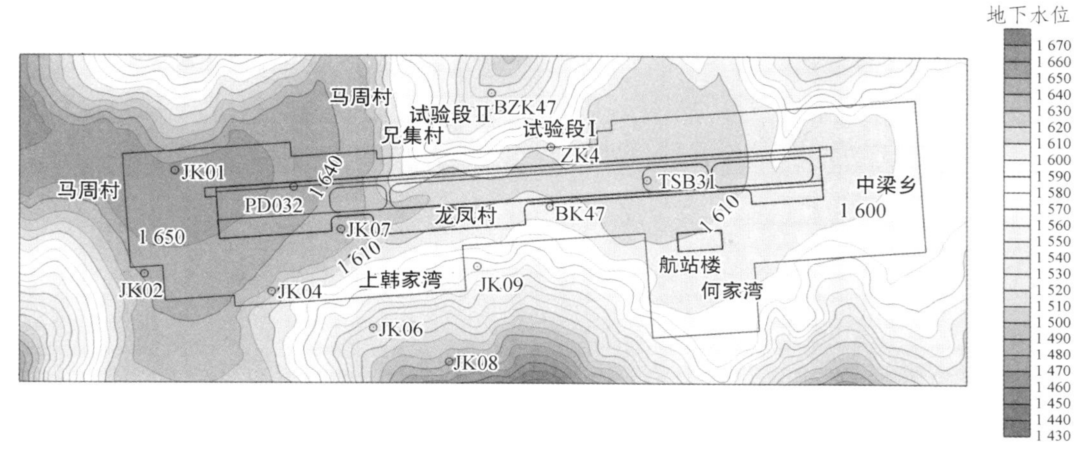

图 3.2-3 天然条件下渗流场局部放大

从图 3.2-1 ~ 图 3.2-3 中可以看出：整个机场处于天然分水岭的位置，在天然情况下，机场范围内地下水位为 1 550 ~ 1 650 m；飞行区西部的马周村附近为天然渗流场中的一个高水位地区，水位高程在 1 640 m 以上；东部的何家湾一带水位约为 1 600 m；龙凤村村委处分布一狭长的 1 600 m 等水位线；龙凤村北部的试验段，地下水位顺沟谷地形急剧下降，从顶部的 1 600 m 下降至沟底的 1 530 m；龙凤村南部山梁至上韩家湾村沟底，地下水位从 1 600 m 降低至 1 440 m；研究区的南部、何家湾东部位置存在大量的冲沟，地下水等水位线向何家湾方向凹陷，地下水位高程在 1 600 ~ 1 470 m。

场地内部分钻孔揭示的水位情况见表 3.2-1，其中 JK01 位于机场西端挖方区，JK02 位于马周村所在的斜坡部位，JK04 位于上韩家湾的西侧，JK06、JK08、JK09 位于上韩家湾南侧的斜坡沟谷地带，PD032 位于西端跑道轴线上，BK47 位于龙凤村南侧，TSB31 位于东端挖方区。

表 3.2-1 天然渗流场钻孔水位

孔 号	JK01	JK02	JK04	JK05	JK06	JK07	JK08	JK09	PD032	BK47	TSB31
天然地下水水位/m	1 655.39	1 629.33	1 624.58	1 512.73	1 535.01	1 633.28	1 489.82	1 574.70	1 645.43	1 609.32	1 616.58

整个拟建机场所处的天然地下水渗流场总体特征如下：

（1）工程区天然渗流场与地形的走势相同。

（2）工程区处于黄土梁地下水分水岭的位置。

（3）平行于跑道方向：黄土梁部位的地下水渗流场，总体是由西向东顺地形走势和向斜核部的倾斜方向渗流，即从西端挖方区→龙凤村→何家湾、南家湾、金家湾，向地势较低处渗流排泄。

（4）垂直于跑道方向：在南北方向上，地下水渗流场表现出从黄土梁、峁等地势较高处，向两侧冲沟和斜坡等地势低洼处渗流排泄的特征。场区北侧的张家沟、桥子沟、茹家沟、南家沟以及南侧的马家沟、韩家沟及何家沟等是场区地下水排泄的重要途径和通道。

3.3 挖方后地下水渗流场特征

挖方后（未填方）地下水渗流场特征见图 3.3-1、图 3.3-2。

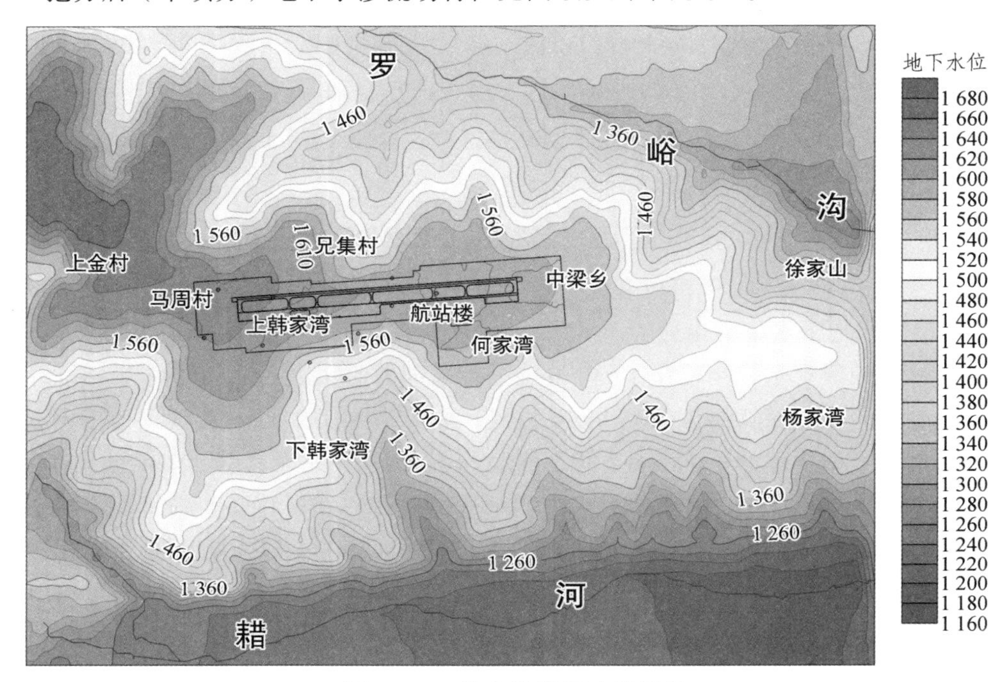

图 3.3-1　挖方后地下水渗流场

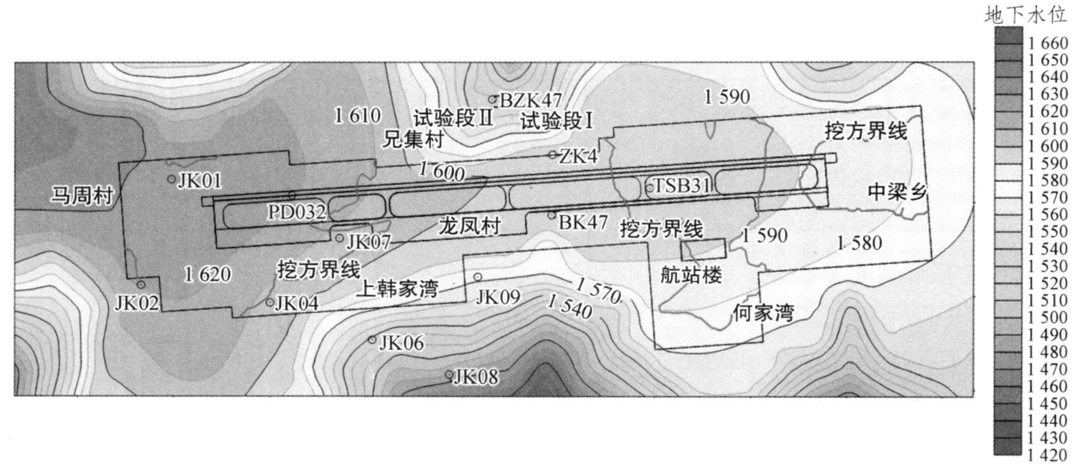

图 3.3-2　挖方后地下水渗流场放大

从图 3.3-1、图 3.2-2 可以看出，挖方过程中地下水渗流场发生了改变：机场西部的挖方区地下水位呈下降趋势，如机场西端的马周村、龙凤村、兄集村之间的 WF01

挖方区，挖方后地下水渗流场与天然渗流场相比，地下水水位明显降低，地下水水位高程在 1 610 ~ 1 620 m；在机场东部的气象站、何家湾、南家湾之间的 WF02 挖方区，由于挖方量和挖方高度较小，地下水水位降幅较小，但挖方后地下水位仍然略高于周围区域，表明该区仍然是一个局部的高水位区域，水位高程大致在 1 590 m 左右；在机场飞行区东端 WF03 挖方区，由于挖方范围、挖方量和挖方厚度较小，挖方后地下水位动态变幅相对较小，为机场范围的局部低水位区，水位高程大致在 1 580 m。

相应的钻孔预测的地下水水位见表 3.3-1。

表 3.3-1 挖方后预测水位与天然水位对比

孔 号	JK01	JK02	JK04	JK05	JK06	JK07	JK08	JK09	PD032	BK47	TSB31
天然地下水水位/m	1 655.39	1 629.33	1 624.58	1 512.73	1 535.01	1 633.28	1 489.82	1 574.70	1 645.43	1 609.32	1 616.58
挖方后地下水水位/m	1 619.03	1 614.84	1 607.28	1 510.73	1 533.10	1 607.80	1 488.91	1 573.60	1 620.12	1 596.04	1 598.43

为了更为直观地说明场区挖方后的地下水渗流场的变化特征，在模型计算完成后，将天然条件下输出的地下水等水位值与挖方后输出的地下水等水位值相减，得到挖方前后的地下水位差 ΔH，并绘制成天然渗流场与挖方后渗流场地下水水位差对比图，见图 3.3-3。从图中可以看出，在机场西部的马周村的挖方区，地下水水位下降的幅度最大，最大可达 32 m，在整个西部的挖方区，地下水位平均降幅约为 20 m；在机场中部的挖方区，即何家湾航站楼区域，地下水位的降幅为 13 ~ 16 m；在机场东部的挖方区，地下水位的降幅约 16 m；其余位置，地下水位的降幅均在 10 m 以下，其中试验段Ⅰ、Ⅱ位置、上韩家湾挖方区，地下水位降幅在 8 m 左右。

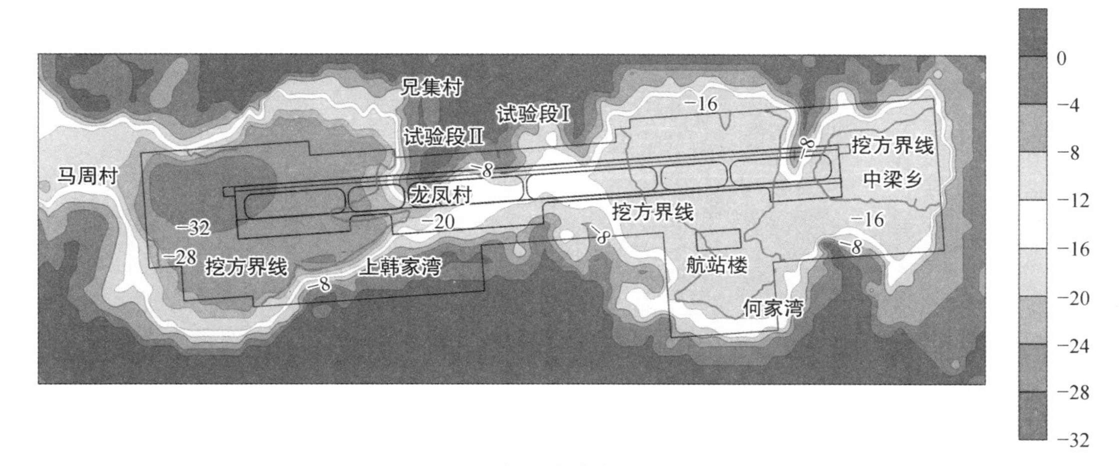

图 3.3-3 挖方后地下水位与天然地下水位对比

从挖方施工完成后地下水渗流场的变化趋势来看，挖方施工改变了挖方区的地层结构，由于岩土具有渗透性、富水性，加之农耕灌溉作用被消除，地下水的补给量大幅减少，从而使该区的地下水位下降。从小区域内来看，挖方施工将一定程度上改变模拟区地下水渗流的方向和通道；但从整个场地宏观上看，由于工程影响深度有限，挖方施工并不会强烈改变场地总体的地下水渗流、排泄的途径和通道。

3.4 填方整平后地下水渗流场特征

整个场地挖方、填方整平后，地下水渗流场特征见图 3.4-1 ~ 图 3.4-3。

场地的西部马周村位置地下水位为 1 610 ~ 1 620 m。JK01、JK02 所在的填方区，填方后地下水位与天然渗流场相比水位呈下降趋势，主要是后缘挖方、填方施工作用以及农耕灌溉作用被消除，减少了地下水的补给量所致。

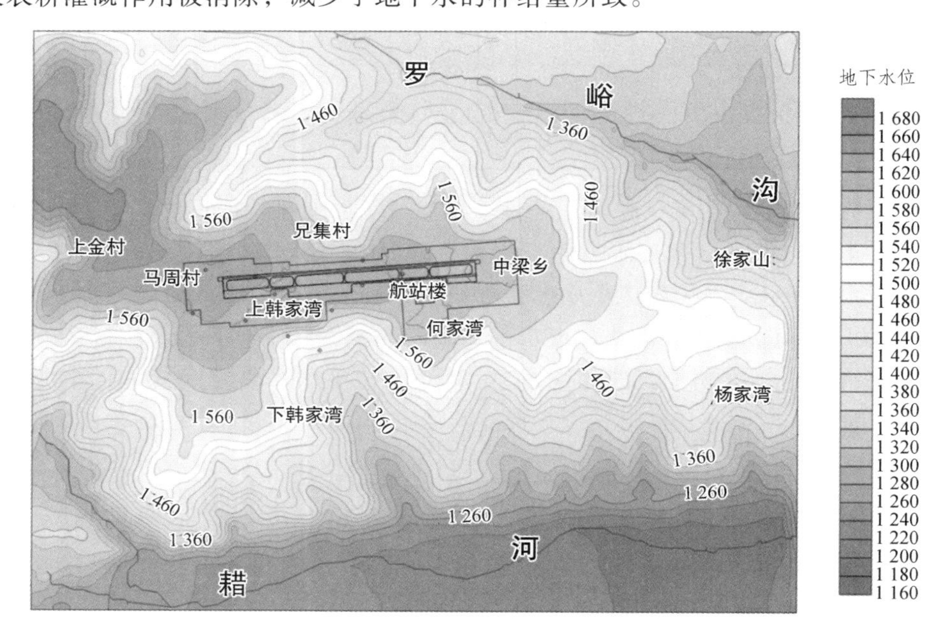

图 3.4-1 挖填整平后地下水渗流场

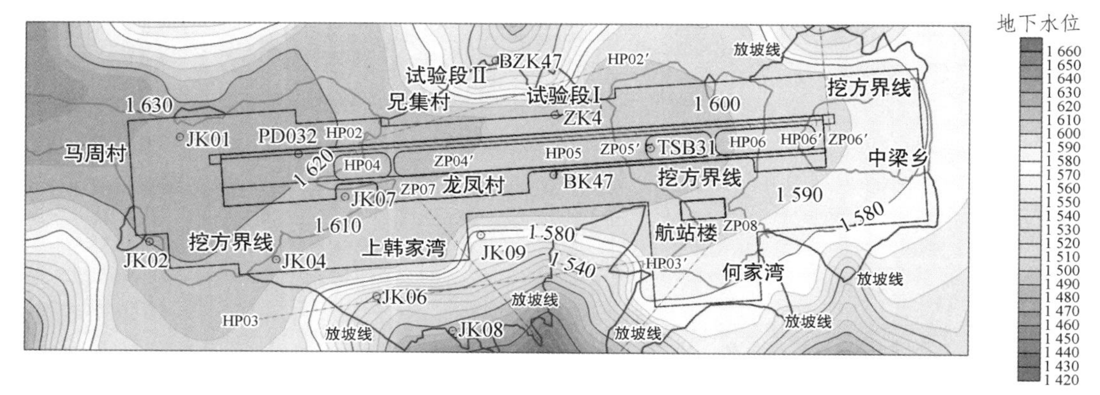

图 3.4-2 挖填整平后地下水渗流场放大

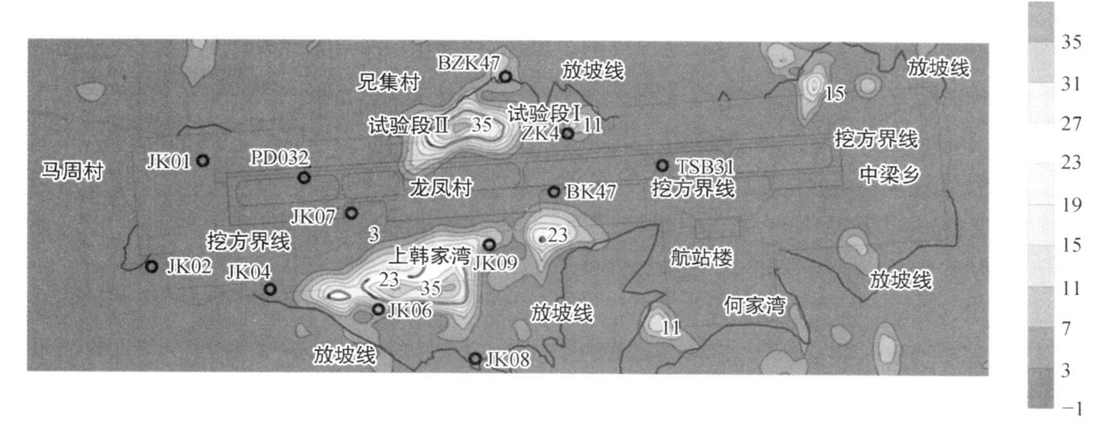

图 3.4-3 挖填整平后地下水位与天然地下水位对比

在龙凤村—上韩家湾村这两处高填方区的顶部，地下水位高程为 1 610 ~ 1 600 m。JK04 所在区域水位与天然流场水位相比呈下降趋势，其原因：一是该区处于挖方与填方过渡带，北侧高处将大面积挖方，含水层变薄，地下水位降低，补给量减少，储水量下降；二是农耕灌溉消除，地下水的补给量大幅减小。

在上韩家湾高填方边坡区，填方后地下水渗流场与天然渗流场相比，地下水位呈抬升趋势。JK05、JK06、JK08、JK09 所在区域填方后，地下水位抬升一般在 0.2 ~ 21.7 m，局部区域可超过 30 m，在上韩家湾南部深沟部位的高填方区最大抬升高达 35 m。

在机场中部龙凤村黄土梁填方区，填方后地下水位高程为 1 600 ~ 1 605 m，与天然渗流场相比呈下降趋势。BK47 所在区域填方后，水位降幅在 1.0 ~ 2.0 m；其他区域，地下水位局部有抬升的趋势，抬升幅度为 3 ~ 5 m。

在试验段Ⅰ、Ⅱ区，填方区工后地下水位，上升幅度差异较大。试验段Ⅱ区在桥子沟后缘段（即兄集村南西侧冲沟）抬升高度一般在 2 ~ 10 m，最大可达 20 m。

在机场的东部何家湾、南家湾填方区，填方后顶部下侧地下水位为 1 590 ~ 1 580 m；边坡部位地下水位大体随地形的变化而变化，高程在 1 570 ~ 1 540 m。在何家湾沟、南家湾沟所在的高填方边坡区及其影响区，由于原始地形低洼，属于地下水的相对汇水区，填方后地下水升高 1 ~ 9.0 m。相应的钻孔预测水位见表 3.4-1。

表 3.4-1 场地挖填整平后地下水位与天然钻孔水位对比

孔 号	JK01	JK02	JK04	JK05	JK06	JK07	JK08	JK09	PD032	BK47	TSB31
天然地下水水位/m	1 655.39	1 629.33	1 624.58	1 512.73	1 535.01	1 633.28	1 489.82	1 574.70	1 645.43	1 609.32	1 616.58
填方整平后地下水水位/m	1 620.03	1 615.84	1 611.97	1 516.67	1 536.95	1 614.27	1 490.01	1 596.38	1 622.40	1 607.65	1 605.55

为了更加详细地说明场地挖填整平后渗流场及地下水位的变化，在场区选取 8 条典型剖面进行说明，见图 3.4-4 ~ 图 3.4-11。

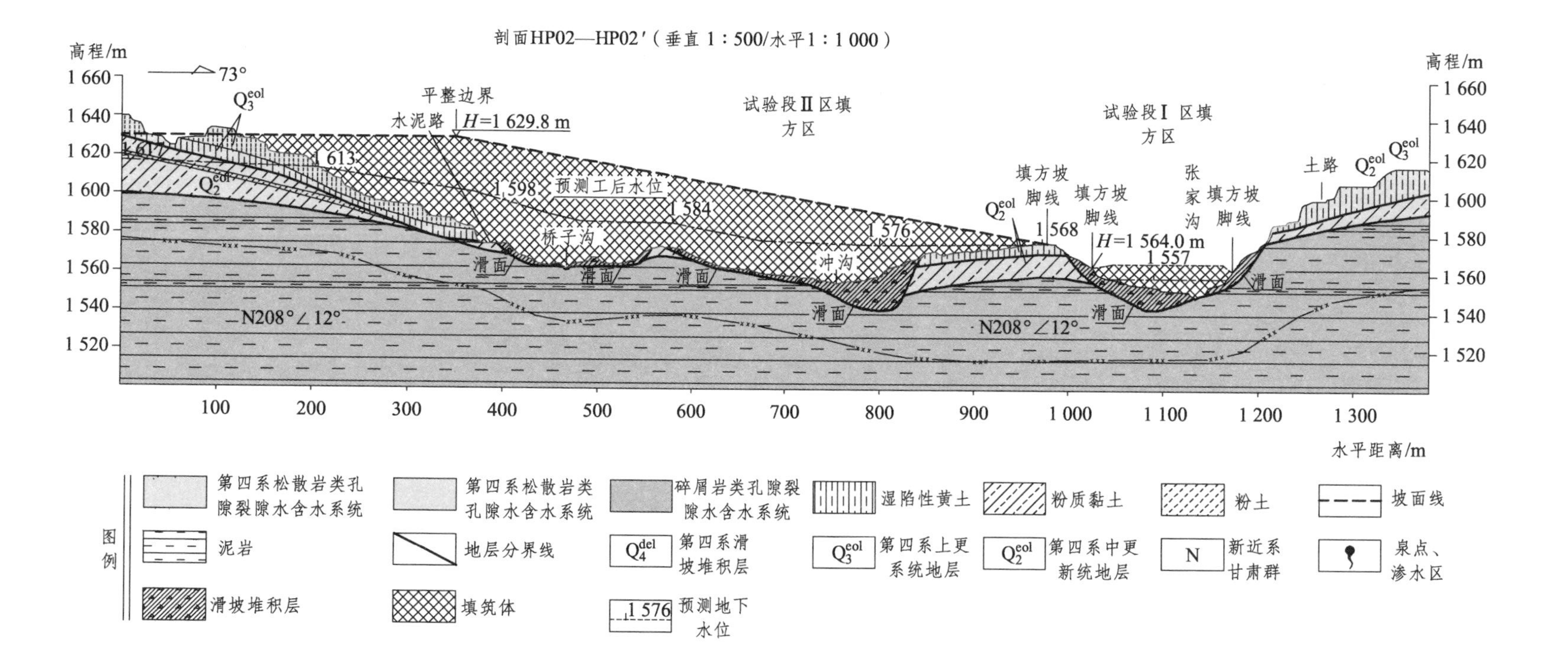

图 3.4-4 预测剖面 HP02 所在区域工后地下水位特征

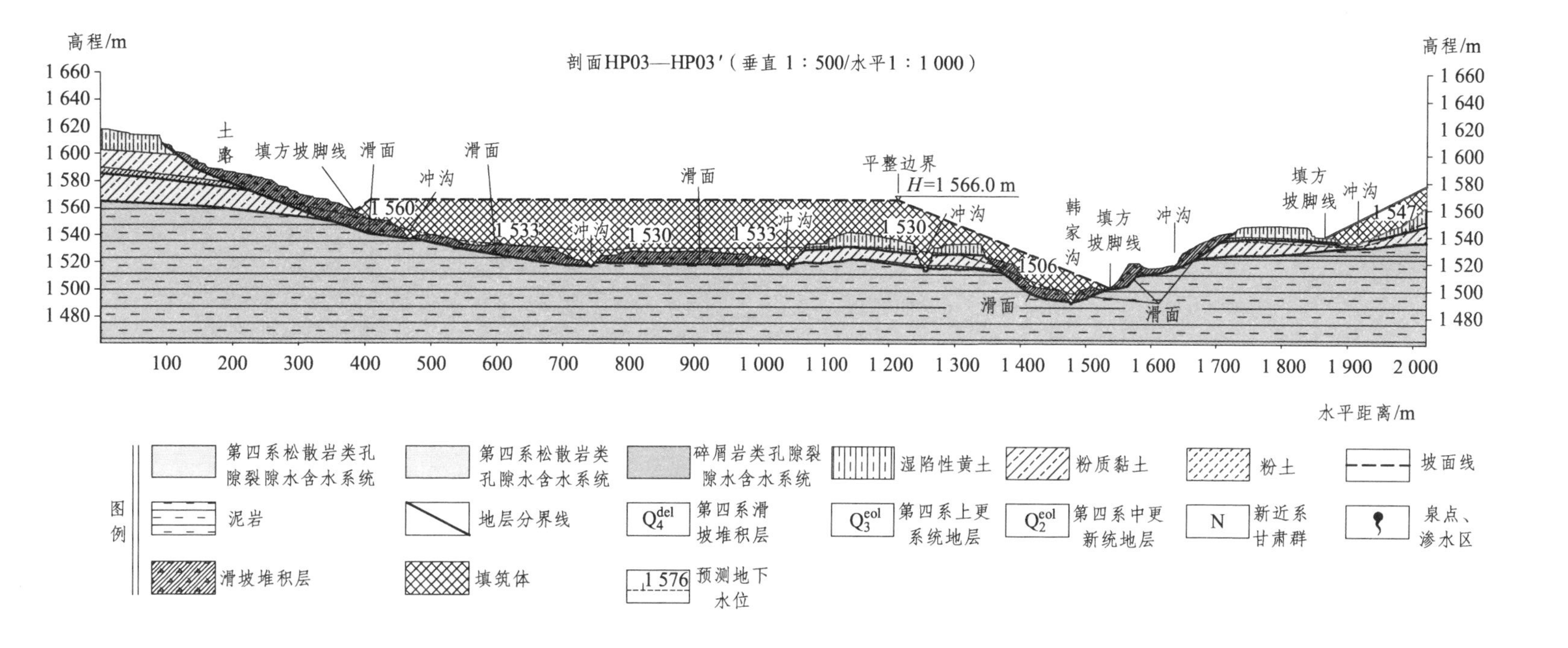

图 3.4-5　预测剖面 HP03 所在区域工后地下水位特征

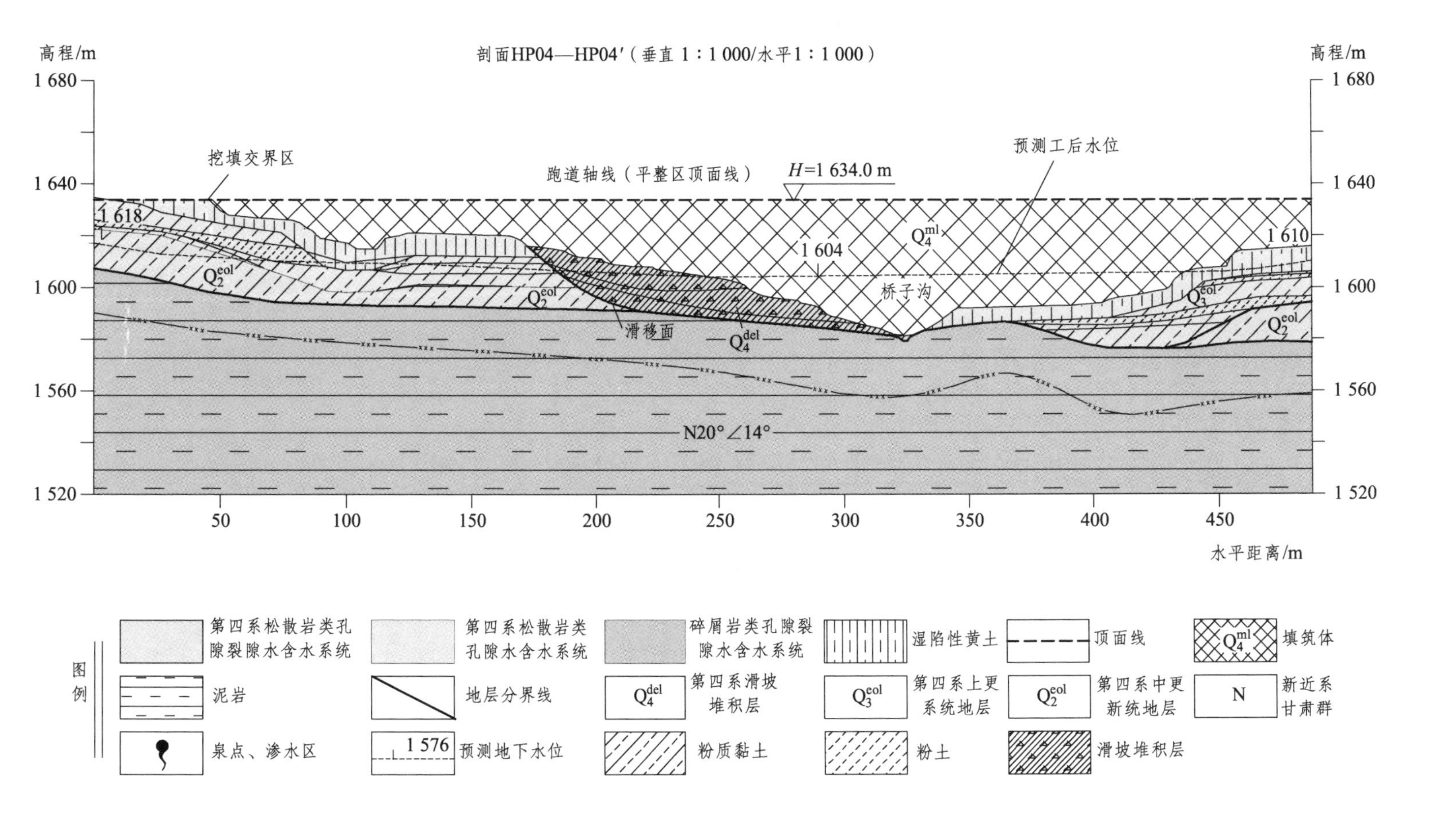

图 3.4-6 预测剖面 HP04 所在区域工后地下水位特征

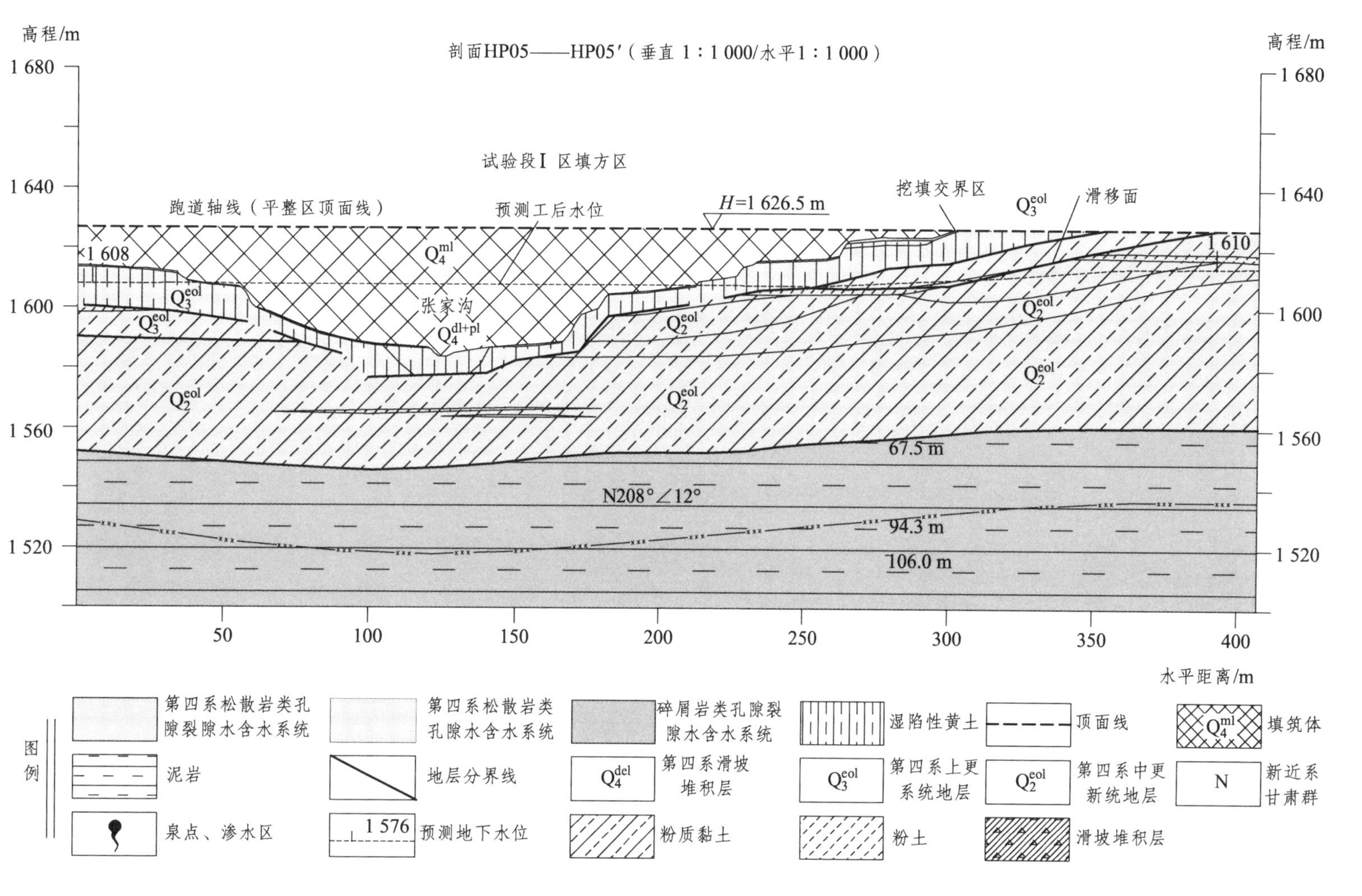

图 3.4-7　预测剖面 HP05 所在区域工后地下水位特征

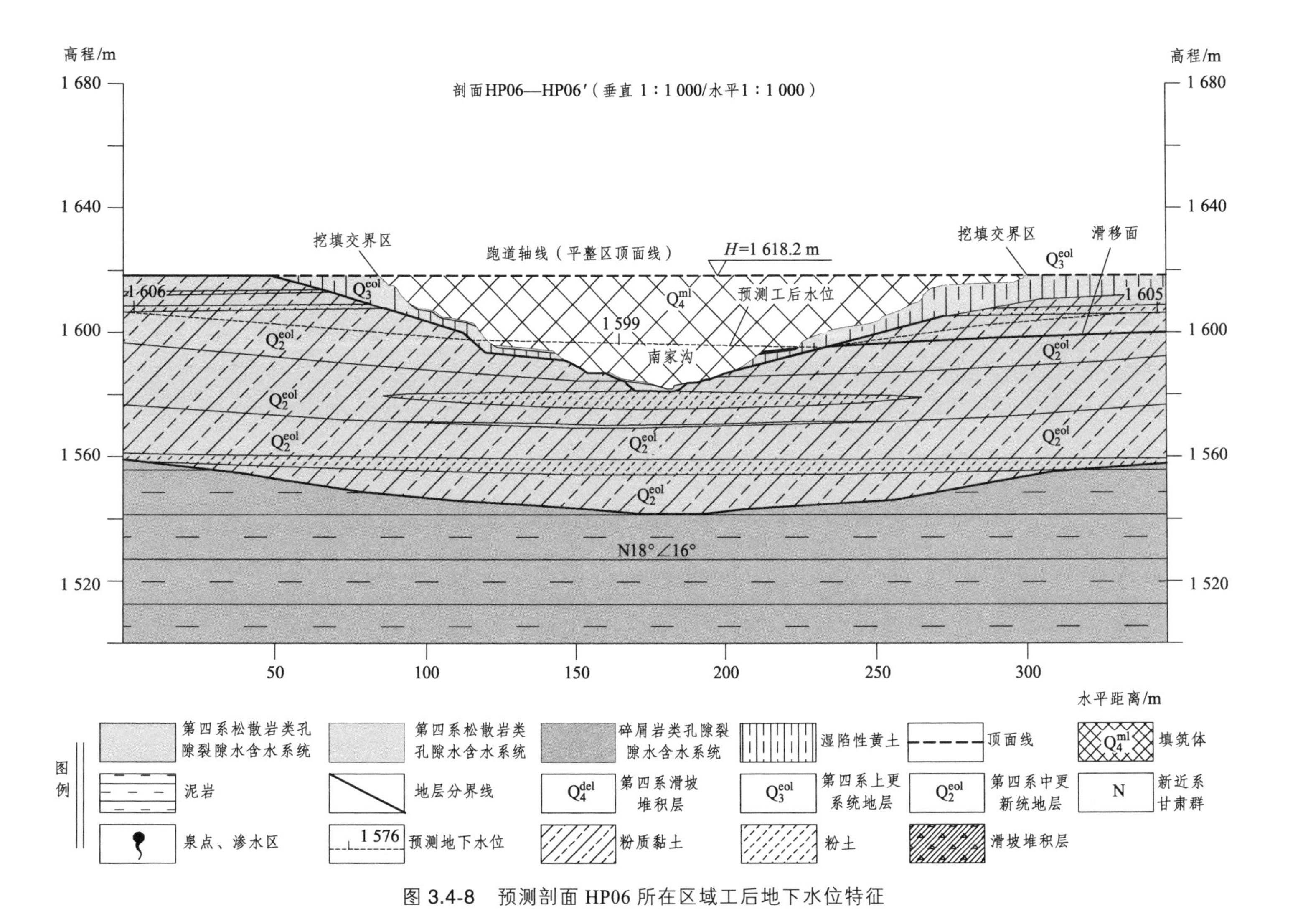

图 3.4-8　预测剖面 HP06 所在区域工后地下水位特征

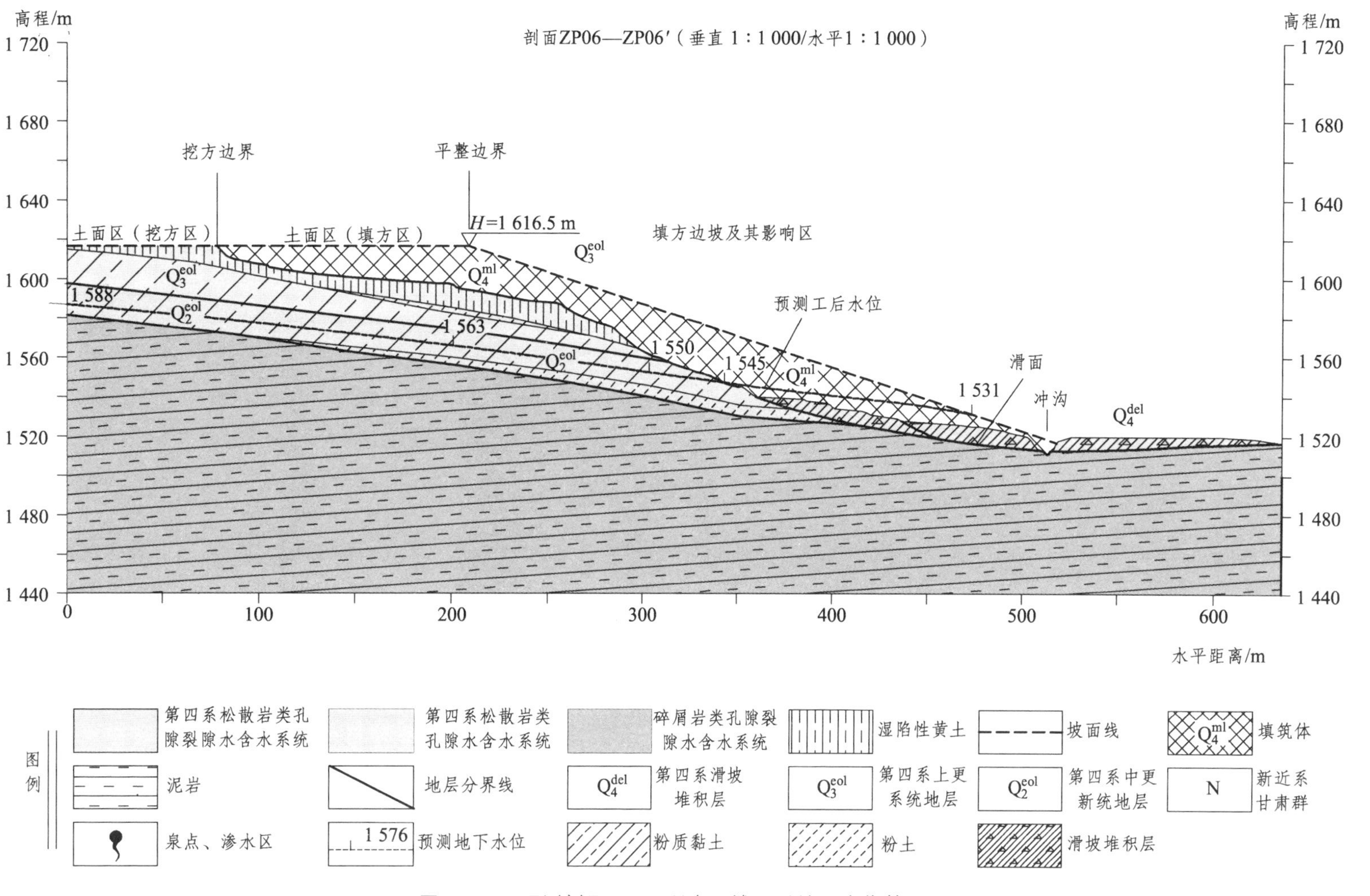

图 3.4-9 预测剖面 ZP06 所在区域工后地下水位特征

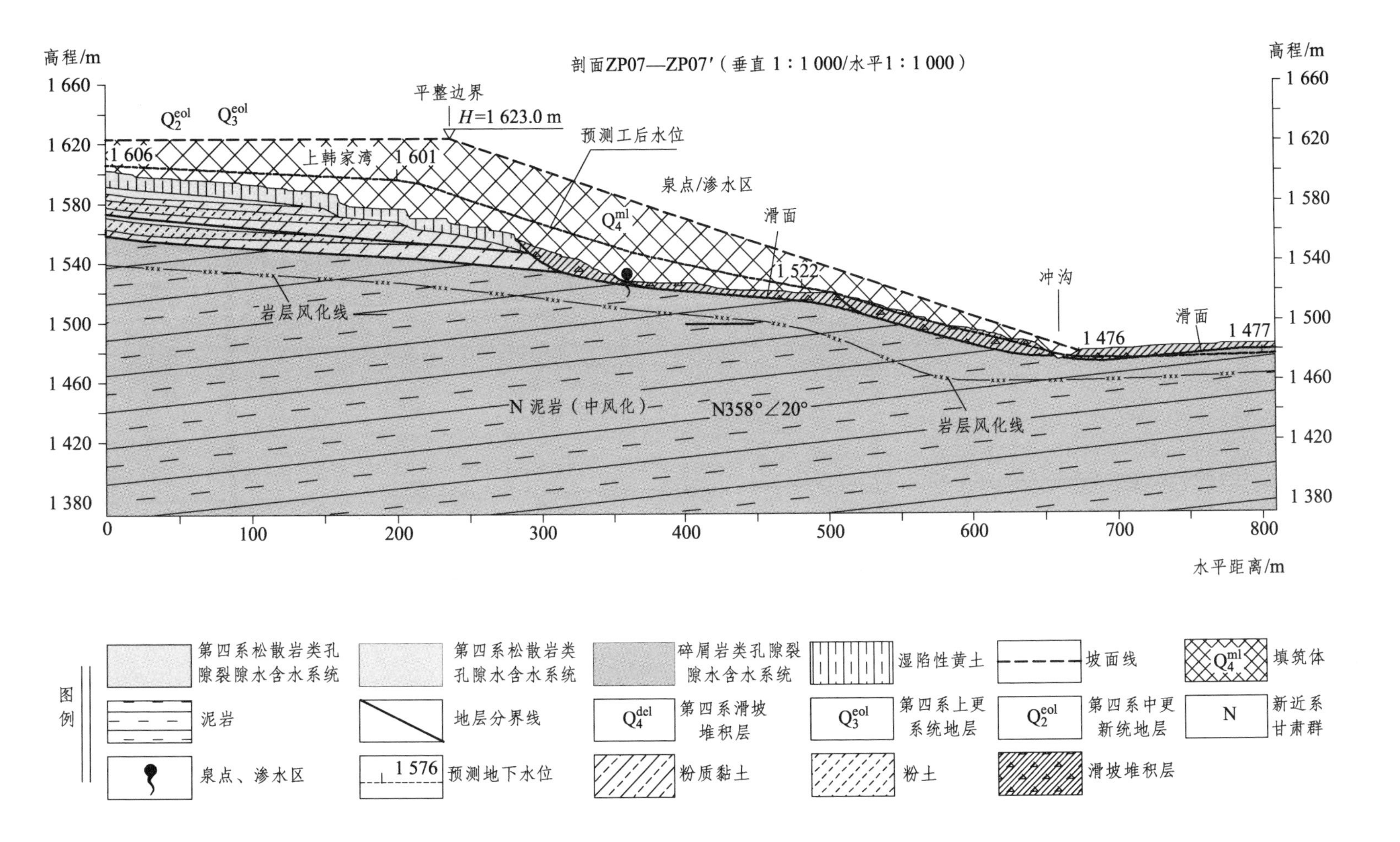

图 3.4-10　预测剖面 ZP07 所在区域工后地下水位特征

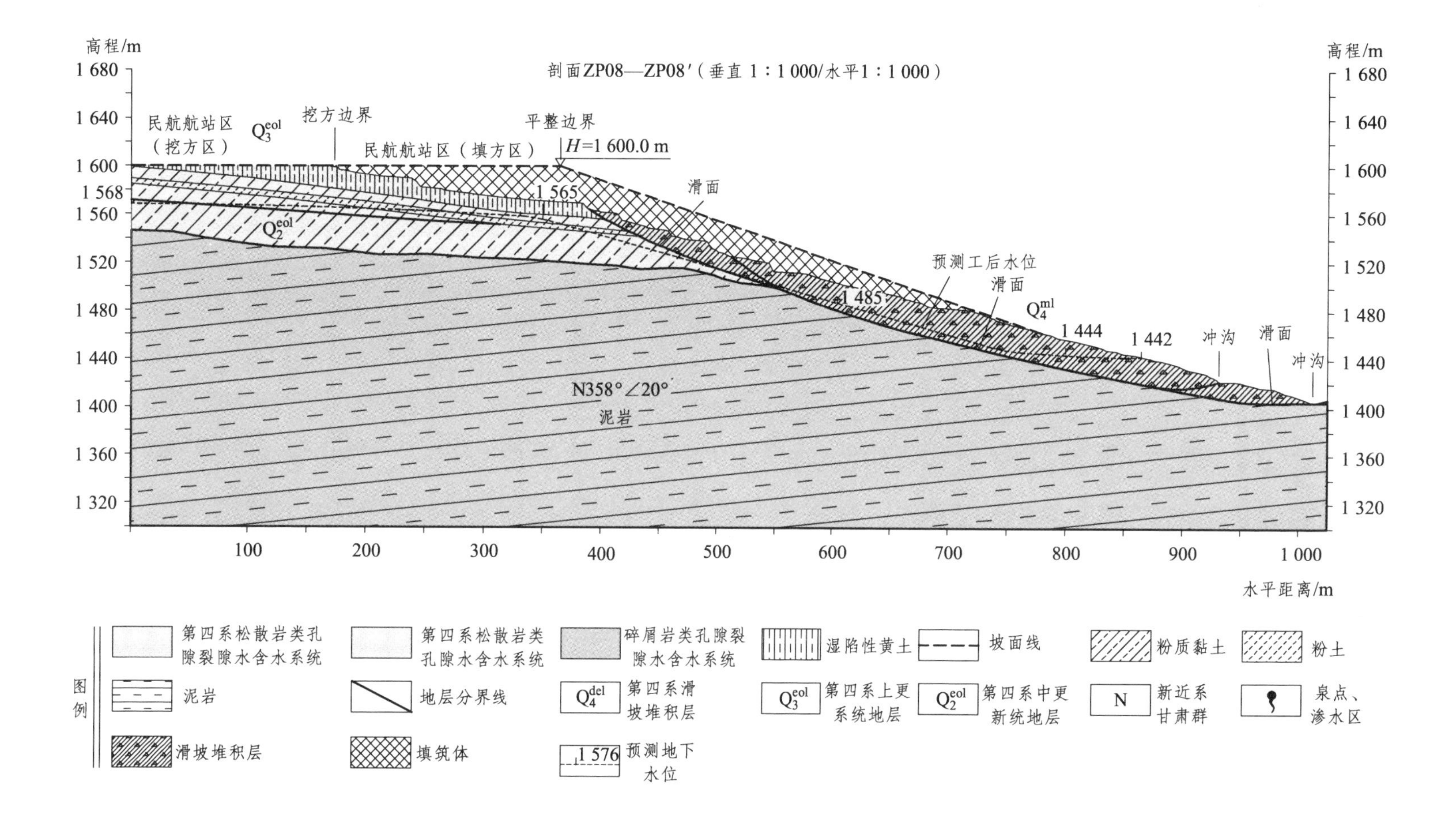

图 3.4-11　预测剖面 ZP08 所在区域工后地下水位特征

总的来说，挖填整平后，填方区域地下水渗流场具有如下特征：

（1）在挖填交界的过渡区域的原始地下水排泄区和富水区，由于挖方区含水层被部分挖除，农耕灌溉补给被消除，使得挖填交界区的填方区域地下水补给量大幅减小，原始富水区及地下出露区的地下水的排泄量将减小甚至枯竭，挖填整平后地下水位呈下降的趋势。

（2）填方高度较大的平整区，受原始倾斜地形的控制，降雨入渗的地下水向低洼处汇集。当遇土体渗透性较差，且未设置有效排水结构时，水位呈上升趋势。受地形、岩土体的渗透性差异影响，水位的上升幅度存在较大差异。

（3）高填方边坡区，特别是在冲沟部位及部分泉点发育的斜坡、滑坡区，工后地下水位呈较明显的上升趋势，如试验段工程填方边坡区及其影响区、上韩家湾村高填方边坡区及其影响区，以及航站区南侧填方边坡区、何家湾、南家湾高填方边坡区。试验段工程区桥子沟的上段、上韩家湾$⑧_{1-1}$、$⑧_{1-2}$、$⑧_{1-3}$、$⑧_{3-1-3}$号沟所在的高填方边坡区，工后地下水位抬升 2 ~ 10 m，最高可达 20 m，极端工况下水位抬升最高可达 35 m。高填方边坡稳定影响区往往是滑坡的密集发育区、地下水的主要排泄区，地下水抬升对工程不良影响明显，诱发高填方边坡发生变形失稳的风险极高，应高度重视。

高填方边坡区地下水位抬升主要原因：① 边坡区含水层变厚，地下水补给范围变广、变高。② 地基处理和填方施工改变了地下水原有的天然渗流、排泄通道和排泄途径（如冲沟、渗水区、泉点等），降低了岩土体的渗透性能，造成地下水渗流过程中发生堵水和壅水的情况而使地下水位升高。

本次数值模拟中未考虑盲沟、仰斜排水孔、碎石排水层等人工排水结构对地下水的疏排作用，而是以天然的冲沟作为排泄边界，因此获取的预测数据可能和真实的施工过后的地下水渗流场特征存在一定的差异，但是其渗流场的总体变化趋势是相同的。

3.5　运营阶段地下水渗流场特征

机场土石方工程结束后，跑道、滑行道、垂直联络道、站坪、航站区、工作区等将进行混凝土硬化，混凝土的阻水作用将会使地下水接受大气降水入渗补给量减少，见图 3.5-1。

将硬化部位的入渗补给量设置为零，其余条件均不发生改变，模拟结果见图 3.5-2 ~ 图 3.5-6。从图中可见：道面硬化后，在截排水系统正常运行的情况下，在运行期间的第 1 ~ 10 年，地下水位呈下降的趋势；在第 10 年之后，随着降雨入渗通道的逐步扩展，地基内部排水系统的慢慢淤堵，地下水位呈缓慢上升趋势。

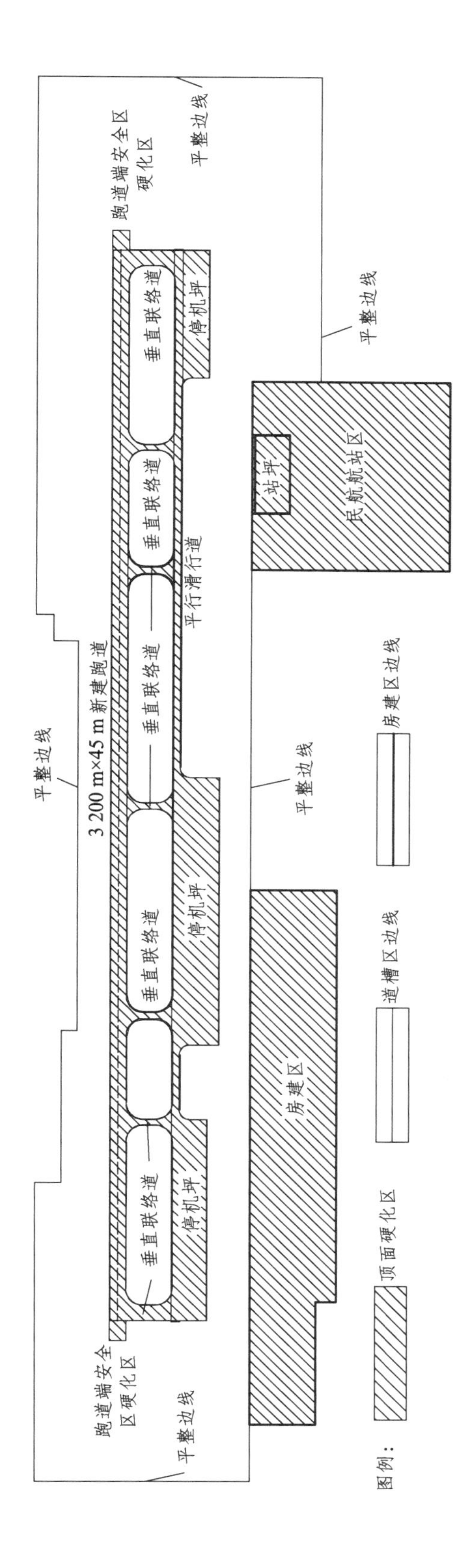

平整边线
跑道端安全区
硬化区
垂直联络道
停机坪
站坪
民航航站区
平行滑行道
3 200 m×45 m 新建跑道
房建区
跑道端安全
区硬化区
图例：
顶面硬化区
道槽区边线
房建区边线

图 3.5-1　机场硬化范围

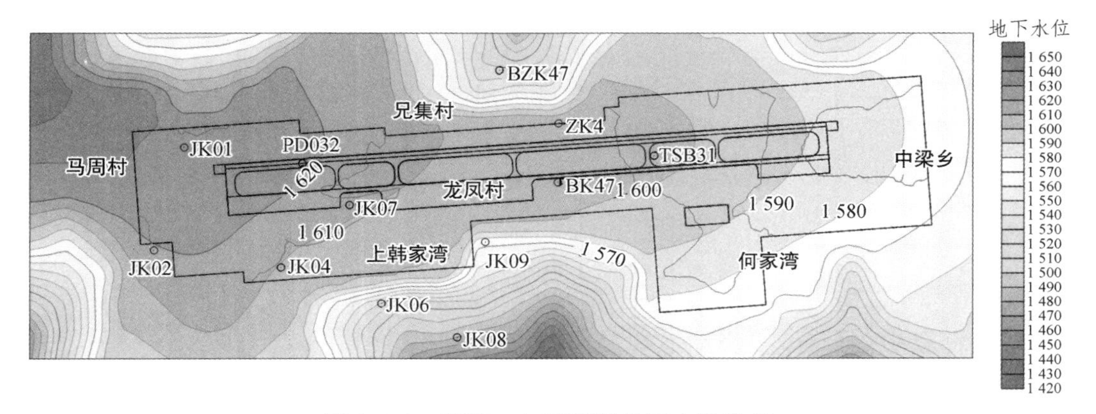

图 3.5-2　运营 1 年后预测地下水渗流场

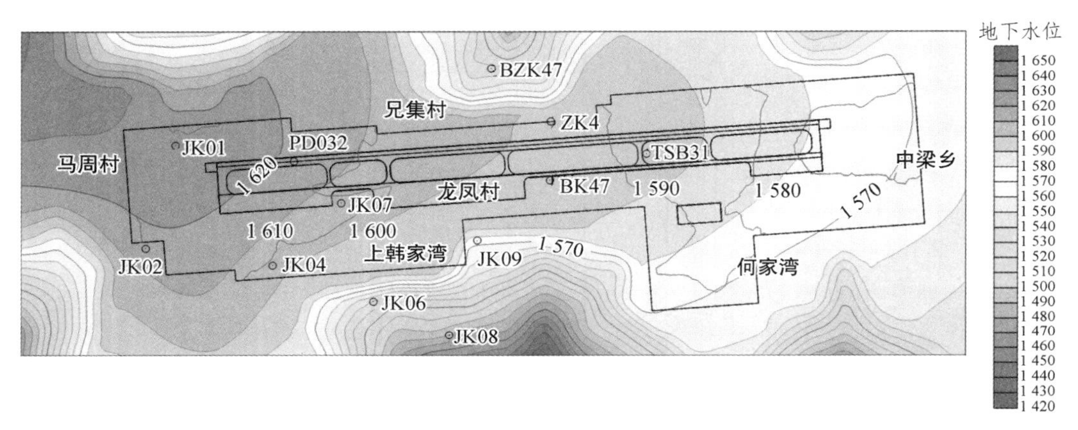

图 3.5-3　运营 3 年后预测地下水渗流场

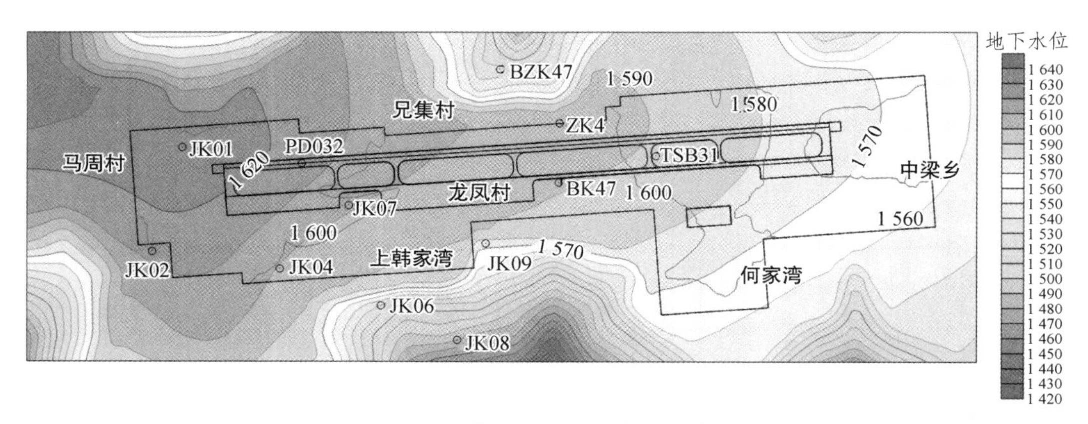

图 3.5-4　运营 5 年后预测地下水渗流场

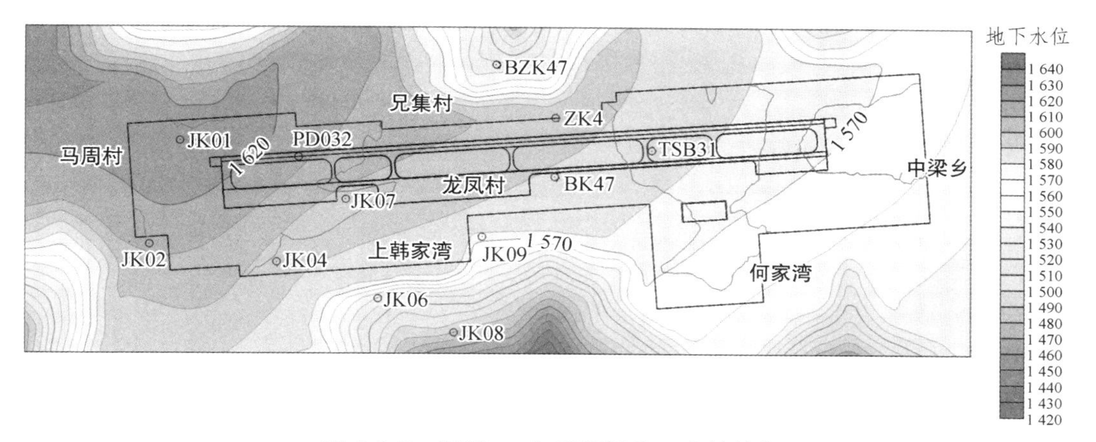

图 3.5-5 运营 10 年后预测地下水渗流场

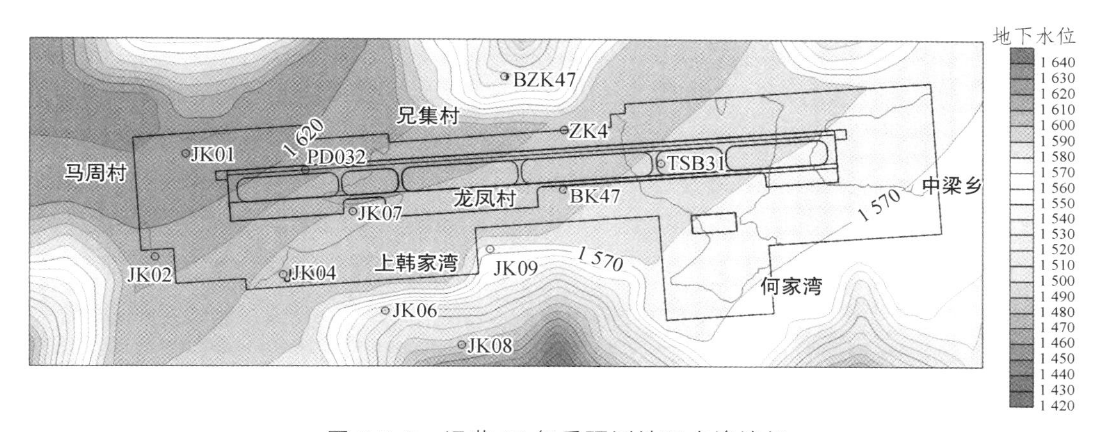

图 3.5-6 运营 20 年后预测地下水渗流场

为了更好地展现渗流场的变化，将硬化后第 1、3、5、10、20 年的渗流场与土石方工程施工完成后（场地硬化前）渗流场进行对比，见图 3.5-7 ~ 图 3.5-11。通过对比发现，运营期间除机场西端北侧区域外，整个场地地下水随时间呈逐步下降的趋势，最明显的区域位于飞行区的东部，地下水位变化幅度 4 ~ 23 m。从东部挖方区向西延伸，水位的降幅 1 ~ 8 m；跑道中心点以西的南侧（即上韩家湾村高填方区）水位变幅 1 ~ 12 m；在航站区位置，地下水位变幅 4 ~ 16 m。通过时间模块分析计算，预测运营 0 ~ 10 年场区地下水呈逐渐下降趋势，运营 10 ~ 20 年水位呈缓慢回升的趋势。

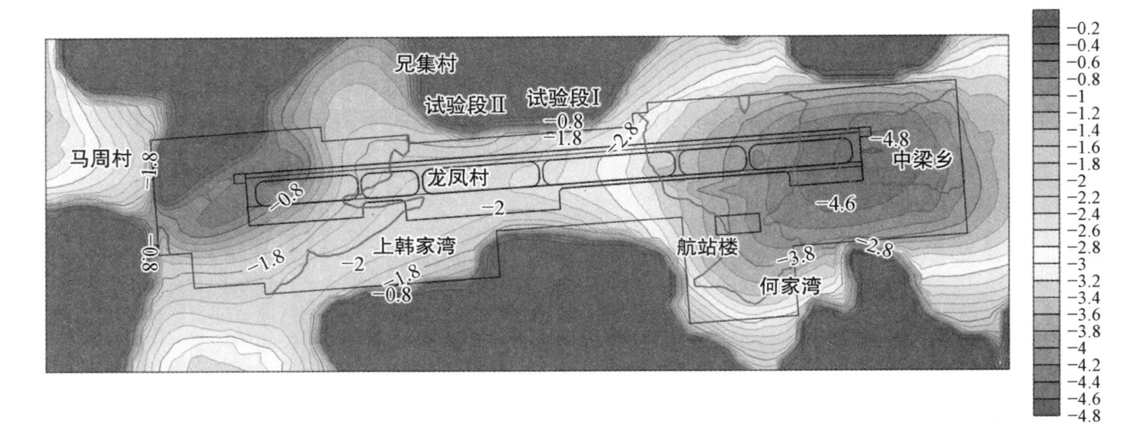

图 3.5-7 运营 1 年后地下水位变化

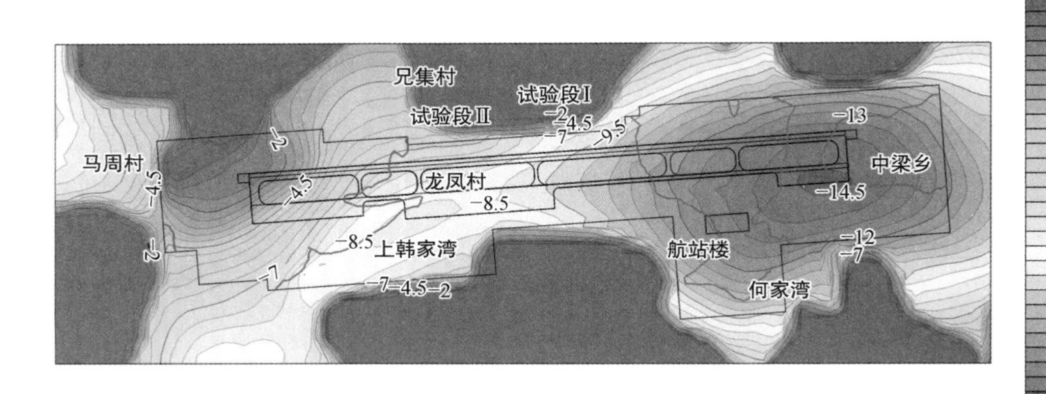

图 3.5-8 运营 3 年后地下水位变化

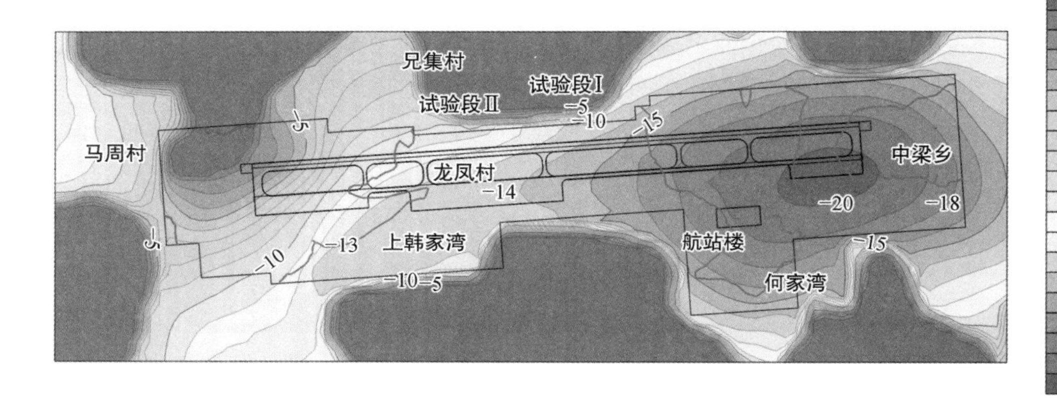

图 3.5-9 运营 5 年后地下水位变化

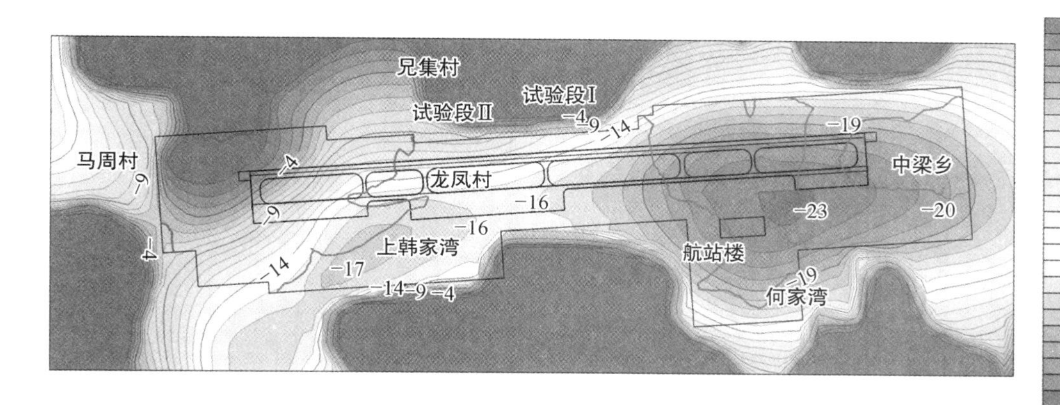

图 3.5-10　运营 10 年后地下水位变化

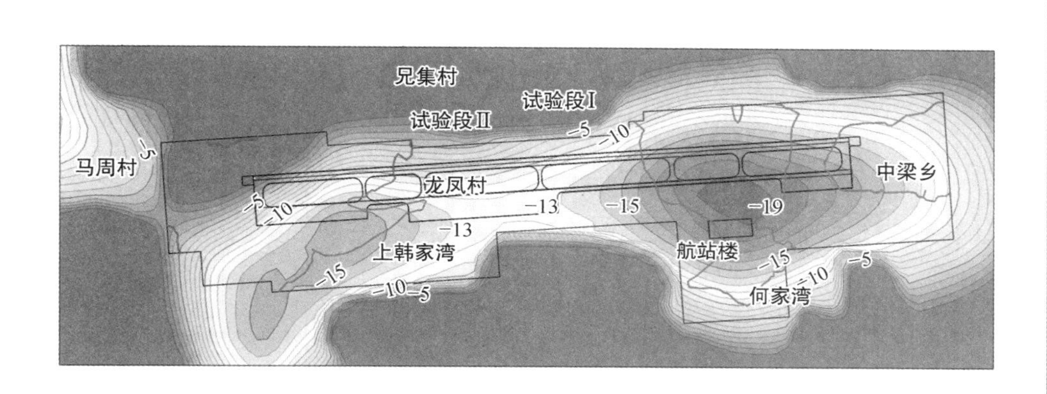

图 3.5-11　运营 20 年后地下水位变化

3.6　冲沟地下水排流量

T 机场处于黄土梁的天然分水岭位置，机场两侧发育数条规模较大的冲沟。冲沟是地下水天然排泄通道，工程建设中需要沿冲沟设置排水结构疏排地下水，如盲沟、排水管廊、箱涵等。冲沟中地下水流量是排水结构设计的主要参数，本次数值模拟中，在场地平整后添加沟谷出水量模块，计算成果见表 3.6-1 和图 3.6-1。

表 3.6-1　冲沟中地下水排泄量

位置	区域 1	区域 2	区域 3	区域 4	区域 5	区域 6	区域 7	区域 8	区域 9	区域 10	区域 11	总计
最大排泄水量/（m^3/d）	73.44	79.49	52.70	85.54	59.62	85.54	139.10	57.89	35.42	52.70	54.43	775.87
最大排泄水量换算/（L/s）	0.85	0.92	0.61	0.99	0.69	0.99	1.61	0.67	0.41	0.61	0.63	8.98

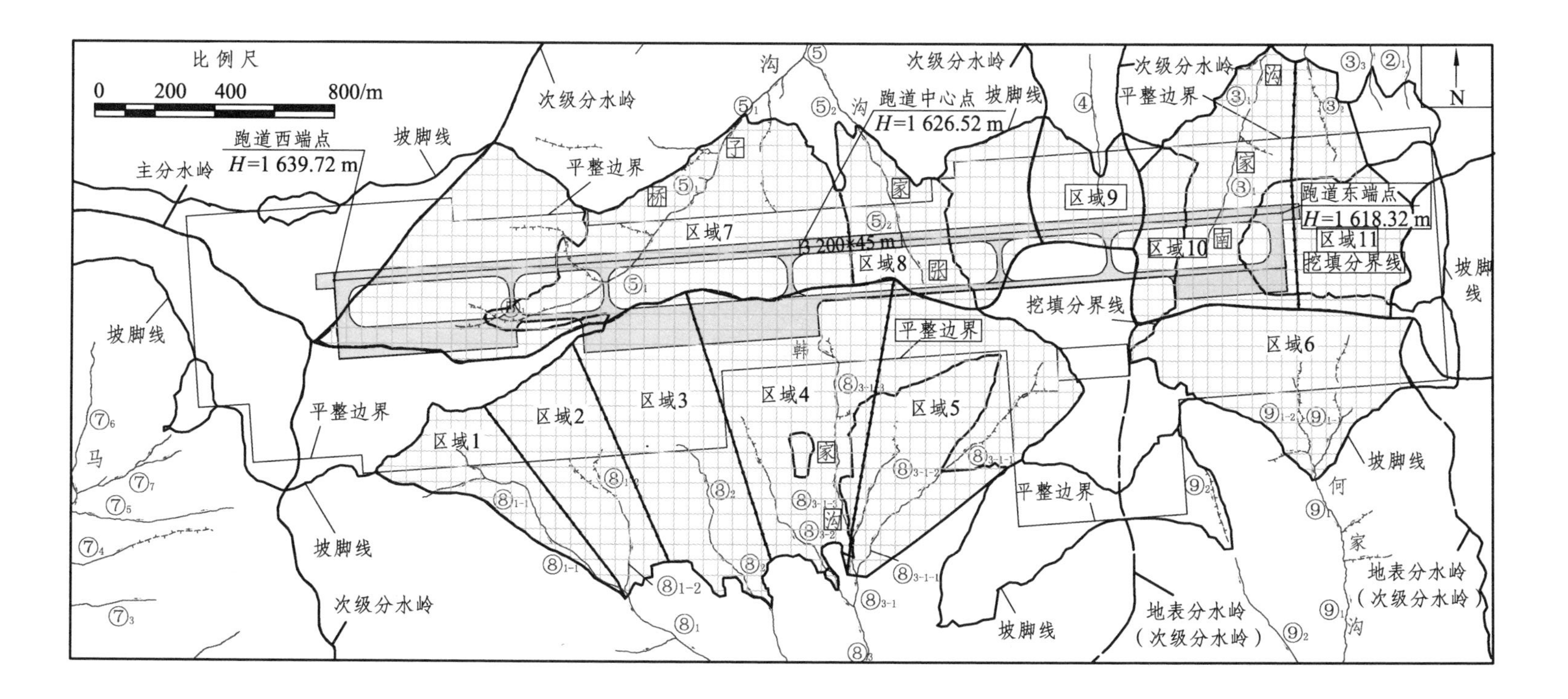

图 3.6-1　主要冲沟地下水排泄流量计算位置

3.7 地下水渗流场变化敏感区划分

根据地下水渗流场模拟结果，综合考虑水位变化幅度、地下水位高程、地下水排泄量、场地条件、工程结构布局、挖方与填方条件以及滑坡的分布、类型、规模和位置等，对场地地下水渗流场变化敏感程度进行分区，见图 3.7-1。

（1）渗流场变化一般敏感区 A：工后水位降幅＜20 m、水位降幅＜10 m、滑坡灾害不发育—局部轻度发育的一般挖方、填方区。

（2）渗流场变化轻度敏感区 B：工后水位抬升幅度＜10 m、滑坡灾害轻度发育—不发育的填方区，局部高填方。

（3）渗流场变化中度敏感区 C：工后水位抬升幅度 10 ~ 20 m、滑坡灾害轻度发育的高填筑地基、高填方边坡区及其影响区。

（4）渗流场变化强烈度敏感区 D1：工后水位抬升幅度＞20 m、滑坡灾害发育的高填方边坡区及其影响区。

（5）渗流场变化强烈度敏感区 D2：工后水位下降幅度＞20 m 的深挖方地基区。

地下水渗流场变化敏感程度分区，见图 3.7-1。

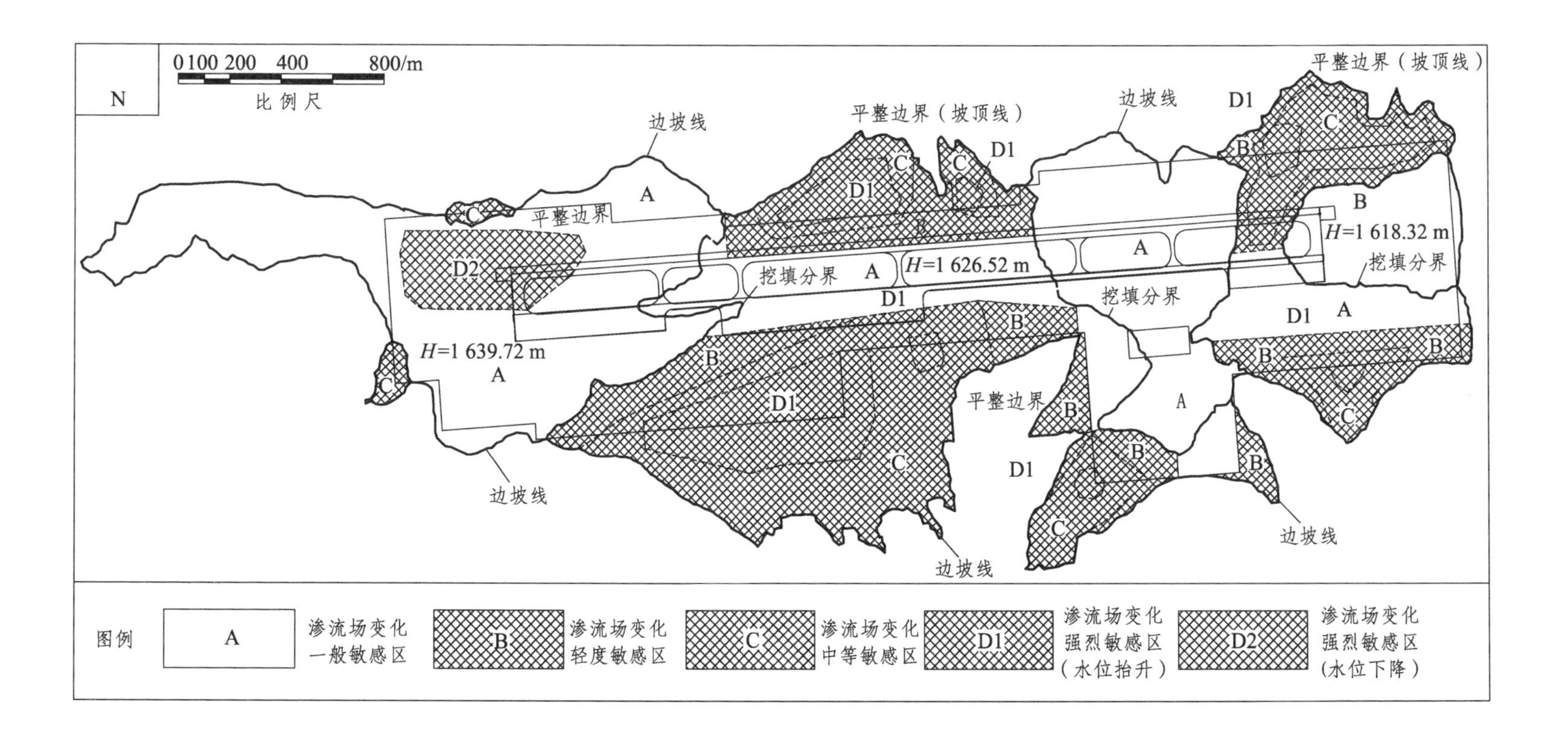

图 3.7-1　大面积填挖施工后地下水渗流场变化敏感程度分区

第 4 章　地下水工程效应

4.1　地下水工程效应概述

地下水是一种重要的地质营力，它与岩土体的相互作用，一方面改变着岩土体的物理、化学和力学性质，另一方面也改变着地下水自身物理、力学性质以及化学成分。一般来说，地下水对岩土体有三种作用，即物理作用（润滑作用、湿化作用、软化作用、泥化作用、结合水的强化作用）、化学作用（离子交换、溶解作用、水解作用、溶蚀作用）、力学作用（包括孔隙静水压力和孔隙动力压力）。

地下水与岩土体相互作用影响着岩土体的变形和强度，地下水对岩土体的力学性质的影响不可忽视，其主要体现在以下三个方面：

（1）地下水通过物理、化学作用改变岩土体的结构，从而改变岩土体抗剪强度、承载力和抗变形性能等。在黄土地区地下水的溶解、水解作用还会使黄土湿陷，从而造成地基的过大沉降和不均匀沉降。

（2）地下水通过孔隙静水压力作用，影响岩土体中的有效应力，从而降低岩土体的抗剪强度。

（3）地下水通过动水压力作用，造成岩土因渗透压力的作用而变形；或者土体颗粒被地下水潜蚀，造成固体颗粒损失而引起岩土体的塌陷、失稳等。

T 机场属典型的西北山区高填方机场，大面积的深挖高填改变了场地的地下水条件，包括地下水位的抬升和降低，地下水补给、径流、排泄途径的变化，饱和带厚度的增大和非饱和土的增湿等。其引起的地下水工程效应包括岩土体“强度劣化效应”“潜蚀效应”“孔隙水压力效应”“增湿加重效应”“冻结层滞水效应”“锅盖效应”等，将造成道槽区地基过大的沉降和不均匀沉降、填方边坡渗透破坏、冻胀和失稳等一系列的工程问题。

在实际工程中，往往是两种及以上地下水工程效应的不同类型同时作用于岩土体，地基沉降、边坡稳定性问题通常是上述效应共同作用的综合表现，如高填方边坡失稳往往是“强度劣化效应”“潜蚀效应”“孔隙水压力效应”“增湿加重效应”“冻结层滞水效应”的综合作用。

4.2 地下水对岩土强度的劣化效应

4.2.1 地下水对原地基土物理性质的劣化

现场含水率测试和室内试验含水率测试结果见表 4.2-1。

黄土梁、峁部位：

（1）挖方区，黄土天然含水率 w=16.5% ~ 35.4%，饱和度 S_r=43.5% ~ 99.7%，干密度 ρ_d=1.25 ~ 1.71 g/cm^3，孔隙率 n=36.8% ~ 56.7%。

（2）填方区，黄土天然含水率 w=12.4% ~ 30.6%，饱和度 S_r=34.4% ~ 99.0%，干密度 ρ_d=1.23 ~ 1.65 g/cm^3，孔隙率 n=39.4% ~ 54.6%。

试验段斜坡部位滑坡发育，地下水富集，土体呈可塑—软塑态。Q_3 可塑状粉质黏土（非湿陷性黄土）天然含水率 w=20.8% ~ 38.8%，平均值为 29.1%；饱和度 S_r=92.4% ~ 100.0%，平均值为 98.8%；干密度 ρ_d=1.43 ~ 1.74 g/cm^3，平均值为 1.63 g/cm^3；孔隙率 n=35.8% ~ 47.6%，平均值为 39.9%。Q_2 可塑状粉质黏土（非湿陷性黄土）天然含水率 w=20.6% ~ 28.6%，平均值为 24.8%；饱和度 S_r=97.2% ~ 100.0%，平均值为 99.6%；干密度 ρ_d=1.58 ~ 1.76 g/cm^3，平均值为 1.65 g/cm^3；孔隙率 n=35.4% ~ 41.8%，平均值为 39.4%。

通过对比一般区域和富水区岩土体物理性质指标可以得出：

（1）填方区工后地下水位升高，在饱和带厚度增大和非饱和土增湿作用下，地基土的含水率、饱和度将明显升高，孔隙率将呈降低的趋势，干密度呈增大的趋势。

（2）挖方区工后地下水位下降，土体的物理性质受气象条件影响明显，物理性质受降雨、降雪、气温等影响，随季节性变化而波动，特别是浅层包气带水，其活跃的物理、化学作用将影响挖方区浅层土体的物理性质发生变化。总体来说，挖方区地下水位下降后工程影响深度内地基土的含水率、饱和度、孔隙率将呈下降趋势，天然密度、干密度呈增大趋势。

4.2.2 地下水对原地基土力学性质的劣化

场地内黄土具有大孔隙结构、柱状垂向节理发育、干燥时强度大、自稳性和壁立性好的特性，但同时也具有较明显的水敏性，遇水湿陷、湿化、强度锐减等特点。

场地内黄土多属非饱和土，基质吸力是影响其强度最重要的指标。根据前人研究成果[40]，在低基质吸力范围内，以含水量等于 19%和 30.8%为临界点，黄土的水土特征曲线分为三段：当含水量处于大于 30.8%的近饱和区间时，曲线较为平缓，说明基质吸力对含水量的变化较为敏感，轻微的含水量改变就会引起基质吸力的突变；当含水量小于 30.8%而大于 19%时，曲线变陡，含水量变化对基质吸力的影响减弱；当含水量小于 19%而大于 11.9%时，曲线又变平缓（图 4.2-1）。当地下水位上升时，地基中饱和区域增大，非饱和区基质吸力降低，且斜坡内部基质吸力的降低与地下水位呈线性关系。

表 4.2-1　室内试验获取地基土物理性质指标

挖方区土体物理性质指标													
取样深度/m	分布区域	含水率 w/%		饱和度 S_r/%		天然密度 ρ/（g/cm^3）		干密度 ρ_d/（g/cm^3）		孔隙率 n/%		含水比 u	
		区间值	平均值	区间值	平均值	区间值	平均值	区间值	平均值	区间值	平均值	区间值	平均值
0～12	西端挖方区	16.40～35.4	23.7	52.9～96.9	73.2	1.58～1.98	1.75	1.25～1.57	1.40	42.3～56.7	49.07	0.66～1.00	0.79
0～16	试验段挖方区（中部）	16.50～27.0	20.5	43.5～80.9	66.0	1.56～1.98	1.80	1.27～1.67	1.52	38.7～53.2	44.25	0.49～0.78	0.58
0～15	试验段挖方区（东部）	19.80～28.40	23.8	61.2～99.7	77.4	1.70～2.08	1.82	1.36～1.71	1.47	36.8～50.0	45.60	0.64～0.85	0.74
0～20	东端挖方区	19.90～25.10	22.8	57.6～99.7	73.9	1.65～2.02	1.80	1.35～1.65	1.46	38.8～50.3	46.00	0.60～0.75	0.69
0～11	航站区挖方区	18.4～24.70	20.5	52.9～61.6	56.8	1.58～1.70	1.58	1.30～1.43	1.38	47.3～52.10	49.24	0.54～0.74	0.64
填方区土体物理性质指标													
0～10	试验段Ⅱ填方区平台	12.4～30.6	16.7	34.4～97.5	49.0	1.52～1.92	1.63	1.35～1.47	1.39	46.10～50.10	48.50	0.41～0.79	0.51
0～10	龙凤村南侧填方区	19.6～23.6	21.7	46.3～81.9	60.6	1.51～1.97	1.66	1.23～1.65	1.36	39.4～54.6	49.72	0.6～0.72	0.66
0～10	桥子沟后缘填方区富水段	27.3～30.3	28.5	74.10～99.0	89.8	1.72～1.95	1.87	1.34～1.53	1.45	43.5～50.8	46.53	0.67～1.05	0.89
0～20	试验段Ⅰ填方区斜坡富水段	20.8～38.8	29.1	92.40～100	98.8	1.87～2.12	2.04	1.43～1.74	1.63	35.8～47.6	39.9	0.60～0.90	0.80
0～20	试验段Ⅱ填方区斜坡富水段	20.6～34.6	28.8	97.80～100	99.6	1.99～2.12	2.05	1.58～1.76	1.65	35.4～41.8	39.4	0.60～0.90	0.80

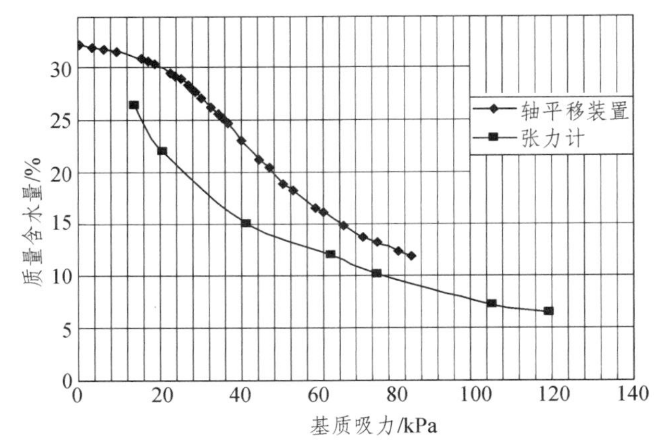

图 4.2-1　黄土基质吸力与含水量关系曲线（水土特征曲线）
（据张茂省、朱立峰、胡炜等，2017）

根据试验成果，对于非饱和黄土，当含水比增大时，黄土的压缩模量与其呈负相关的趋势，压缩系数呈上升趋势；含水率的变化与压缩模量、压缩系数所呈现的特征与含水比变化特征相类似；土体的饱和度与其压缩模量、压缩系数没有表现出明显的相关性特征。这一特征表现出黄土的变形不仅受含水率的影响，还受黄土结构（孔隙、裂隙的发育程度及连通性）的影响，同时也反映出非饱和黄土力学性质的复杂性，见表 4.2-2、图 4.2-2 ~ 图 4.2-7。

随着天然黄土含水率、含水比的增加，土体的黏聚力 c 呈幂函数曲线递减，内摩擦角 φ 呈指数函数曲线递减，见表 4.2-3、图 4.2-8 ~ 图 4.2-11。

表 4.2-2　代表性天然黄土不同含水率对应变形参数统计

取样编号	含水率 w/%	天然密度 ρ/（g/cm³）	饱和度 S_r/%	孔隙比 e	含水比 u	压缩模量 E_s/MPa	压缩系数 a_v/MPa^{-1}
TJ01	12.40	1.58	36.20	0.93	0.41	21.3	0.09
TJ02	17.20	1.94	72.70	0.64	0.51	21.5	0.08
TJ03	18.40	1.69	55.50	0.90	0.54	20.9	0.09
TJ04	18.80	1.98	80.90	0.63	0.57	21.1	0.08
TJ05	22.60	1.68	62.40	0.99	0.60	18.3	0.11
TJ06	19.60	1.97	81.90	0.65	0.60	19.9	0.08
TJ07	19.90	1.98	84.60	0.64	0.65	17.3	0.09
TJ08	21.40	1.87	76.40	0.76	0.66	12.5	0.14
TJ09	23.60	1.52	53.10	1.20	0.68	13.5	0.16
TJ10	21.40	2.08	99.70	0.58	0.68	10.2	0.16
TJ11	24.10	1.82	77.00	0.85	0.73	11.3	0.16
TJ12	25.10	1.95	92.10	0.74	0.74	8.1	0.22

续表

取样编号	含水率 w/%	天然密度 ρ/（g/cm³）	饱和度 S_r/%	孔隙比 e	含水比 u	压缩模量 E_s/MPa	压缩系数 a_v/MPa^{-1}
TJ13	24.80	2.02	99.70	0.67	0.75	7.6	0.22
TJ14	26.40	1.78	77.10	0.93	0.77	9.0	0.21
TJ15	27.00	1.61	64.30	1.14	0.78	9.8	0.22
TJ16	27.10	1.72	73.00	1.01	0.79	8.2	0.25
TJ17	30.60	1.92	97.50	0.86	0.79	6.1	0.31
TJ18	28.40	1.74	77.00	1.00	0.85	2.2	0.29

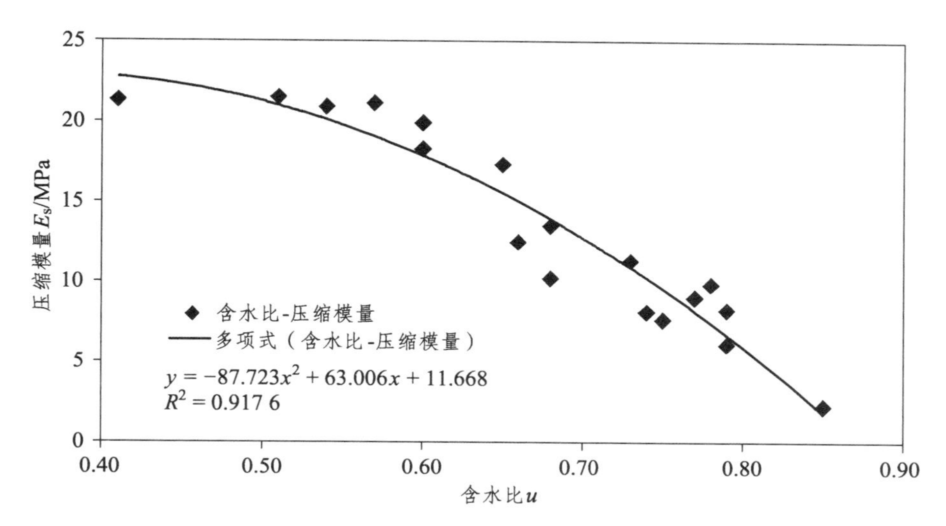

图 4.2-2　黄土含水比 u 与压缩模量 E_s 的关系曲线

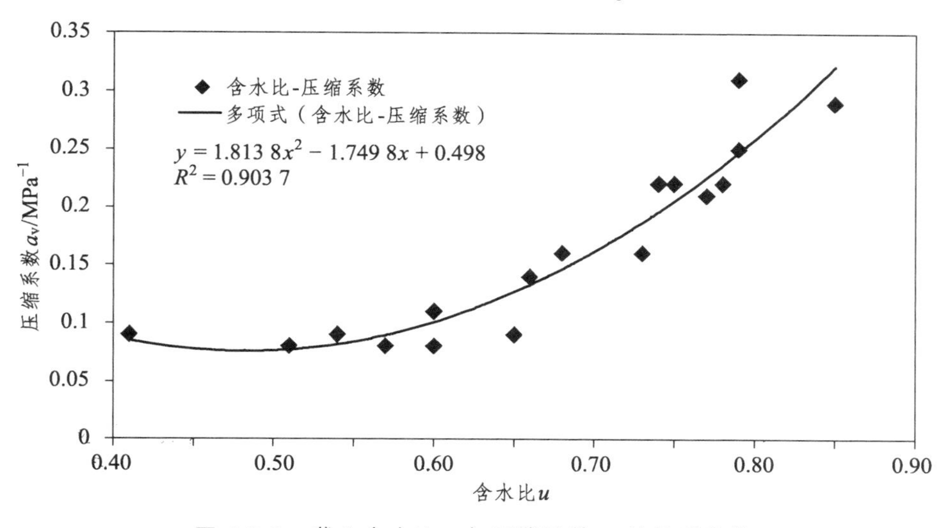

图 4.2-3　黄土含水比 u 与压缩系数 a_v 的关系曲线

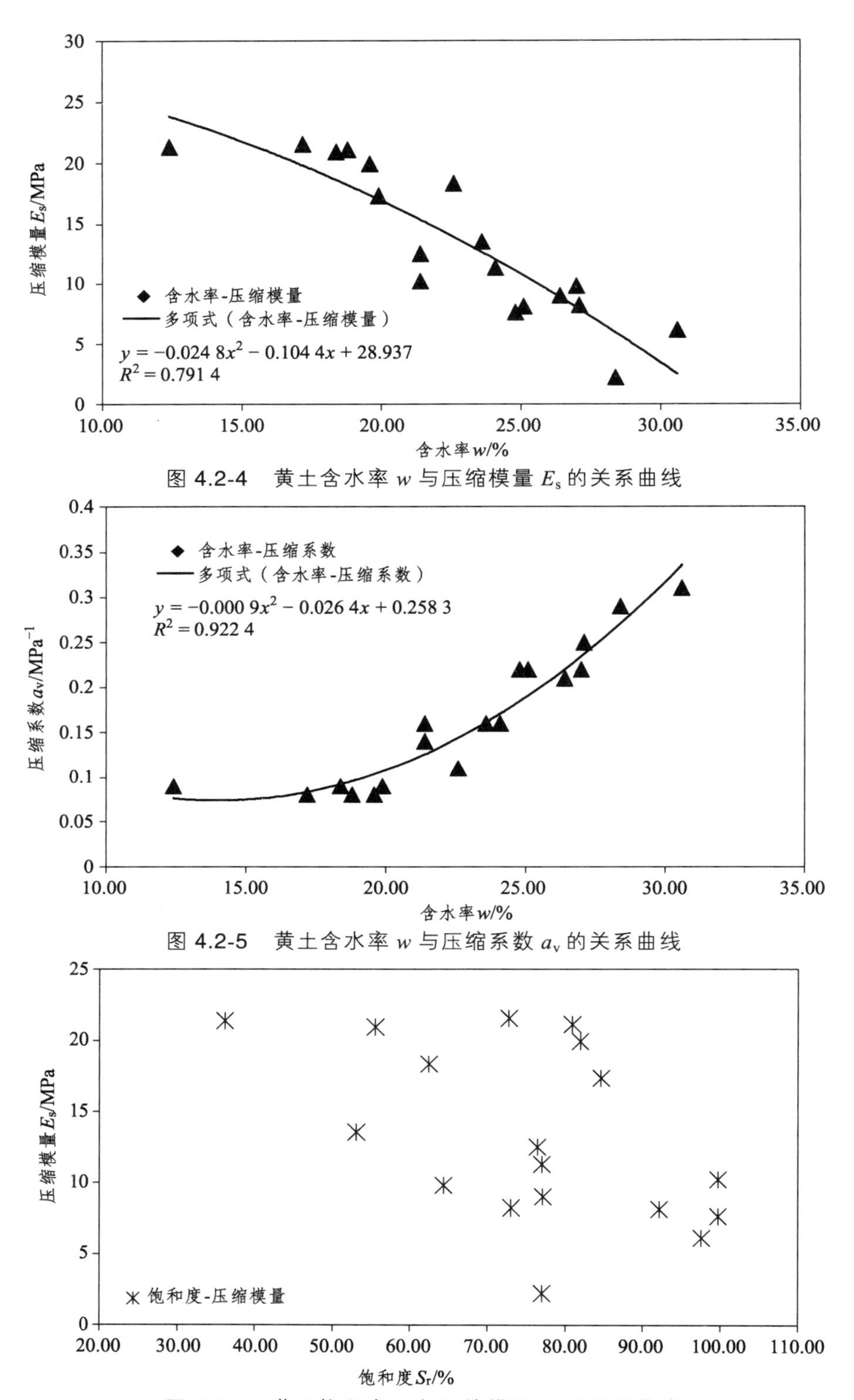

图 4.2-4 黄土含水率 w 与压缩模量 E_s 的关系曲线

图 4.2-5 黄土含水率 w 与压缩系数 a_v 的关系曲线

图 4.2-6 黄土饱和度 S_r 与压缩模量 E_s 的关系曲线

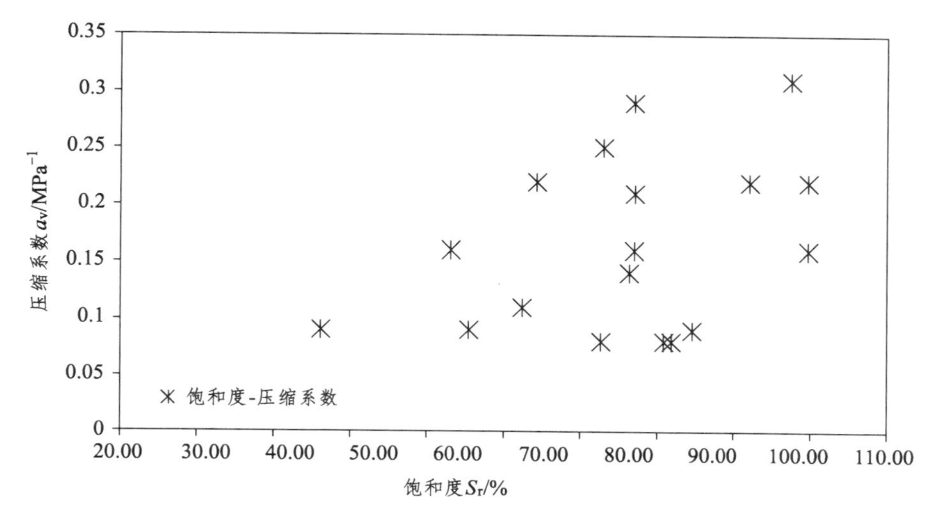

图 4.2-7　黄土饱和度 S_r 与压缩系数 a_v 的关系曲线

表 4.2-3　代表性天然黄土不同含水率对应抗剪参数统计

编号	含水率 w/%	密度 ρ/（g/cm³）	相对密度 G_s	饱和度 S_r/%	孔隙比 e	含水比 u	天然快剪	
							黏聚力 c/kPa	内摩擦角 φ/（°）
ZK01	16.6	1.49	2.7	40.3	1.113	0.56	41	24
ZK02	22.6	2.08	2.71	100	0.597	0.74	33.2	23.7
ZK03	23.8	1.97	2.71	91.7	0.703	0.73	23.8	21
ZK04	25.2	2	2.71	100	0.663	0.83	23.8	16.5
ZK05	31.0	2	2.71	100	0.775	1.11	16.9	13
ZK06	31.7	2.01	2.71	100	0.776	1.07	14.1	12
ZK07	33.4	1.96	2.71	100	0.844	1.12	12	11.3

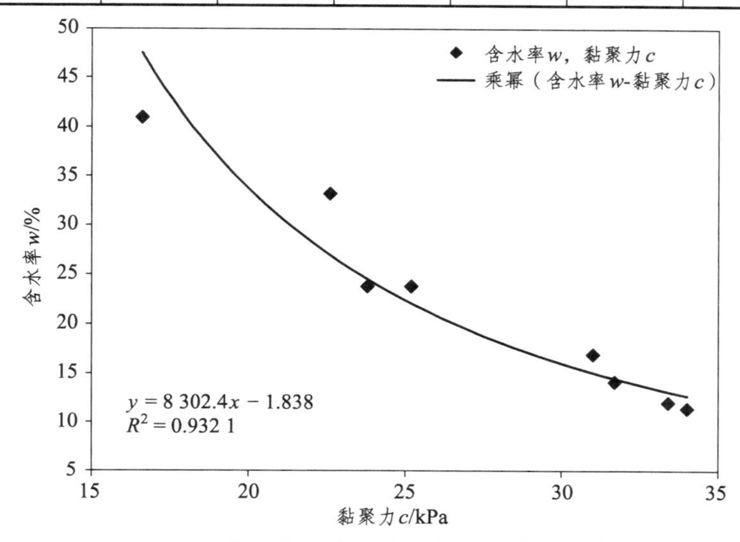

图 4.2-8　黄土含水率 w 与黏聚力 c 的关系曲线

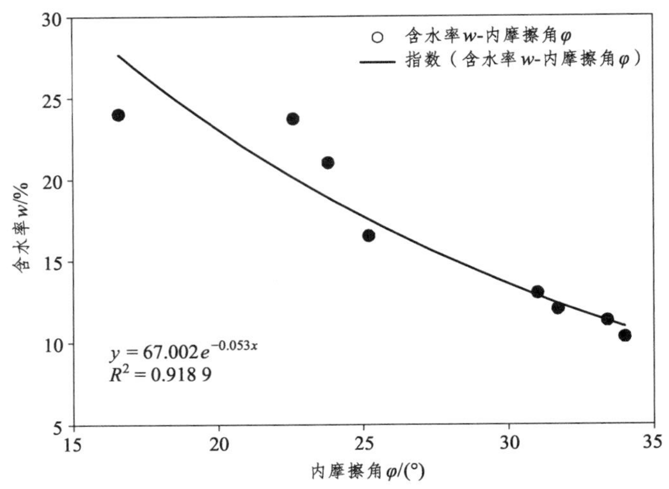

图 4.2-9　黄土含水率 w 与内摩擦角 φ 的关系曲线

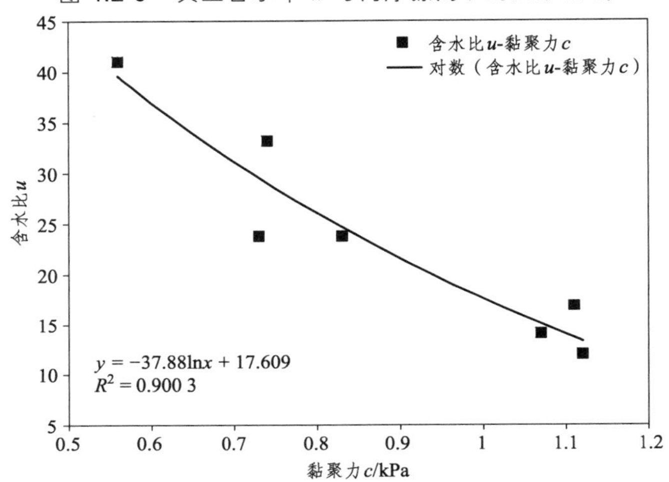

图 4.2-10　黄土含水比 u 与黏聚力 c 的关系曲线

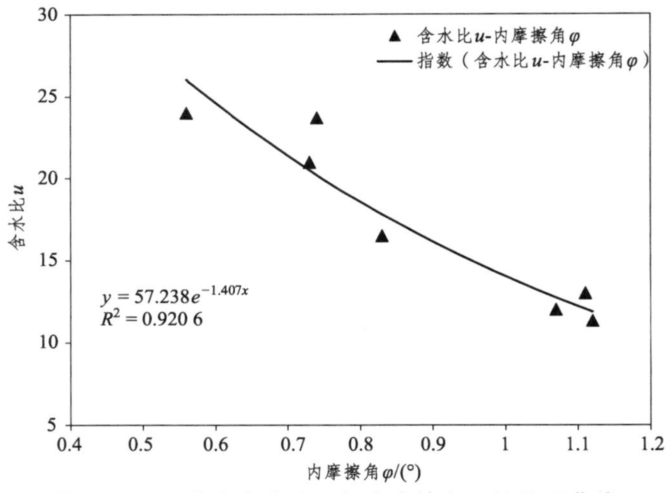

图 4.2-11　黄土含水比 u 与内摩擦角 φ 的关系曲线

天然非饱和黄土受地下水上升浸泡达到饱和后抗剪强度指标（c、φ）、压缩性指标（e、E_s、a_v）都表现出明显的衰减特征，见表 4.2-4、图 4.2-12 ~ 图 4.2-15。

表 4.2-4　代表性土体天然与饱和工况抗剪强度参数统计

序号	土类型	含水率 w/%	密度 ρ/（g/cm^3）	饱和度 S_r/%	孔隙比 e_0	天然快剪		饱和快剪	
						黏聚力 c/kPa	摩擦角 φ/（°）	黏聚力 c/kPa	摩擦角 φ/（°）
TY01	粉质黏土	25.6	1.76	74.3	0.93	24.0	13.8	21.0	11.8
TY02		12.2	1.38	27.4	1.21	32.0	16.6	22.0	14.0
TY03		14.0	1.52	36.9	1.03	33.0	18.9	21.0	15.6
TY04		30.6	1.91	97.6	0.85	28.0	12.0	20.0	10.3
TY05		22.4	2.08	100.0	0.60	56.2	29.4	36.5	24.8
TY06		21.6	2.10	100.0	0.58	39.0	25.6	30.6	22.4
TY07		27.8	1.94	95.5	0.79	29.9	17.3	18.3	14.6
TY08		21.6	1.52	50.3	1.16	27.0	26.7	19.6	16.4
TY09	粉质黏土	16.6	1.49	40.3	1.11	41.0	24.0	23.0	13.5
TY10		28.3	1.78	76.6	1.08	25.1	16.1	15.8	14.9
TY11		29.2	1.85	88.7	0.89	27.3	19.1	16.0	17.7
TY12		27.8	1.91	92.6	0.81	41.8	19.5	28.3	18.3
TY13		25.2	2.00	100.0	0.66	23.8	16.5	20.8	14.9
TY14		23.8	1.97	91.7	0.70	23.8	21.0	18.5	16.5
TY15		20.2	1.89	75.3	0.73	43.0	26.0	41.2	27.4
TY16		22.6	2.08	100.0	0.60	33.2	23.7	20.9	18.1
TY17	粉土	28.1	1.95	98.5	0.77	18.0	23.3	17.0	20.3
TY18		30.6	1.92	98.8	0.84	21.0	22.1	14.0	15.7
TY19		26.2	1.57	60.3	1.18	28.9	19.7	15.2	18.7

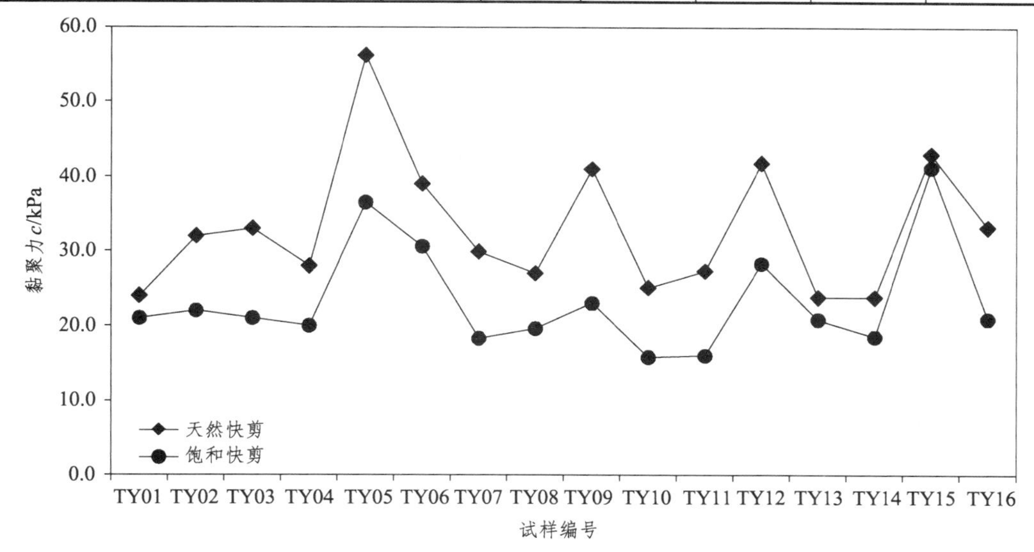

图 4.2-12　黄土（粉质黏土）天然黏聚力与饱和黏聚力关系特征曲线

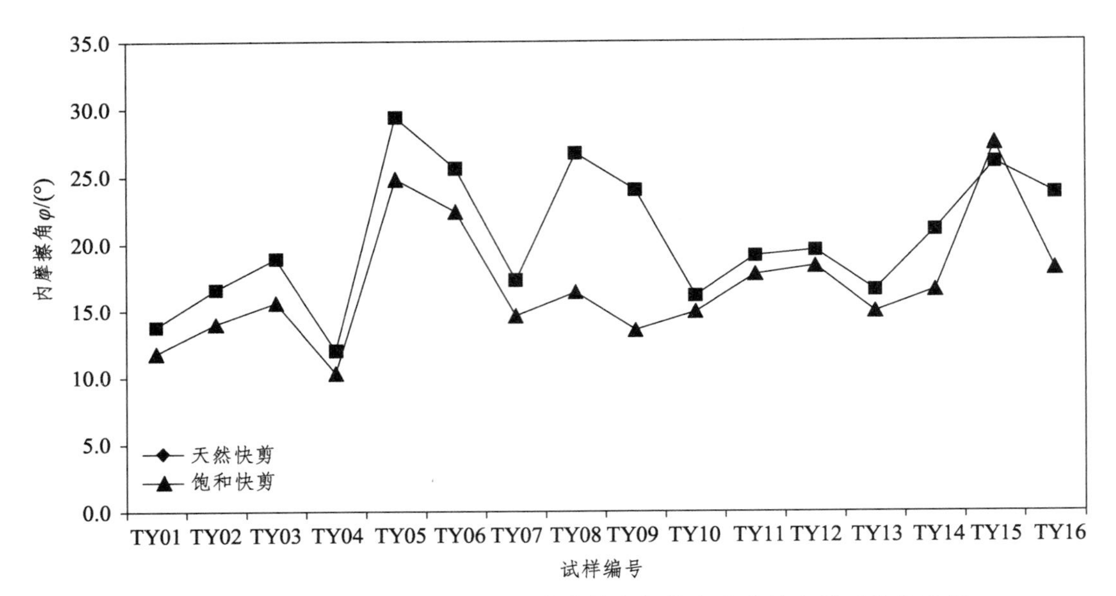

图 4.2-13　黄土（粉质黏土）天然内摩擦角与饱和内摩擦角关系特征曲线

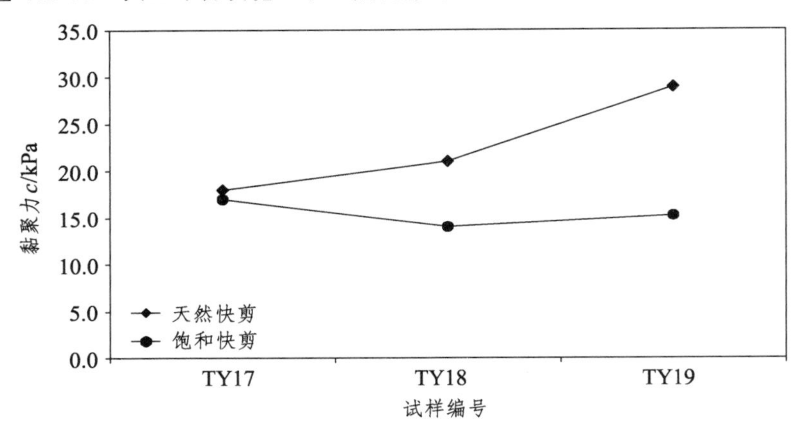

图 4.2-14　黄土（粉土）天然黏聚力与饱和黏聚力关系特征曲线

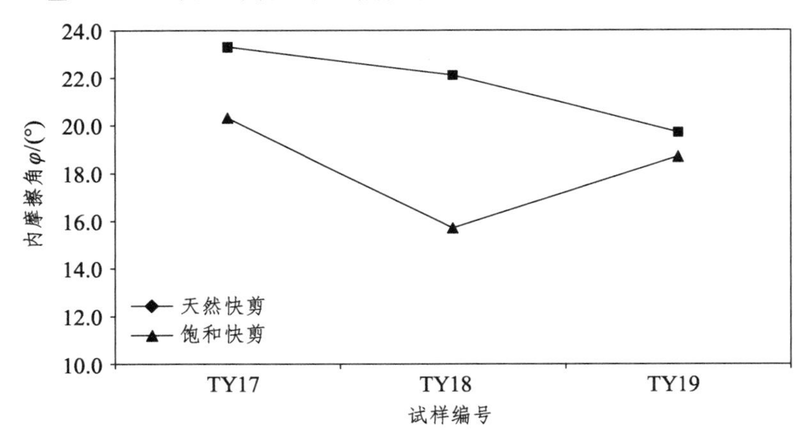

图 4.2-15　黄土（粉土）天然内摩擦角与饱和内摩擦角关系特征曲线

通过上述分析可以得出，T 机场大面积挖方和填方施工后，地下水位上升区域，原地基和填筑地基饱和区增大，非饱和区增湿、土体基质吸力降低，出现水岩作用，引起“强度劣化效应”，地基土的力学强度降低。

4.2.3 地下水对泥岩力学性质的劣化

场地内普遍存在新近系泥岩，在现场调查时发现斜坡、滑床、冲沟底部表层多风化、崩解成碎块状、土状，具有较强的水敏性和热敏性特征。

4.2.3.1 泥岩矿物成分特征与膨胀性

按颜色，场地内泥岩可分为红褐色、棕红色泥岩和青灰色、灰白色泥岩两类。根据试验报告，泥岩矿物成分见表 4.2-5。

表 4.2-5 泥岩矿物成分统计

岩石类别	矿物成分/%						
	黏土	石英	钾长石	斜长石	方解石	白云石	备注
红褐色、棕红色泥岩	37	25	2	12	24	0	黏土主要是伊利石、高岭石、绿泥石
青灰色、灰白色泥岩	27	10	0	8	0	57	黏土主要是伊利石、高岭石、绿泥石

从表 4.2-5 可以看出：红褐色、棕红色泥岩中碎屑矿物（石英、钾长石、方解石、白云石）含量为 63%，黏土矿物含量达到了 37%；青灰色、灰白色泥岩碎屑矿物（石英、钾长石、方解石、白云石）含量为 73%，黏土矿物含量 27%。矿物分析结果说明了场地内分布的泥岩具有一定的膨胀性，但由于黏土矿物中主要为伊利石、高岭石、绿泥石，没有蒙脱石，故膨胀性不强。

本次工程影响深度内，泥岩主要为全风化和强风化，中风化泥岩很少见，故采取强风化泥岩进行膨胀性试验。结果表明，场地青灰色、灰白色的强风化泥岩自由膨胀率 F_S 在区间（16%，20%），平均为 17.7%，为非膨胀岩石；红褐色、棕红色强风化泥岩自由膨胀率 F_S 在区间（28%，38%），平均为 31.6%，属弱膨胀岩石，即红褐色、棕红色强风化泥岩遇水弱膨胀。

4.2.3.2 耐崩解性特征

采取样品进行崩解试验，结果如下：

（1）棕红色、褐红色泥岩：浸水后 1 ~ 2 h 岩石开始逐步崩解，3 ~ 5 h 后岩体崩解散开，岩体结构完整性基本被破坏，形成粒径 0.5 ~ 1 cm 的碎块。

（2）青灰色、灰白色泥岩：浸水后 2 ~ 5 h 岩石开始逐步崩解，30 ~ 40 h 后岩体崩解呈碎块状，块径 3 ~ 5 cm。该类岩石浸水一段时间后岩体逐步出现裂痕，经过较长时间浸泡后裂痕加密，后逐步崩解散开呈碎块，部分岩块完整性仍保留。

（3）场地内分布泥岩具有遇水崩解软化的特征，且棕红色、褐红色泥岩的崩解软化速度快于青灰色、灰白色泥岩。

4.2.3.3 泥岩遇水软化特征

采取样品进行泥岩抗压和剪切试验，结果见表 4.2-6：

表 4.2-6 强风化泥岩抗剪强度参数

岩土类别	统计指标	天然含水率 w_0/%	天然密度 ρ_0/（g/cm^3）	直剪试验（天然）		直剪试验（饱和）	
				黏聚力 c/MPa	内摩擦角 φ/（°）	黏聚力 c/MPa	内摩擦角 φ/（°）
强风化泥岩(N)	平均值	22.01	2.16	65.9	23.6	42.6	13.4
	最大值	31.60	2.33	82.4	26.9	53.2	15.0
	最小值	17.40	1.98	36.7	19.9	30.6	11.8
中风化泥岩(N)	平均值	21.78	2.21	93.0	32.9	51.2	24.3
	最大值	27.00	2.41	151.2	41.8	54.6	39.1
	最小值	19.50	1.96	62.5	27.2	36.2	16.5

（1）天然状态下，强风化泥岩抗压强度 R=0.20～1.10 MPa；干燥状态下，强风化泥岩抗压强度 R_b=0.40～2.20 MPa，岩石软化系数=0.40～0.60，属于易软化岩石。

（2）天然工况下，强风化泥岩黏聚力 c=36.7～82.4 kPa，平均值 65.94 kPa；内摩擦角 φ=19.9°～26.9°，平均值 23.6°。饱水工况下，强风化泥岩黏聚力 c=30.6～53.2 kPa，平均值 42.6 kPa；内摩擦角 φ=11.8°～15.0°，平均值 13.4°。

（3）天然工况下，中风化泥岩黏聚力 c=62.5～151.2 kPa，平均值 93.0 kPa；内摩擦角 φ=27.2°～41.8°，平均值 32.9°。饱水工况下，中风化泥岩黏聚力 c=36.2～54.6 kPa，平均值 51.2 kPa；内摩擦角 φ=16.5°～39.1°，平均值 24.3°。

（4）对强风化泥岩：天然工况与饱水工况相比，浸水后黏聚力 c 平均值下降 23.3 kPa，降幅 35.4%；内摩擦角平均值下降 10.2°，降幅 43.2%。对中风化泥岩：天然工况与饱水工况相比，浸水后黏聚力 c 平均值下降 41.8 kPa，降幅 44.9%；内摩擦角平均值下降 10.2°，降幅 26.1%。

综上所述，大面积挖方和填方后，场地地下水位抬升，泥岩受到地下水浸泡作用后易崩解、软化，抗压强度、抗剪强度将显著降低。

4.2.4 地下水对填筑地基土物理力学性质的劣化

4.2.4.1 地下水对填筑地基土性质的影响

土体的湿化是指非饱和土体浸水后在自重作用下土颗粒重新调整其相互之间的位

置、改变原来结构，由此使土体发生强度损失、产生变形的过程。

根据室内原生黄土室内湿化试验，浅层 0 ~ 15 m 深度范围内结构相对松散、孔隙发育的湿陷性黄土（粉质黏土、粉土），在浸水后 30 ~ 60 min 时间内土体基本崩解，结构破坏成糊状，且表现出湿陷性粉土的崩解速率快于粉质黏土，埋深浅的土体崩解速度大于埋深较深的土体。

深度在 15 ~ 20 m 范围内的非湿陷性黄土的（粉土、粉质黏土），在浸水后 120 ~ 240 min 时间内土体基本崩解，其中钙质结核少部分崩解、溶解，大部分仍然残留，与浅层湿陷性黄土相比，非湿陷性黄土的崩解速率较慢。

对于深度在 15 ~ 50 m 范围内致密的棕红色粉质黏土层（含古土壤层），土体湿化崩解速率较前两类土明显变慢。根据试验结果，该层致密粉质黏土，在浸水后 720 min 内仍然未完全崩解，部分试样在浸水后 1080 min 内只崩解了 30% ~ 40%，在持续浸水 14 400 min（10 d）后土体才基本崩解。

由此可见，深层致密的粉质黏土层湿化崩解速率最慢，反映了土体的湿化性与土体的密度、孔隙率、黏粒含量有关：密度越大、孔隙率越低、黏粒含量越高，则湿化性越差，湿化崩解速率越慢。同时，试验还反映出，浸水初期崩解速率快，后期崩解慢的特征。浸水湿化崩解量与浸水时间（崩解速率）关系曲线，见图 4.2-16 ~ 图 4.2-18。

李广信、保华富、傅旭东等人关于土体湿化的相关研究表明，初始干密度对湿化变形的影响很大，干容重是影响湿化变形的重要因素，尤其对轴向变形影响较大，对土体应变的影响也随压力的增大而增大。李广信[57]等通过研究发现，土料的密度对土的湿化变形影响很大，密度越大，湿化变形越小；傅旭东等[58]通过研究指出密实度高的黏土湿化变形量较小。细料含量不但对强度影响很大，对湿化变形的影响也非常明显。细料组成主要是粉土，浸水润滑后极易滑动，因而变形较大，细料含量越多，湿化变形也就越大。保华富、屈智炯等[59]通过试验发现，相同的缩制方法小试样的湿化变形要比大试样大很多，这也说明了小试样由于细料含量明显增加，导致遇水后湿化变形明显增大。

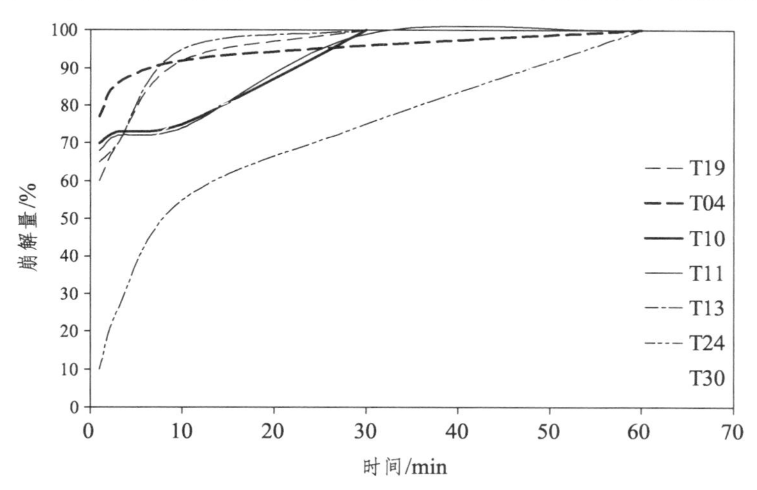

图 4.2-16　湿陷性黄土浸水湿化崩解量与浸水时间关系曲线

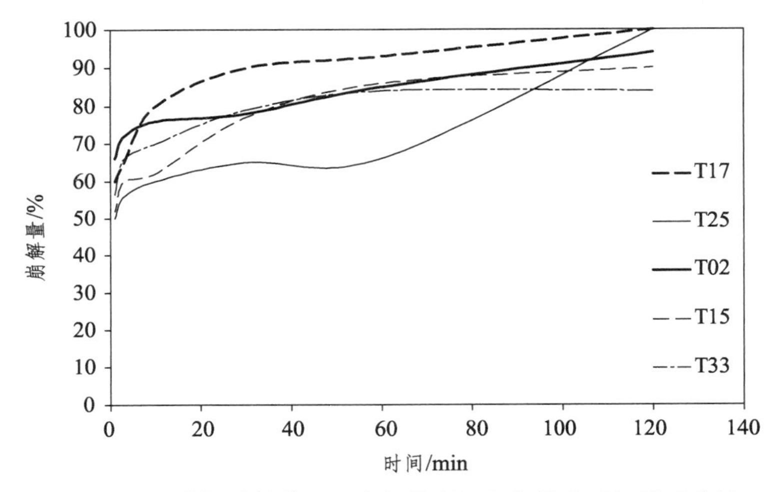

图 4.2-17　非湿陷性黄土浸水湿化崩解量与浸水时间关系曲线

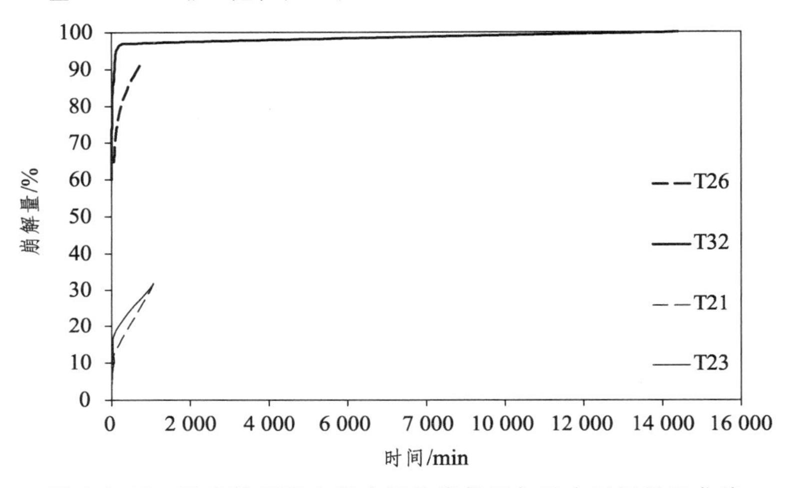

图 4.2-18　致密粉质黏土浸水湿化崩解量与浸水时间关系曲线

傅旭东、邱晓红等[60]通过巫山县污水处理厂高填筑地基湿化变形试验研究得出，湿化浸水水头越高，湿化的变形量越大。

T 机场主要的填料为挖方区的黄土和泥岩料，其中黄土占比较大。黄土为典型的非饱和土，具有明显的湿化性，在后期水位抬升的情况下，原地基和填筑地基土都将会面临湿化的问题，造成地基土强度的降低，发生湿化沉降和不均匀沉降，同时在上部填方荷载的超压作用下进一步压缩变形，产生更大的沉降变形量。

4.2.4.2　地下水对填筑地基土强度的影响

为了更好地反映地下水对填筑地基土强度的影响，利用试验段工程成果进行分析。试验段工程填筑地基处理方式为振动碾压、冲击碾压、强夯，编号为 A、B、C。经检测：

（1）A 区雨后承载力平均值与天然工况相比降低了 21.2 ~ 46.6 kPa，降幅 20.5% ~ 36.3%；B 区雨后承载力平均值与天然工况相比降低了 22.1 ~ 45.3 kPa，降幅 20.3% ~

34.3%；C 区雨后承载力平均值与天然工况相比降低了 20.9 ~ 53.0 kPa，降幅 19.0% ~ 37.2%。

（2）C 区填筑体顶面做现场直剪试验，天然工况下，黏聚力 c=20.7 kPa，内摩擦角 φ=19.7°；浸水工况条件下黏聚力 c=14.2 kPa，内摩擦角 φ=16.7°。浸水后压实填土的黏聚力下降了 6.5 kPa，降幅 31.4%；内摩擦角下降了 3°，降幅 15.2%。

4.3 地下水渗流潜蚀效应

地下水潜蚀效应主要指在地下水作用下发生渗透变形破坏，如管涌、流土、接触冲刷等。根据室内试验、试验段检测报告，依据《堤防工程地质勘察规程》（SL 188—2005）附录 D 和表 4.3-1、表 4.3-2，计算渗流力和临界水力坡降：

$$i_{cr}=(G_s-1)/(1+e)$$

式中：i_{cr} 为临界水力坡降；G_s 为土粒相对密度；e 为土体的孔隙比。

计算结果见表 4.3-3。

表 4.3-1 压实原地基土、压实填筑体水力坡降计算参数取值

指标	原地基强夯处理小区（压实黄土）								填筑体试验小区	
	Y1-2 区		Y2-2 区		Y3 区		Y1-1、Y2-1 区		C 区	
	相对密度 G_s	孔隙比 e	相对密度 G_s	孔隙比 e	相对密度 G_s	孔隙比 e	相对密度 G_s	孔隙比 e	相对密度 G_s	孔隙比 e
平均值	2.71	0.78	2.71	0.78	2.72	0.93	2.71	0.84	2.72	0.83
最大值	—	1.03	—	0.98	—	1.13	—	1.13	—	0.92
最小值	—	0.68	—	0.64	—	0.68	—	0.68	—	0.78

表 4.3-2 原地基土临界水力坡降计算参数取值

指标	滑坡堆积体（Q_4^{ml}）		冲洪积粉质黏土（Q_4^{apl}）		上更新统马兰黄土（Q_3^{eol}）			
					湿陷性粉土		湿陷性粉质黏土	
	相对密度 G_s	孔隙比 e	相对密度 G_s	孔隙比 e	相对密度 G_s	孔隙比 e	相对密度 G_s	孔隙比 e
平均值	2.73	0.81	2.71	0.89	2.70	0.99	2.72	0.93
最大值	2.76	1.19	2.72	0.93	2.70	1.11	2.74	1.04
最小值	2.70	0.58	2.70	0.87	2.69	0.76	2.70	0.63
指标	上更新统马兰黄土（Q_3^{eol}）				中更新统离石黄土（Q_2^{eol}）			
	非湿陷性粉土		非湿陷性粉质黏土		粉土		粉质黏土	
	相对密度 G_s	孔隙比 e	相对密度 G_s	孔隙比 e	相对密度 G_s	孔隙比 e	相对密度 G_s	孔隙比 e
平均值	2.70	0.80	2.72	0.77	2.72	0.74	2.72	0.62
最大值	2.71	0.87	2.74	0.96	2.74	0.85	2.73	0.96
最小值	2.69	0.58	2.71	0.57	2.70	0.58	2.71	0.53

表 4.3-3 主要土体临界水力坡降 i_{cr} 计算结果统计

<table>
<tr><td rowspan="4">指标</td><td colspan="2" rowspan="2">滑坡堆积体（Q_4^{ml}）</td><td colspan="2" rowspan="2">冲洪积粉质黏土（Q_4^{apl}）</td><td colspan="6">上更新统马兰黄土（Q_3^{eol}）</td></tr>
<tr><td colspan="4">湿陷性粉土</td><td colspan="2">湿陷性粉质黏土</td></tr>
<tr><td>区间值</td><td>平均值</td><td>区间值</td><td>平均值</td><td colspan="2">区间值</td><td colspan="2">平均值</td><td>区间值</td><td>平均值</td></tr>
<tr><td>0.80～1.08</td><td>0.95</td><td>0.89～0.92</td><td>0.90</td><td colspan="2">0.80～0.96</td><td colspan="2">0.85</td><td>0.85～1.04</td><td>0.89</td></tr>
<tr><td rowspan="4">指标</td><td colspan="4">上更新统马兰黄土（Q_3^{eol}）</td><td colspan="6">中更新统离石黄土（Q_2^{eol}）</td></tr>
<tr><td colspan="2">非湿陷性粉土</td><td colspan="2">非湿陷性粉质黏土</td><td colspan="4">粉土</td><td colspan="2">粉质黏土</td></tr>
<tr><td>区间值</td><td>平均值</td><td>区间值</td><td>平均值</td><td colspan="2">区间值</td><td colspan="2">平均值</td><td>区间值</td><td>平均值</td></tr>
<tr><td>0.91～1.07</td><td>0.94</td><td>0.89～1.09</td><td>0.97</td><td colspan="2">0.94～1.08</td><td colspan="2">0.99</td><td>0.88～1.12</td><td>1.06</td></tr>
<tr><td rowspan="4">指标</td><td colspan="8">原地基强夯处理小区（压实黄土）</td><td colspan="2">填筑体试验小区</td></tr>
<tr><td colspan="2">Y1-2 区</td><td colspan="2">Y2-2 区</td><td colspan="2">Y3 区</td><td colspan="2">Y1-1、Y2-1 区</td><td colspan="2">C 区</td></tr>
<tr><td>区间值</td><td>平均值</td><td>区间值</td><td>平均值</td><td>区间值</td><td>平均值</td><td>区间值</td><td>平均值</td><td>区间值</td><td>平均值</td></tr>
<tr><td>0.84～1.02</td><td>0.96</td><td>0.86～1.04</td><td>0.96</td><td>0.81～1.02</td><td>0.89</td><td>0.80～1.02</td><td>0.93</td><td>0.89～0.96</td><td>0.94</td></tr>
</table>

从表 4.3-3 可见，场区主要地基土的临界水力坡降平均值在 0.85～1.06 之间，对应土体可能产生流土渗透变形破坏的临界坡比（边坡的坡比）为 0.85～1.06，即 1∶0.94～1∶1.18。对本工程而言，计算获取地基土的临界水力坡度 i_{cr}=0.85～1.06，考虑到本工程不是土石坝、防洪堤等重要水工结构，此处安全系数取小值（F_s=1.5～2.0），即 F_s=1.5 的情况下，计算获取边坡坡脚位置、地下水出口处等易富水、积水区的允许水力坡降 $[i]$=0.57～0.71。

（1）为确保地基不发生流土类型的渗透变形，在土石方设计中，填方边坡的综合坡比建议＞1∶1.18。

（2）需控制地下水的抬升幅度，防止产生水头剧烈的抬升，造成水力坡降 i＞允许水力坡降 $[i]$，以避免发生流土。

渗透变形类型与填料性质有关，粉土、掺砂石改良的黏性土可能发生管涌破坏，粉质黏土、黏土可能发生流土破坏。如粉土填筑体，当其不均匀系数 C_u＜10 时，在遇填筑体内壅水而使地下水位抬升，水头差过大情况下，在边坡的中下部地下水溢出处将可能出现 $i > i_{cr}$ 的情况，此时坡面、坡脚会出现小泉眼、冒气泡、冒砂的情况，进而发展形成类似“砂沸”的流土破坏。

4.4 冻融与冻结层滞水效应

场地极端最低气温出现在 1 月，为−17.8 °C。季节性冻土的标准冻结深度为 61 cm，最大极限冻深在 1.0～1.2 m。场地地基土含水率普遍大于 20%，部分富水、潮湿区域含水率在 30%以上。土体黏粒含量在 8.0%～31.0%，平均值在 17.0%～21.0%。

根据《冻土地区建筑地基基础设计规范》（JGJ 118—2011）[60]、《冻土工程地质勘察规范》（GB 50324—2014）[61]，场地内受地下水影响的粉质黏土、粉土属于季节性冻土，冻胀等级为Ⅱ～Ⅳ（弱冻胀—强冻胀）。

冻融过程中因温度场的改变产生的冻结和融化的循环作用，伴随土中水分相态的变化对土体颗粒结构形态、排列方式和连接方式产生影响。冻融循环作用对黄土的强度产生了劣化，从而降低了斜坡、填方边坡的稳定性，特别是在斜坡区、滑坡区、潜在不稳定斜坡区和未来填方边坡的富水区的斜坡浅层区域，受季节性的冻融、冻胀作用的影响，其稳定性可能会受到不同程度的影响。

冻结引起地下水排泄受阻，坡体内地下水位抬升，水头升高，孔隙水压力增大，产生冻结层滞水效应。季节性冻结作用造成斜坡、边坡地下水溢出带、富水区、排水口浅层土体的冻结，从而使排地下水的泄量、排泄速率减弱或停滞。冻结滞水效应使地下水位从排泄口向坡体内部不断壅高，饱和带得以扩大和扩展，土体受地下水浸泡造成强度的劣化；同时水位抬升后水压力升高，从而易引发斜坡、边坡的变形和失稳。

4.5 锅盖效应

“锅盖效应”是土中的水汽迁移被覆盖层所阻挡，水汽在冷凝或凝华作用下在覆盖层下聚集的现象。在土体上部建设机场跑道等类似锅盖的密闭结构，阻止了覆盖层下浅层土体与大气的水分交换，当有水分向浅层土体处不断迁移时，由于排水和蒸发受阻，浅层土体内会聚集越来越多的水分[62-65]。

T 机场位于西北黄土地区，其独特的自然环境、气象、岩土特征，有形成“锅盖效应”的天然条件，加之工程建设中需对道槽区进行硬化覆盖，为锅盖效应的发生创造了后天条件。发生锅盖效应时跑道处于负温环境，此时土体中一定深度内会形成一个负温区域，负温区内的水分发生冻结并在土体中形成较厚的冰层。当温度极低、冰量较多时就会引发冻胀灾害，来年温度回升，道面下的冰融化，道基含水量将显著提升，进而导致道基土体强度下降，诱发上部结构产生不均匀沉降甚至发生开裂破坏。因此机场建设中应以相关的工程病害案例为教训和参考，做好相关的防治措施，避免病害的发生，保障机场后期的运营安全。

4.6 孔隙水压力效应、增湿加重效应

大量的工程经验表明，大面积填筑工程工后地下水位呈上升趋势，这种现象从西南、西北、华北地区很多机场工后地下水监测结果可得到证实。大面积填筑地基工后水位抬升的原因有很多，归纳起来主要有以下几方面：

（1）大面积挖填施工，改变了场地原有地下水渗流场的自然排泄通道，使填筑体内地下水无法及时排出而使水位升高。

（2）盲沟等填筑体内部排水结构的位置、几何尺寸、间距设置不合理，或者后期

盲沟淤积、堵塞而使排水效率下降，甚至失效而造成水位壅高。

（3）排水措施单一、地表排水与地基内部排水结构不完善，未形成完整截排水系统。

（4）填料性质不均匀，渗透性差异大，边坡内部未设置水平排水结构，降雨入渗造成填筑体内团块状积水，从而使局部水位升高。

研究区场地内分布大量的南北向自然冲沟，且大部分冲沟均属于常年有水冲沟，同时在斜坡、陡坎等地下水排泄区，发育有较多的泉点、泉群，在截排水结构不完善或后期排水盲沟淤积、堵塞的情况下，填筑体内地下水位将可能会有较大幅度的升高。地下水位的壅高，一方面使地基土饱和带增大、非饱和带增湿，造成地基的沉降；另一方面，水位升高使坡体内孔隙水压力累积，填方边坡在动水压力、静水压力和渗透潜蚀作用下，边坡的稳定性下降，在长期累积作用下，易造成边坡的鼓胀变形，坡脚冒水、冒砂、蠕滑变形，并牵引边坡后缘发生滑移拉裂，发生渐进式破坏从而发生较大规模的边坡滑移。同时，研究区黄土下部为全—强风化的泥岩层隔水层，地下水易在隔水界面附近聚集，浸润、软化接触面附近的岩土体，并在地下水长期的物理、化学作用下形成饱水的软弱泥化带、泥化夹层，易在基覆界面附近形成易滑面。

因此，地下水的孔隙水压力效应、增湿加重效应可引起地基的沉降，加速老滑坡的变形复活、影响填方边坡的稳定性，同时孔隙水压力效应、增湿加重效应往往与强度劣化效应、渗流潜蚀效应等综合作用。

4.7 地下水工程效应对斜坡稳定性的影响

强度劣化效应、增湿加重效应、孔隙水压力效应、渗流潜蚀效应等往往综合作用，增加地基沉降和降低边坡稳定性。本节采用物理模型试验和数值模拟方法，研究地下水工程效应的作用机理、过程及成灾模式等。

4.7.1 物理模型分析

根据所模拟区段地质情况，采取土样在室内构建物理模型；然后依据数值模拟分析得出的填方后地下水位高程，将边界水位控制在模型箱内黄土平整面以下 5 cm，通过坡体内各部位埋设的孔隙水压力传感器和模型箱侧面的测压管，获得了不同位置孔隙水压力及水位随时间变化的过程曲线；最后整理获得的各项数据，结合观测坡体的影像信息，分别对孔隙水压力变化特征及地下水位变化特征进行分析，得出高填方边坡区地下水运移特征，孔隙水压力变化及边坡的变形滑移特征、过程和模式。

4.7.1.1 试验装置与材料

本次物理模拟试验槽装置采用成都理工大学地质灾害与地质环境保护国家重点实验室自主研发的专门用于模拟填筑体渗水过程的大型物理模拟试验装置，该装置主要由模型箱、储水箱、测压管、水泵、给水排水溢流箱等部分组成，如图 4.7-1、图 4.7-2 所示。

模型箱尺寸：长×宽×高=200 cm×45 cm×80 cm。模型箱两侧为可上下移动的给水排水溢流箱，可根据试验需求不同调节两侧水头。测压管分布于模型箱侧面，共 31 个，同一测面上布置 3 个测压管，按上、中、下分布。

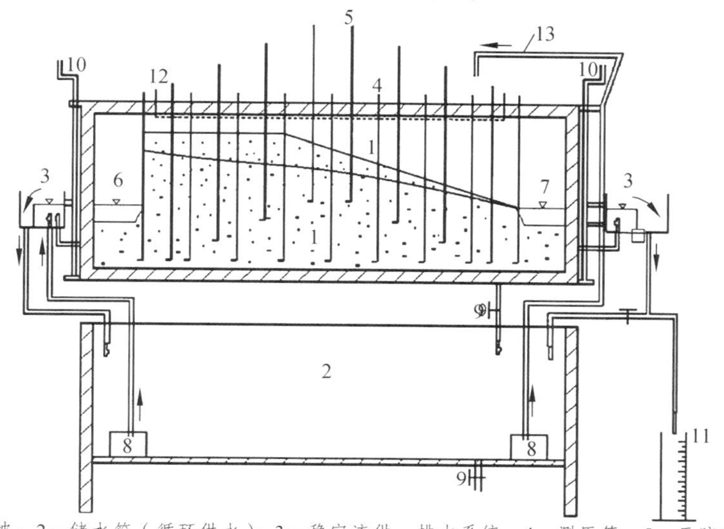

1—填方边坡；2—储水箱（循环供水）；3—稳定流供、排水系统；4—测压管；5—示踪剂注入管；6、7—河流（可升降）；8—水泵；9—排水口；10—升降装置；11—量筒；12—降雨模拟箱；13—降雨供水。

图 4.7-1　物理模型实验装置结构示意

图 4.7-2　物理模型实验装置

试验信息监测采集系统是由微型孔隙水压力传感器和数据采集系统构成。

微型孔隙水压力传感器型号为 HC-25，主要参数为：

① 量程：−100 kPa ~ 60 MPa。

② 精度：0.1%FS。

③ 体积：直径为 5 mm，长度为 10 mm。

④ 温度范围：-40 ~ 120 °C。

数据采集系统采用的是北京瑞恒长泰科技有限公司研发的 HCSC-32 采集系统，具有动态监控、数据输出处理、绘制图像等功能，见图 4.7-3。

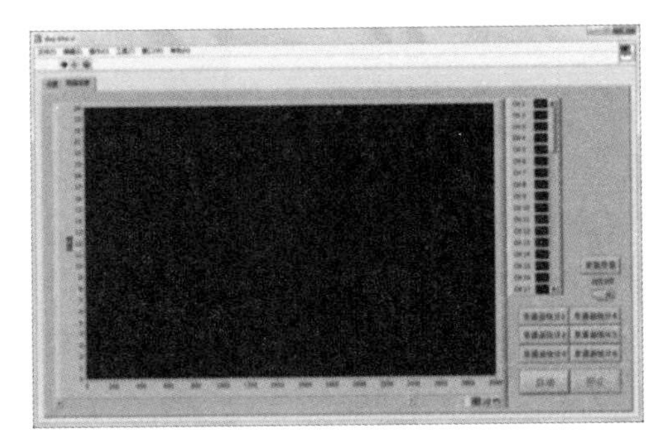

图 4.7-3 信息监测采集系统

本次物理模型试验系统装置构成，见表 4.7-1。

表 4.7-1 物理模拟试验系统装置构成一览表

器材	数量	型号或尺寸
模型箱	2	长 2 m，宽 45 cm，高 78 cm
测压管	62	长 1 m
储水箱	2	长 2 m，宽 45 cm，高 35 cm
水泵	2	小型（2 m 扬程）
压力传感器	16	HC-25
数据采集器	1	HCSC-32 通道
高清摄像仪	4	帝防 360 高清
液晶电脑	1	联想

本次模拟试验选取的材料为 T 机场试验段工程挖方区的填料（黄土），主要由湿陷性粉质黏土、湿陷性粉土和粉质黏土组成，材料参数见表 4.7-2。

表 4.7-2 相似比例及模型材料参数

参数	数值
模型箱尺寸	长 2 m，宽 45 cm，高 78 cm
粉土渗透系数	1.0×10^{-5} ~ 6.0×10^{-5} cm/s
粉质黏土渗透系数	2×10^{-6} ~ 8.0×10^{-6} cm/s
黏土渗透系数	1.5×10^{-7} ~ 8.0×10^{-7} cm/s
渗透系数相似比	1∶1
几何相似比尺	1∶200

4.7.1.2　模拟对象

1. 地质条件

模拟对象为试验段Ⅰ区所在的张家沟填方区。张家沟长约 880 m，宽 30 ~ 90 m，V 形，沟底纵坡 12° ~ 15°，常年流水，见图 4.7-4。

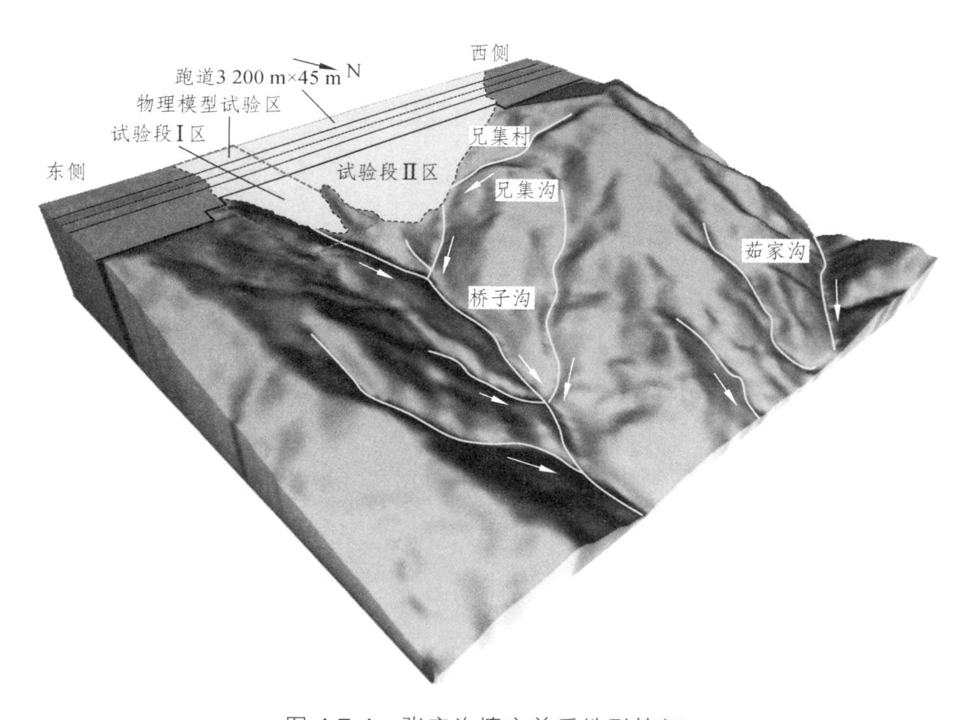

图 4.7-4　张家沟填方前后地形特征

模拟区地层：植物土层、湿陷性粉质黏土层、粉质黏土层，下伏为新近系泥岩，见图 4.7-5。

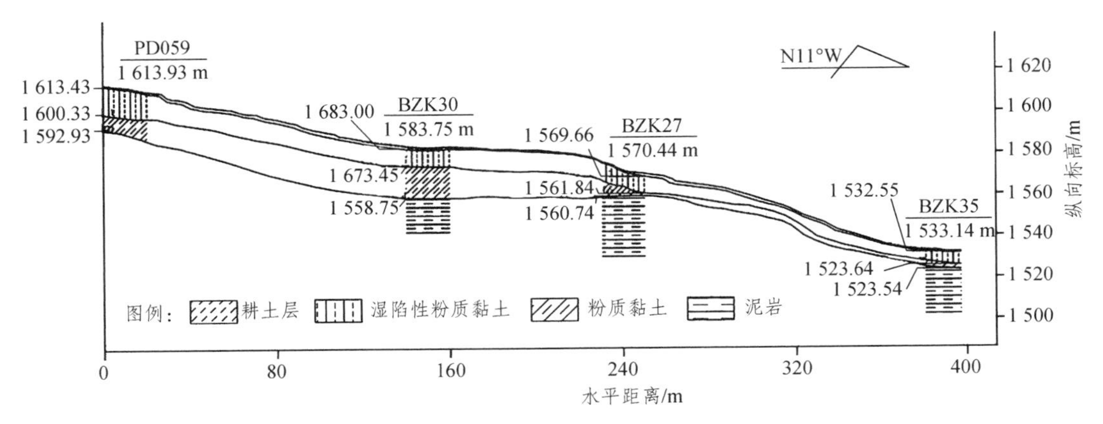

图 4.7-5　模拟区地质剖面图（顺沟谷方向）

模拟区填方边坡坡高约 92 m，边坡长度约 230 m，顶面平整区宽度约 140 m，见图 4.7-6。

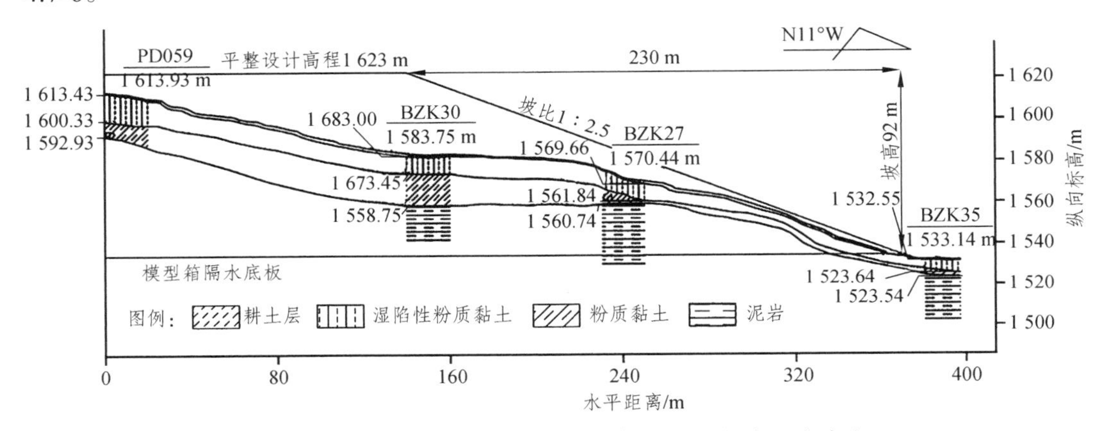

图 4.7-6　模拟区填筑完成后地质剖面图（顺沟谷方向）

模拟区原始地下水补给方式主要为大气降水补给、农耕灌溉补给和侧向补给。施工后农耕灌溉被消除，主要接受大气降水和侧向补给。

2. 地下水条件设定

根据第 3 章渗流场分析成果，填方施工后该区地下水位会抬升，所以采用边界水头的抬升高度来模拟地下水位的抬升。边界水头的高度以渗流场数值模拟结果为依据，使数值模拟与物理模拟相统一，同时边界条件最大限度地与现场相一致。本次物理模拟中不考虑盲沟的排水作用，地下水主要顺地形坡降，自然渗流排出。

模型搭建完成后，预先将边界水头 H 控制为初始地下水位，通过已有气象数据来模拟降雨入渗对地下水位抬升的影响。当水位抬升后，通过预先埋置在土体里的孔隙水压力传感器和测压管观测土体孔隙水压力的变化，尤其是在原有地形凹陷区、汇水区。采用高清摄像仪同步观察、监测、记录边坡前缘渗水、变形情况。

4.7.1.3 技术路线

本次物理模拟技术路线见图 4.7-7。

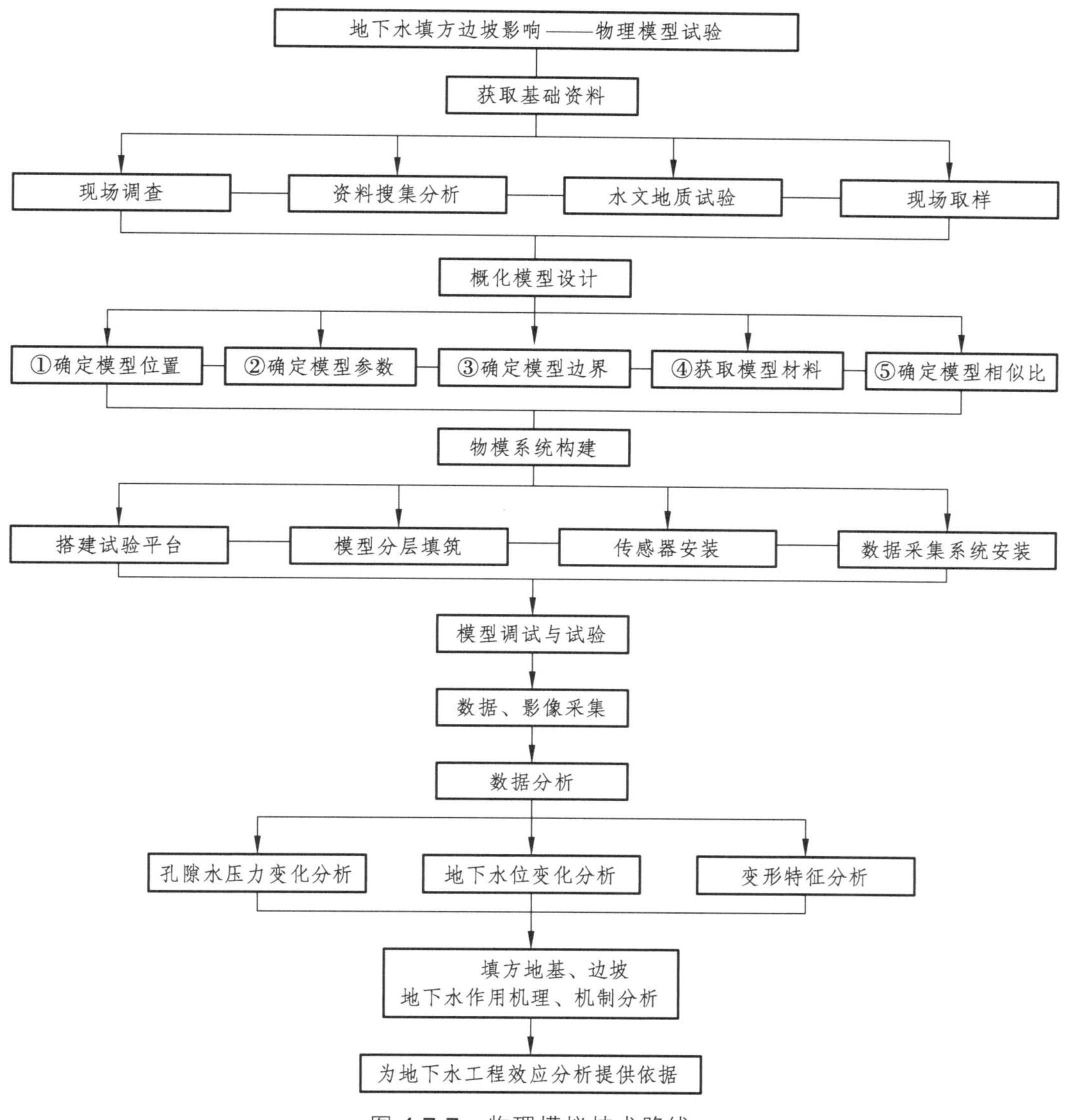

图 4.7-7 物理模拟技术路线

4.7.1.4 模型搭建

根据模型箱尺寸，本次采用 1∶200 的相似比对场地实际模型进行等比例缩放，缩放后模型坡高为 0.46 m，顶面平整区宽度为 0.7 m，边坡长度为 1.15 m。

通过清洗、风干、密封性检查、土柱渗透性试验、孔隙水压力传感器、测压管、监测与监测系统安装、土层填筑等过程，完成模型搭建，见图 4.7-8 ~ 图 4.7-11。

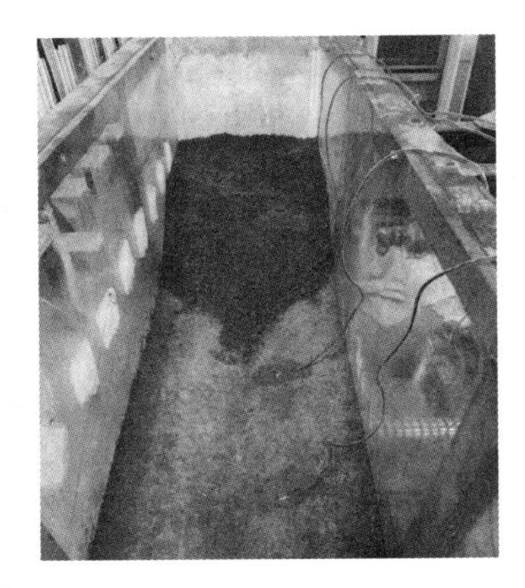

图 4.7-8　模型搭建现场

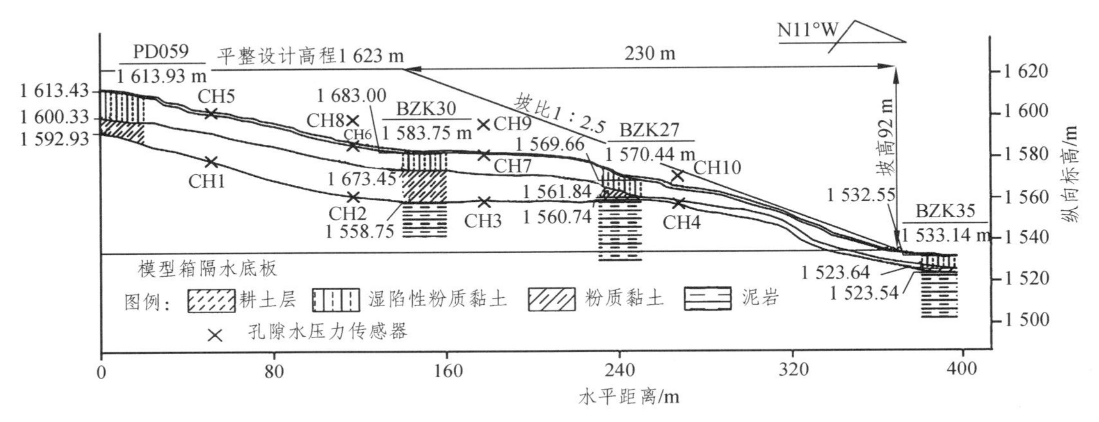

图 4.7-9　孔隙水压力传感器布设示意

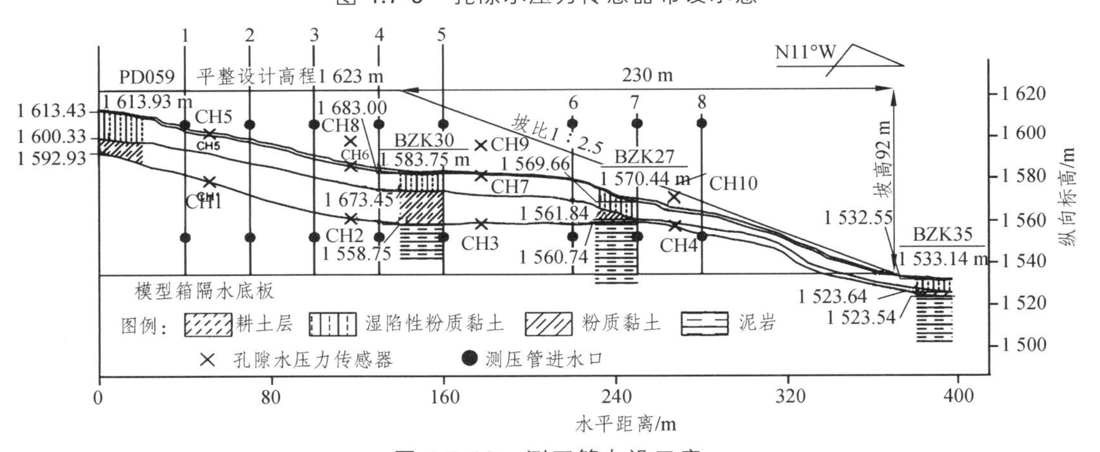

图 4.7-10　测压管布设示意

4.7.1.5　试验过程

物理模型于 2021 年 1 月 31 日 16:00 填筑完成。将填筑好的模型进行饱水排气 24 h，于 2021 年 2 月 1 日 16:00 开始将水位抬升至预定高度，通过 20 d（共 480 h）的持续观察记录，共获得了10个孔隙水压力传感器、8组测压管的试验数据和相关影像数据。

试验中，孔隙水压力数据采集时间间隔为 30 s，测压管水位变化数据的采集时间间隔为2 h，晚上则由高清摄像仪持续记录测压管的水位变化和边坡的渗水、变形情况。考虑到试验持续时间较长，试验中按时间间隔（以96 h为一个周期），将整个试验时间划分为 5 个研究周期。每个实验周期结束后对填筑体孔隙水压力变化特征及水位变化情况和边坡渗水、变形情况进行分析。

4.7.1.6　试验结果分析

1. 孔隙水压力变化特征分析

模型内孔隙水压力传感器CH1～CH10的孔隙水压力在5个研究周期内随时间变化的过程曲线，见图 4.7-11 所示。

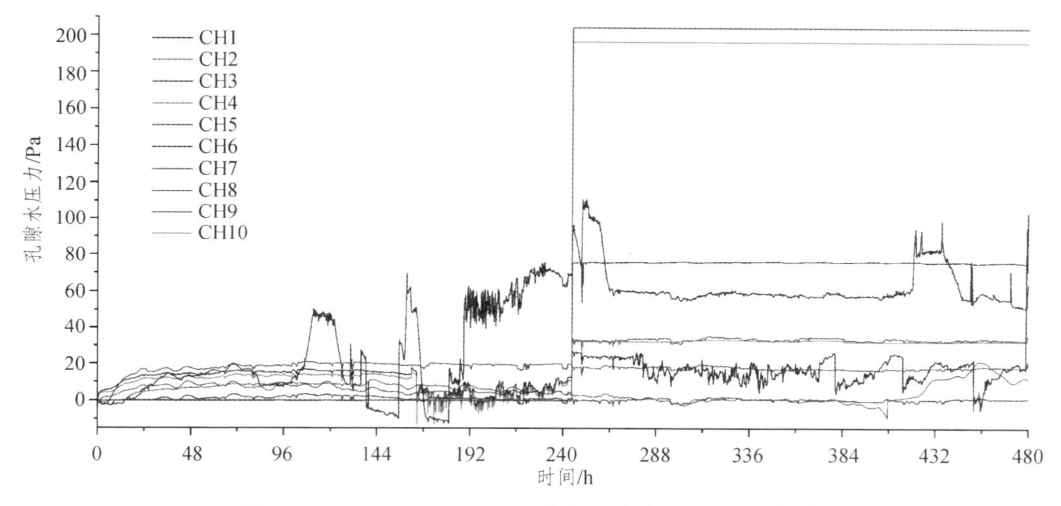

图 4.7-11　CH1～CH10孔隙水压力变化过程总曲线

整个过程中边界水头高度始终保持在平整面以下 5 cm 处（实际地形线以下 10 m 处）。以铺设 CH1、CH2、CH3、CH4 传感器的泥岩界面为第一渗流通道，以铺设 CH5、CH6、CH7 传感器的粉质黏土界面为第二渗流通道，CH8、CH9、CH10 传感器位于填筑体内部。图 4.7-11 数据曲线反映，模型内孔隙水压力总体呈升高趋势，大部分传感器采集的数据在试验进行到第245小时的时候发生骤升。

第一个研究周期：孔隙水压力变化如图 4.7-12 所示。CH1、CH2、CH3、CH5、CH6、CH10 传感器数据均有明显的变化幅度；CH9 传感器数据变化幅度较小；CH4、CH7、CH8 传感器数据基本无变化。

在试验初期，土体未达到饱和状态，土颗粒之间的水气界面受基质吸力的影响会形成内凹的弯液面，从而导致部分传感器采集的孔隙水压力值为负值。随着时间的推移，饱和带逐渐扩展，靠近给水边界的 CH1、CH2、CH3、CH5、CH6 传感器数据首先开始上升，其间传感器数据呈现出轻微波动，说明距离给水端较近的地方细颗粒一直在流失，而沿渗流方向再往前的一段渗流路径区域发生了细颗粒的堆积，颗粒流失与颗粒堆积的复合效应，导致孔隙水压力先缓慢升高后又缓慢下降。远离给水边界的CH4、CH7、CH8、CH9 传感器数据暂无明显变化，原因是土体还处于排气阶段尚未进水或传感器被损坏导致无法正常读取数据，因此继续等待观察进行验证。

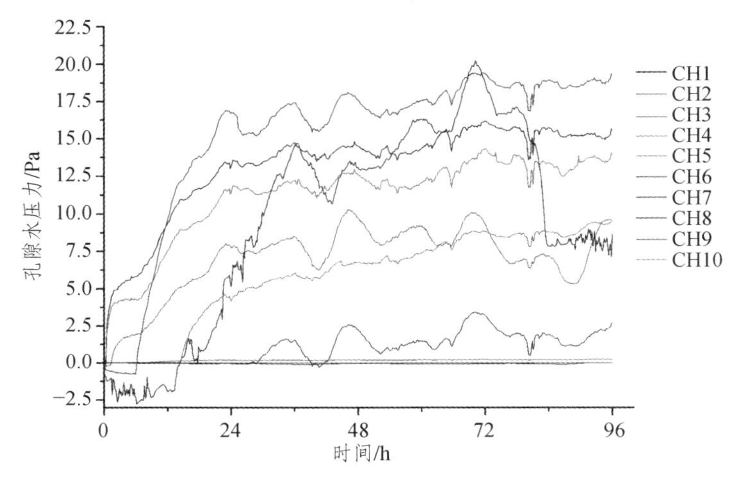

图 4.7-12　第一个研究周期 CH1～CH10 孔隙水压力变化过程曲线

第二个研究周期：孔隙水压力变化如图 4.7-13 所示。CH6 传感器在该研究周期内，数据曲线开始出现波峰波谷特征；CH1、CH2 传感器数据在第 165 小时后也相继出现波峰波谷特征；CH3、CH5、CH9、CH10 传感器数据波动幅度不大，较稳定；CH4、CH7、CH8 传感器数据仍无明显变化。

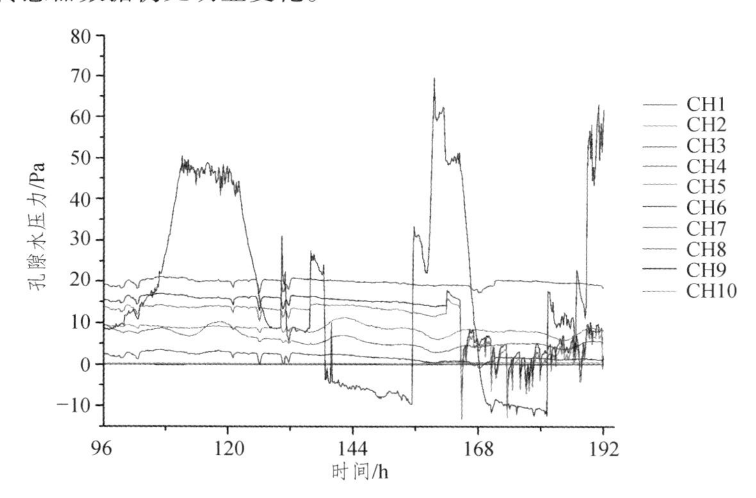

图 4.7-13　第二个研究周期 CH1～CH10 孔隙水压力变化过程曲线

此时坡体内可能发生了挤压变形、颗粒错动或流沙管涌现象，坡体内部产生了超孔隙水压力。超孔隙水压力的大小主要受坡体变形位移量和变形速率的影响。当坡体变形位移量、颗粒错动量小、速度慢时，超孔隙水压力小；当坡体变形位移量大、颗粒错动剧烈、变形速度快，产生贯通性裂缝时，超孔隙水压力将剧增，在孔隙水压力曲线上通常以“尖峰”状态出现。CH1、CH2 传感器数据第 165 小时骤降后也出现了相似的波峰波谷特征，原因是 CH1、CH2 位于第一渗流通道上，两个传感器连通的区域局部出现了土颗粒错动、变形位移或拉裂，导致孔隙水压力传感器监测的数据呈现出波峰波谷变化的形态特征。CH3、CH5、CH9、CH10 传感器由于距离给水边界较远或该传感器位置的土体仍未达到饱和状态，因此数据比较稳定，也说明了该处坡体内部尚未出现土颗粒错动、位移或拉裂现象。由于传感器损坏或土体还处于排气阶段尚未进水等原因，该研究周期内 CH4、CH7、CH8 传感器数据仍无明显变化。

第三个研究周期：孔隙水压力变化如图 4.7-14 所示。CH2、CH3、CH4、CH5、CH7、CH8 传感器均在第 245 小时左右出现骤升，并且孔隙水压力值一直稳定在骤升后的孔压值保持不变；CH6 传感器数据在第 245 小时开始出现了骤升骤降波动变化后也基本保持稳定；CH1 传感器数据的曲线仍以波峰波谷形态变化；CH9、CH10 传感器数据变化幅度较小。

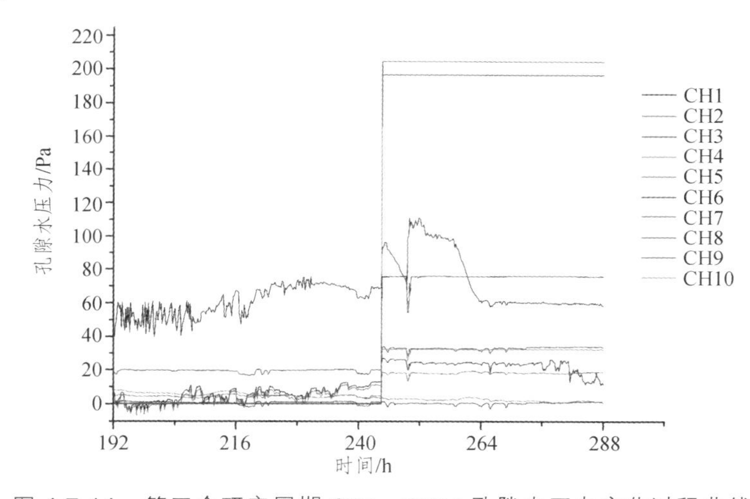

图 4.7-14　第三个研究周期 CH1 ~ CH10 孔隙水压力变化过程曲线

在试验进行到第 245 小时左右，随着渗流作用的持续，由于土体基质吸力逐步降低、强度劣化程度逐步加深和孔隙水压力逐步累积，边坡的前缘开始出现蠕滑变形，并牵引后缘形成弧形拉裂缝。随着前缘蠕滑变形量的增大，后缘拉裂缝逐步向深部扩展，当前缘发生滑移破坏后，后缘拉裂缝贯通造成崩塌错落变形滑移，见图 4.7-15。第一渗流通道 CH2、CH3、CH4 传感器和第二渗流通道 CH5、CH6、CH7 传感器埋设区域土体内孔隙水压力和坡内应力逐步累积，当应力累积突破其锁固段抗剪强度后形成贯穿的裂隙，应力得以释放，坡体内部形成了新的水流通道，并在较短的时间内完成应力调整后逐步趋于一个新的应力平衡状态。监测点水头值反映出，在边坡出现滑移破坏一段时间后水头保持稳定。CH9、CH10 传感器的埋设位置高于水位线以上，采集的孔压数据仍无明显变化。

（a）坡脚地下水富集—渗水

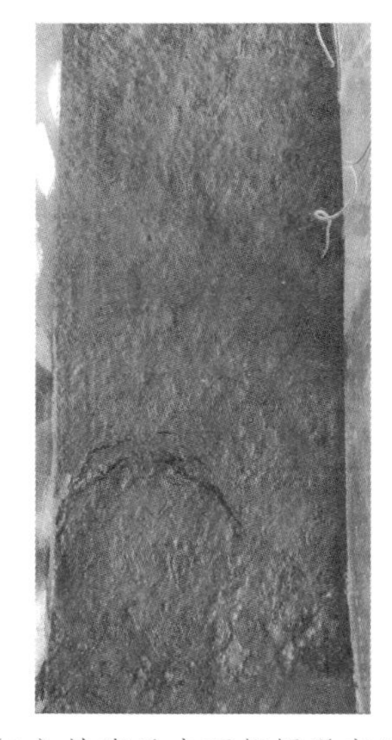

（b）坡脚及中下部蠕滑变形

（c）后缘拉裂形成弧形裂缝

图 4.7-15　第三个研究周期内边坡出现渗水、蠕滑拉裂变形特征

第四个研究周期：孔隙水压力变化如图 4.7-16 所示。除 CH1 传感器数据有明显波动外，其余传感器数据均处于比较稳定的阶段。

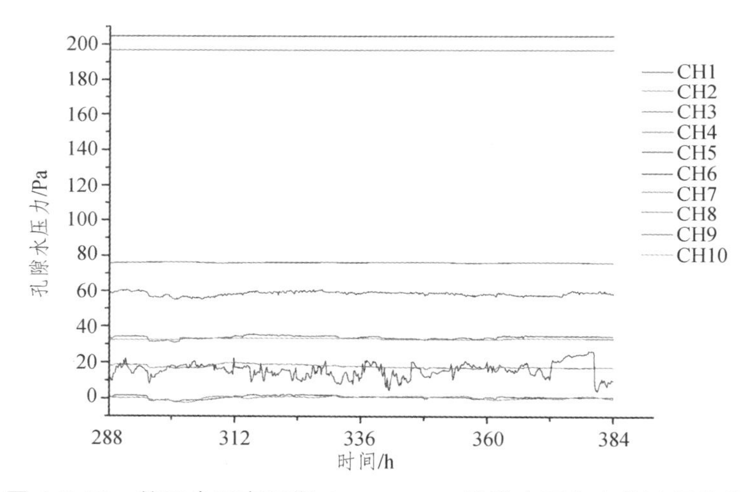

图 4.7-16　第四个研究周期 CH1～CH10 孔隙水压力变化过程曲线

在第 245 小时边坡出现了垮塌，应力得以释放后，边坡在短时间内完成了应力调整而趋于新的应力平衡状态。由于边坡内部贯穿裂缝形成了稳定的渗流通道，在边界水头稳定补给的情况下，监测点的孔隙水压力基本保持稳定。CH1 传感器数据存在波动现象，可能的原因是 CH1 传感器附近的土颗粒在地下水渗流过程中发生了流失-堆积的交替作用过程，从而导致灵敏度较高的传感器测得的孔隙水压力值出现上下波动的情况。

第五个研究周期：孔隙水压力变化如图 4.7-17 所示。CH1、CH6、CH10 传感器数据有波峰波谷出现，其余传感器数据无明显变化。

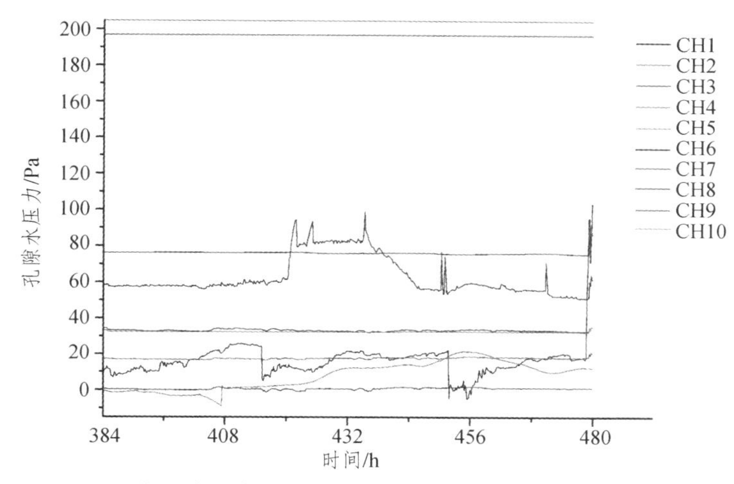

图 4.7-17　第五个研究周期 CH1～CH10 孔隙水压力变化过程曲线

在第五个研究周期内，模型土体已处于饱和状态，靠近给水边界的土体处于过饱和状态，土体内部已经形成稳定的高水位，此时的孔隙水压力等同于静水压力；处于第一渗流通道的CH1和处于第二渗流通道的CH6之间的土体受地下水持续的渗透作用而逐渐形成了贯通的渗流通道，导致监测的孔隙水压力值出现波动；CH9 传感器从试验开始至结束时的数据变化都是很小的，原因是该传感器埋设位置较高，且距离给水边界的渗流路径较远，潜水面未到达 CH9 的位置，其主要受毛细水上升作用的影响，因此孔隙水压力变化较小。

综上所述，整个试验过程中孔隙水压力变化具有以下规律：

（1）试验进行到第 245 小时左右，边坡的后缘出现垮塌现象，导致坡体内裂隙贯通，形成了稳定的水流通道，边坡发生了瞬间的应力释放与短时间的应力调整后趋于新的应力平衡，此时位于渗流通道上的孔隙水压力传感器监测的数据骤升后趋于稳定。

（2）孔隙水压力骤升的原因是边坡变形，以及土颗粒错位、位移产生的超孔隙水压力。当坡体内发生挤压变形、位移、错动变形时，坡体内部孔隙水压力会快速升高而产生超孔隙水压力。超孔隙水压力的大小主要受坡体变形位移量和变形速率的影响。当坡体变形位移量、颗粒错动量小、速度慢时，超孔隙水压力小；当坡体变形位移量大、颗粒错动剧烈、变形速度快，产生贯通性裂缝时，超孔隙水压力将剧增，在孔隙水压力曲线上通常以“尖峰”状态出现。

（3）孔隙水压力呈缓慢增大现象是由于渗流通道内细颗粒的堆积，堵塞渗流通道造成水位壅高。随着水流的持续裹挟和潜蚀作用，堆积的颗粒逐渐散开，孔隙水压力又将逐渐消散减小。当渗流通道贯通后，孔隙水压力逐步趋于稳定。此过程也说明了地下水渗流过程伴随着细颗粒的流失，即地下水的渗流潜蚀作用，将造成坡体内盐分损失和固体颗粒的流失，最终贯通形成径流通道而发生渗透变形。

为了直观反映物理模拟试验过程中每一含水层的孔隙水压力变化规律，笔者绘制了泥岩层、原地基土层、填筑地基土层的孔隙水压力变化曲线，见图 4.7-18～图 4.7-20。

图 4.7-18 所示为泥岩层 CH1～CH4 传感器的孔隙水压力变化曲线，在第 245 小时左右边坡前缘出现蠕滑变形滑移，各传感器数据均出现骤升。其中：CH2 传感器数据骤升的幅度最大，在孔隙水压力骤升后，该点在较长时间内维持高孔隙水压力；CH3、CH4 传感器数据骤升后维持相对稳定，但孔隙水压力明显低于 CH1 处孔隙水压力。

在边界水头给水渗流一段时间后，坡体开始从坡顶向坡脚方向和从泥岩交界面向上逐渐饱和，随着时间的推移，孔隙水压力增大，坡体内出现了变形和贯通的渗流通道，而后边坡逐步滑移变形，并伴随孔隙水压力的强烈变化。当裂隙贯通、边坡滑移而发生应力释放后，边坡在较短的时间内发生应力调整而达到新的应力平衡，此时孔隙水压力呈现稳定的变化趋势。CH2 处孔隙水压力变化强烈且压力值较高的原因为该区处于原始地形相对凹陷部位，水流较集中，易于汇水形成较高的水头。当边坡形成贯通的渗流通道后，该点的孔隙水压力值与静水压力值相近。受地形的影响，CH2 的水头高于 CH1、CH3、CH4 的水头，因此表现出孔隙水压力值较高的特征。

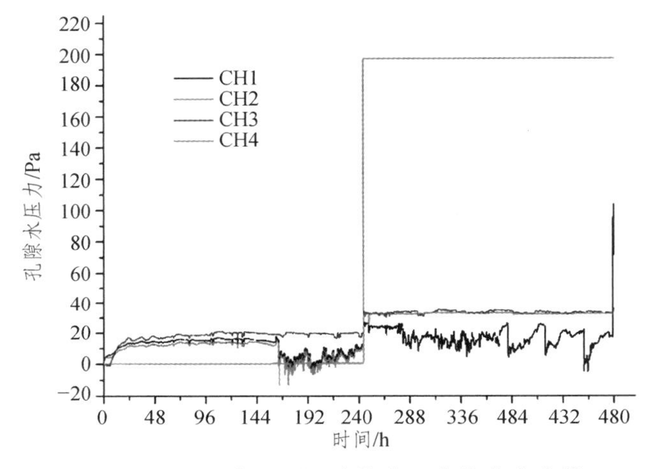

图 4.7-18　泥岩层顶面孔隙水压力传变化曲线

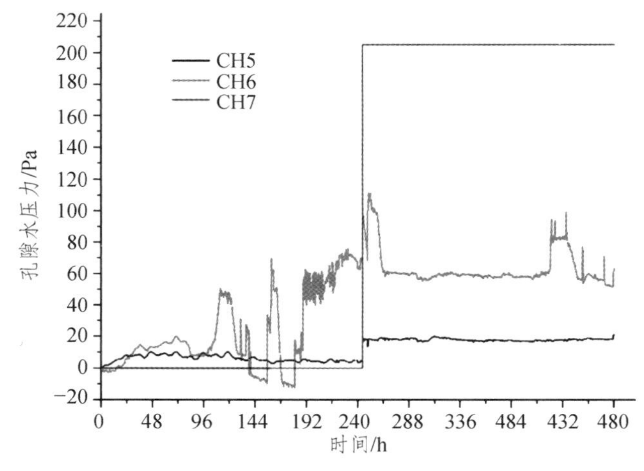

图 4.7-19　原地基粉质黏土层孔隙水压力变化曲线

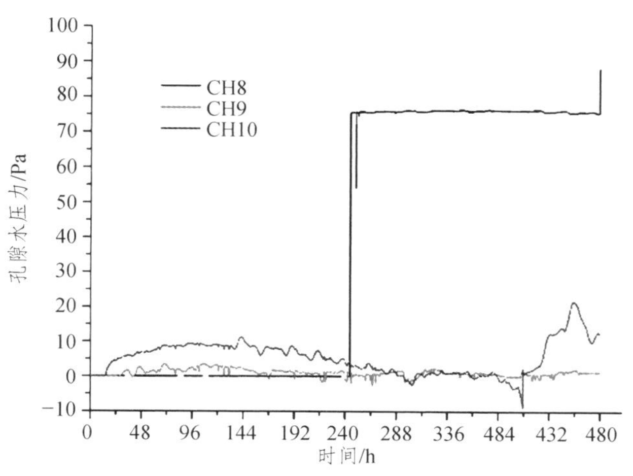

图 4.7-20 填筑体内孔隙水压力变化曲线

图 4.7-19 所示为 CH5、CH6、CH7 传感器所在原地面附近层位的孔隙水压力变化曲线。在第 245 小时左右，边坡前缘出现蠕滑变形滑移，各传感器数据均出现骤升，其变化特征与上述 CH1 ~ CH4 特征相似。其中 CH6、CH7 传感器数据骤升的幅度较大，说明这两个传感器监测的区域处于富水区，水流较集中，水头较高。CH6 曲线在孔隙水压力升高后 20 h 内出现下降，并逐步趋于稳定，但在第 400 ~ 450 小时，孔隙水压力又出现了多次的波峰波谷的振动变化。孔隙水压力波动反映了地下水潜蚀、渗透变形过程，即边坡变形过程中应力累积和孔隙水压力升高→滑移拉裂、颗粒的流失→应力释放、孔隙水压力降低→细颗粒堆积堵塞→孔隙水压力升高→渗流通道疏通、颗粒流失→孔隙水压力降低的往复变化过程。

图 4.7-20 为填筑地基土内 CH8、CH9、CH10 孔隙水压力变化曲线。在第 245 小时左右边坡发生滑移垮塌，CH8 传感器数据出现骤升，说明该传感器监测的区域处于富水区，其变化特征与上述 CH6 相似。

CH9、CH10 所处层位较高，其中 CH10 处于边坡坡面附近。受原始地形和埋设位置的影响，CH9、CH10 传感器附近的区域不具备水流汇聚的条件，土体长期处于非饱和状态，孔隙水压力主要受毛细水上升作用的影响。CH10 后期孔隙水压力出现波动主要是由于边坡滑塌后传感器的位置发生移动，滑塌体受水流浸泡而饱水。

上述分析反映出，受原始地形的影响，地形凹陷区域容易汇水形成高的压力水头，见图 4.7-21。填方边坡区工后地下水位壅高，一方面会造成地基土的强度劣化和地基的湿陷、湿化沉降变形；另一方面受高孔隙水压力的作用和渗透变形的影响，边坡的稳定性将急剧下降，在长期累积作用下，易在边坡坡脚等位置较低的富水区出现蠕滑变形，并牵引边坡后缘发生滑移拉裂，并发生渐进式破坏而发生较大规模的边坡滑移。

2. 测压管水位变化特征分析

物理模型共安装了 11 排测压管，用于观测模型不同阶段的水位埋深变化情况。整个试验共历时 480 h，由于水位变化较慢，所以间隔 4 h 观测一次水位数据。

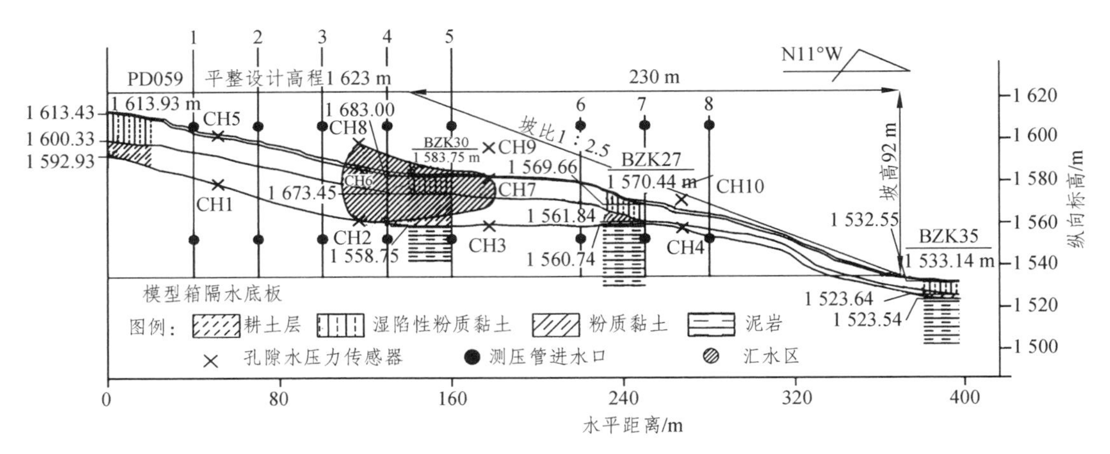

图 4.7-21　物理模型坡体内原始地形低洼汇水区分布位置

第一个研究周期测压管水位变化：图 4.7-22 为边界水头保持在 1613 m 时，第一个研究周期（经过 96 h 渗流）后的水位变化情况。在第一个研究周期内，以 2 号测压管为例，观测的水位数据为 1591.36 m，靠近给水边界的土体尚未饱和，水流主要向下渗流，到达第一渗流通道后，沿着渗流通道顺地形向下扩展，该过程暂未形成稳定的地下水位。由于边界水头较高和毛细水的上升作用，坡顶平整面微微湿润，坡脚处开始少量出水，同时从观察玻璃箱侧面的刻度标记和泥痕显示，填筑体地下水的浸润作用使填筑体发生了少量的湿陷和湿化沉降，见图 4.7-23。

第二个研究周期测压管水位变化：经过 192 h 的渗流作用，以 2 号测压管为例，水头上升至 1595.6 m，该过程中模型下部土体逐渐饱和，水位线大致沿原始地形线变化，见图 4.7-24、图 4.7-25。此时，斜坡面较湿润，坡脚处开始积水，坡脚土体受积水长时间浸泡软化开始出现溜滑，顶部平整面出现沉降拉张裂缝。

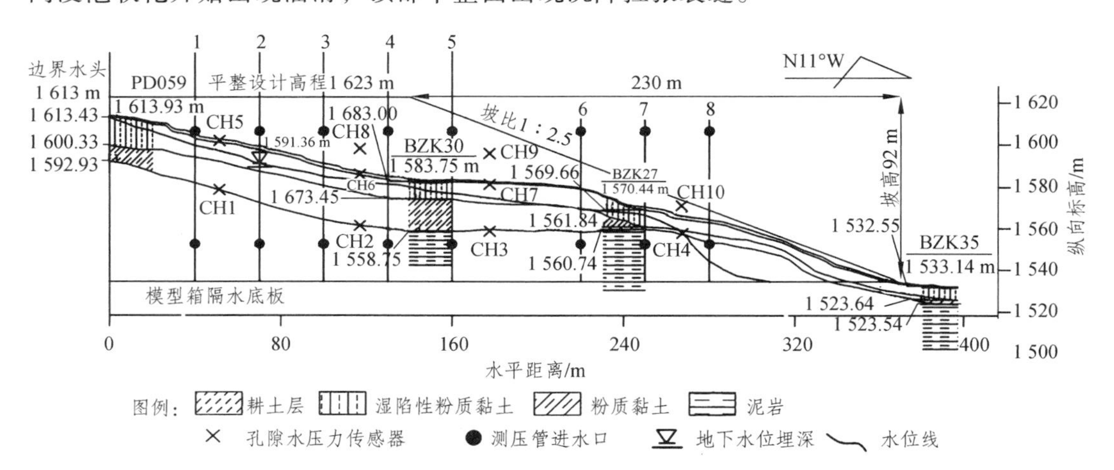

图 4.7-22　第一个研究周期结束时测压管水位

图 4.7-23　第一个研究周期结束时模型坡面及侧特征展示

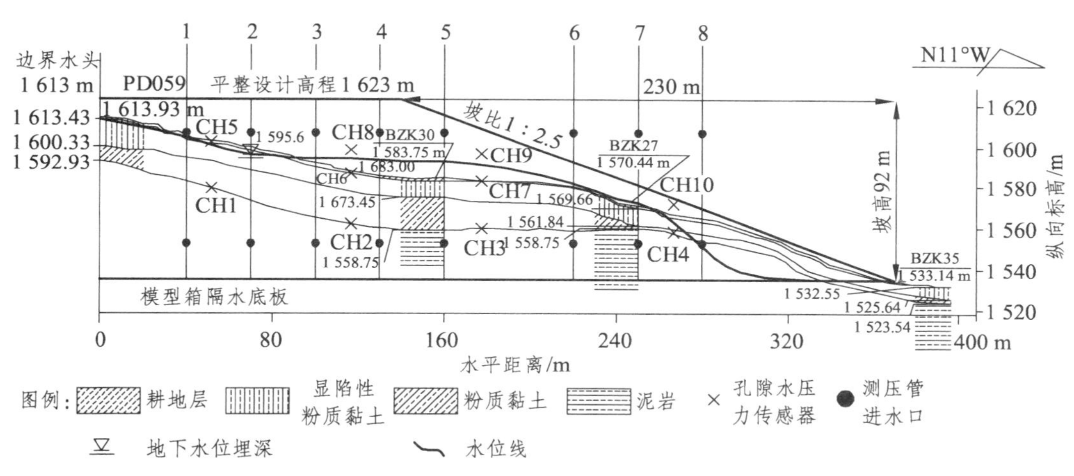

图 4.7-24　第二个研究周期结束时测压管水位

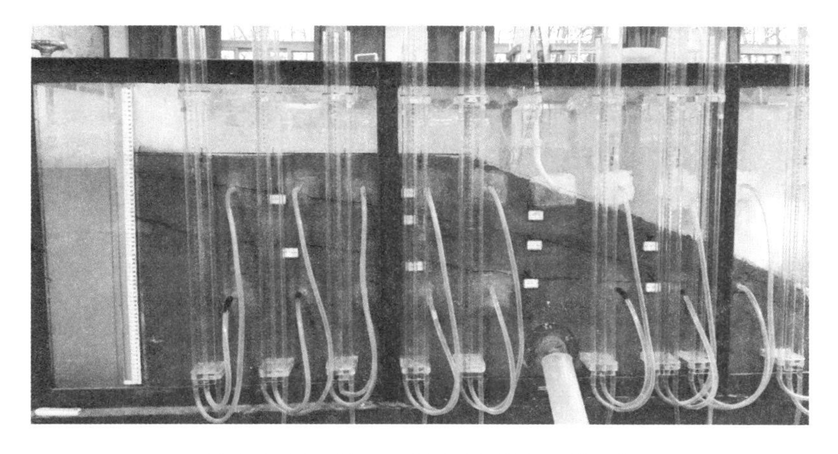

图 4.7-25　第二个研究周期测压管水位

第二个研究周期整体地下水水位明显高于第一个研究周期的地下水水位。由于填土初始为非饱和土，在地下水浸润作用下逐步吸水，含水率增大，水位逐渐升高。受地下水的长期浸润、浸泡和毛细水的上升作用造成地基土强度劣化，地基土发生湿陷和湿化沉降。由于原始地形、填方厚度、初始干密度、含水率、填料性质、压实情况的差异，地基产生了明显的差异沉降，造成顶面的拉裂。坡脚部位由于积水的浸泡呈软塑状，并在孔隙水压力和自重作用下向临空面蠕滑变形，并逐步向后缘扩展，见图4.7-26。

图 4.7-26　第二个研究周期坡顶、坡脚变形特征

第三个研究周期测压管水位变化：经过 288 h 的渗流作用，以 2 号测压管为例，观测到的水头高度为 1 595.9 m，水位线与原始地形线基本一致，表明在填方区底部和原始地形之间已经形成了一个渗流通道，见图 4.7-27。在此渗流过程中，坡面的下半段出现较大范围的滑移垮塌，导致从第 6 号测压管开始地下水水位出现了骤降，坡脚积水严重，坡脚土体受地下水长期浸泡呈软塑、流塑状。

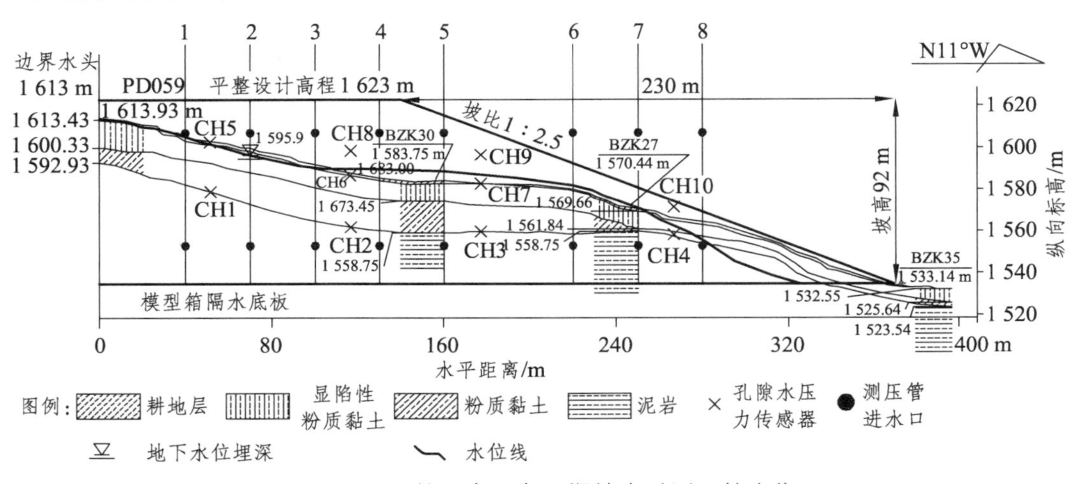

图 4.7-27　第三个研究周期结束时测压管水位

第二个研究周期结束时，坡脚处沿泥岩界面发生小规模的蠕滑变形；在第三个研究周期期间，受地下水的持续作用，变形规模、范围进一步扩大，并向后缘扩展，后缘拉裂缝逐步加深、加宽，并逐渐贯通，出现局部崩滑，边坡的滑移特征表现出典型的“渐进后退-牵引式滑移”特征，见图 4.7-28。

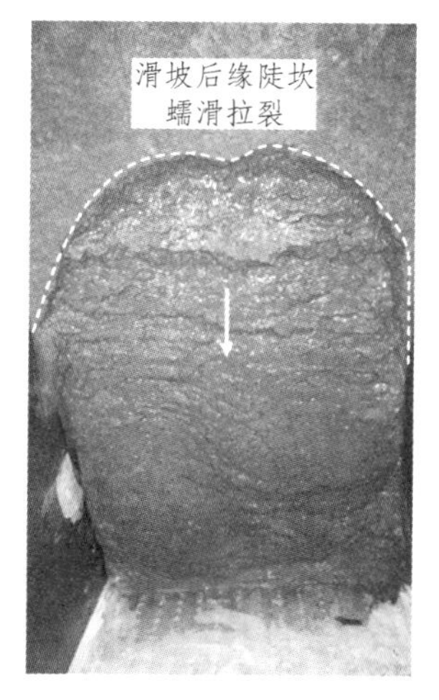

图 4.7-28　第三个研究周期边坡变形特征

第四个研究周期测压管水位变化：模型经过 384 h 的渗流作用，以 2 号测压管为例，观测到的水头高度为 1 595.2 m，相比第三个研究周期而言，水位略有下降，坡脚处积水严重，从第 6 号测压管开始液面高度出现骤降，见图 4.7-29、图 4.7-30。

第四个研究周期边坡滑移范围进一步向后缘扩展，形成多级滑移陡坎，见图 4.7-31。水流在土体内部形成了新的渗流和径流通道，渗水量发生较大的改变，导致坡体水位下降，但很快又恢复了稳定，到达一个相对稳定的均衡状态。

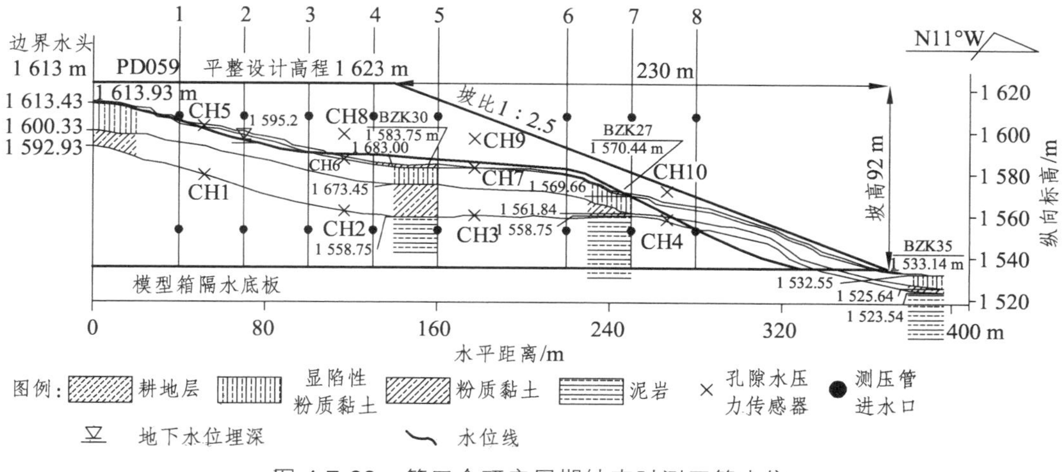

图 4.7-29　第四个研究周期结束时测压管水位

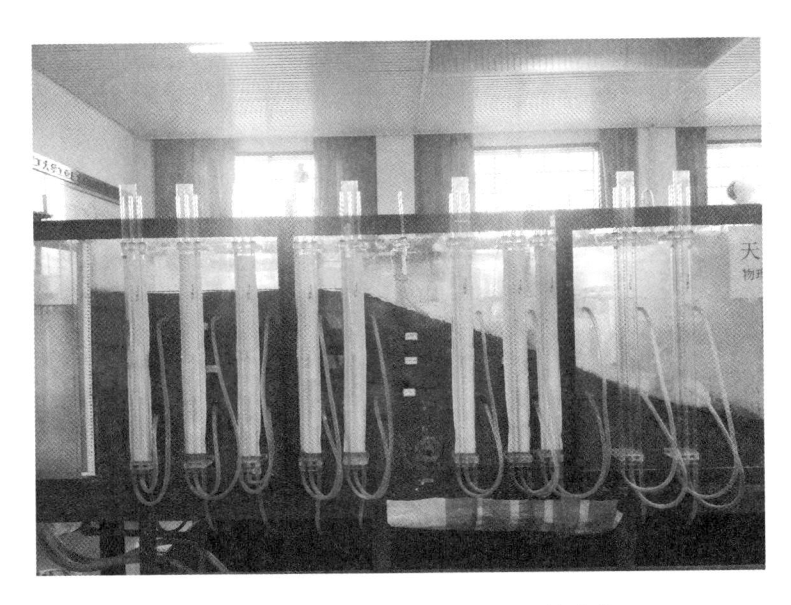

图 4.7-30　第四个研究周期测压管水位

图 4.7-31　第四个研究周期边坡变形特征

第五个研究周期测压管水位变化：模型经历 480 h 的渗流作用，以 2 号测压管为例，观测到的水头高度为 1 596.5 m，此时地下水水位处于填筑土体内，水位以下填筑体处于饱水状态，地下水水位形态大致与原地基地形起伏形态相似，见图 4.7-32。

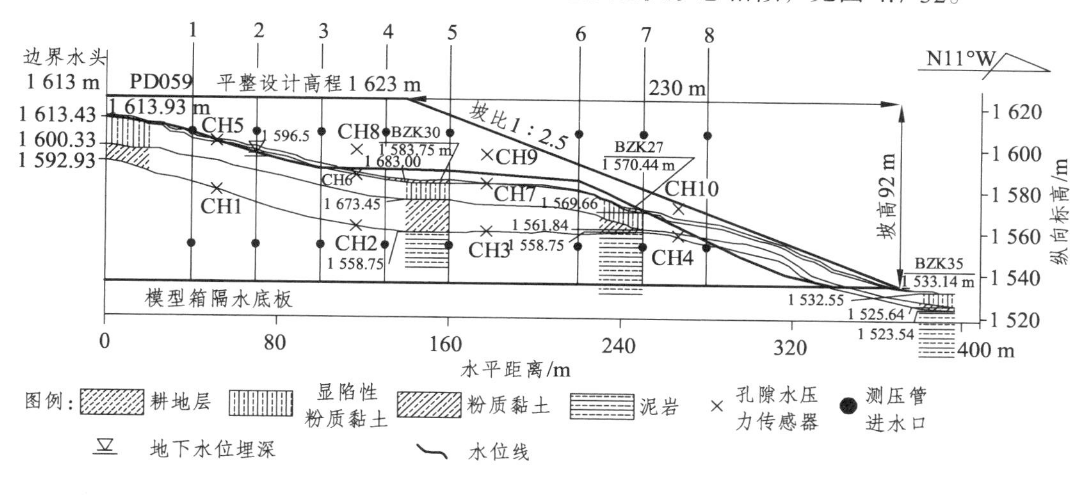

图 4.7-32　第五个研究周期结束时测压管水位

第五个研究周期，由于坡脚渗水严重，在坡脚处依旧难以形成稳定的水头。坡面滑移垮塌区的范围在该阶段未见明显扩大，处于应力调整后的相对稳定期。但在边坡顶面，由于前几期湿陷、湿化造成的累计变形影响，沉降拉张裂缝有加深、加宽的趋势，见图 4.7-33。对工程实际而言，填方边坡顶面产生拉裂缝，构成了降雨入渗的通道，加快了地表水入渗和浸润软化的速度，对填筑地基的整体稳定性将造成不利影响。

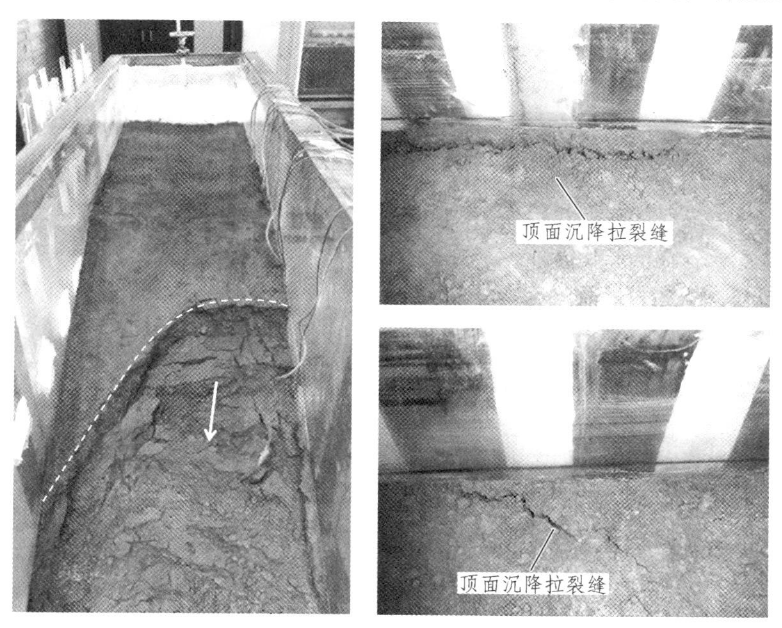

图 4.7-33　第五个研究周期结束时边坡及顶面变形特征

试验全过程中，模型水位变化规律及坡体稳定性总结如下：

（1）试验前期，水位埋深大，土体未达到饱和状态。随着时间的推移，水位向上抬升至填筑土体内，模型下部原地基土逐渐饱水，最终形成与原始地形起伏变化相似的地下水水位。

（2）试验过程中，地下水共经历了两次富集，第一次富集是在泥岩面与渗透性较差的粉质黏土面之间，第二次富集是在原地面与填筑体之间。原始地形凹陷平缓段易于汇水而成积水区，地下水位抬升高度较大。

（3）地下水在填筑地基中渗流，劣化了地基强度，增大了边坡重量和下滑力，发生管涌、流土等渗透变形，增加了地基沉降，降低了边坡稳定性，在坡脚等富水区产生蠕滑变形，并牵引边坡后缘发生滑移拉裂。

（4）物理模拟显示，在地下水作用条件下，黄土填方边坡滑移模式为“渐进后退-牵引式滑移”，其演化过程如图 4.7-34 所示。

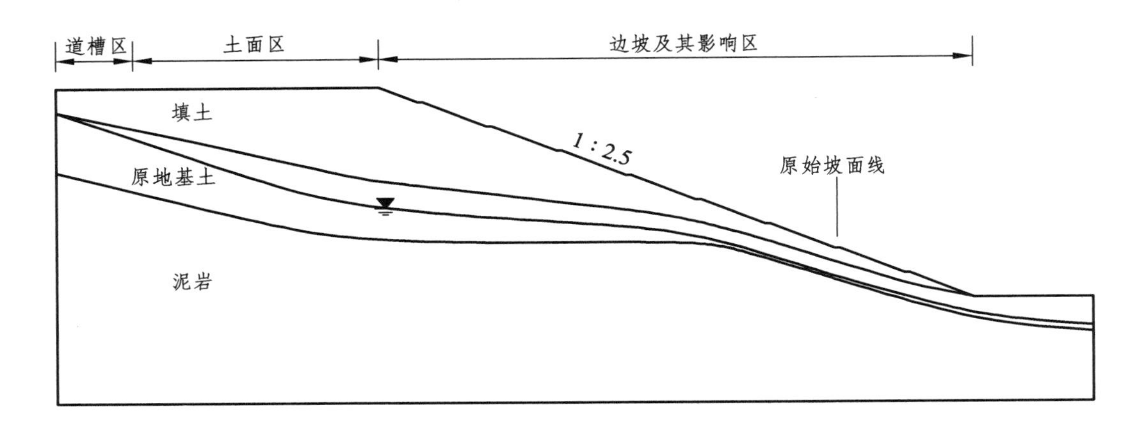

（a）填方后初始状态

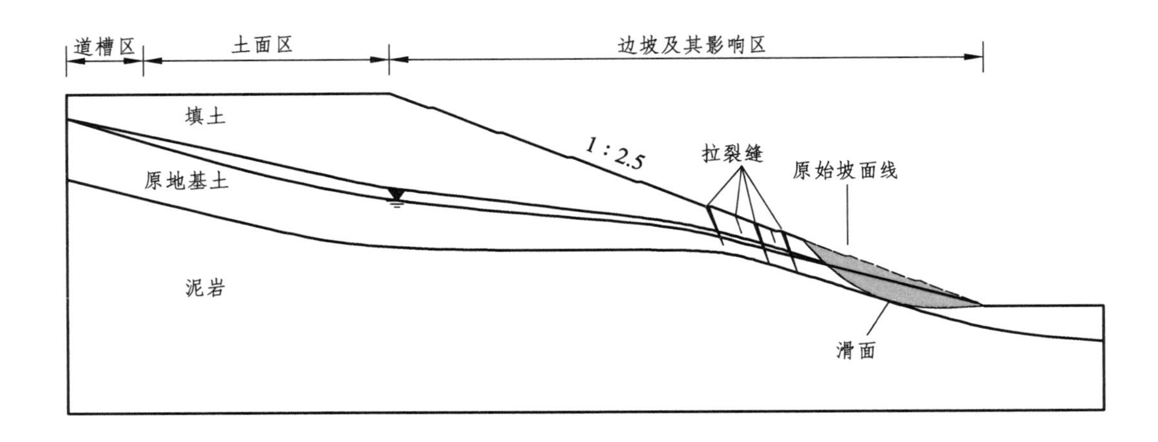

（b）坡脚蠕滑变形阶段（小规模溜塌）

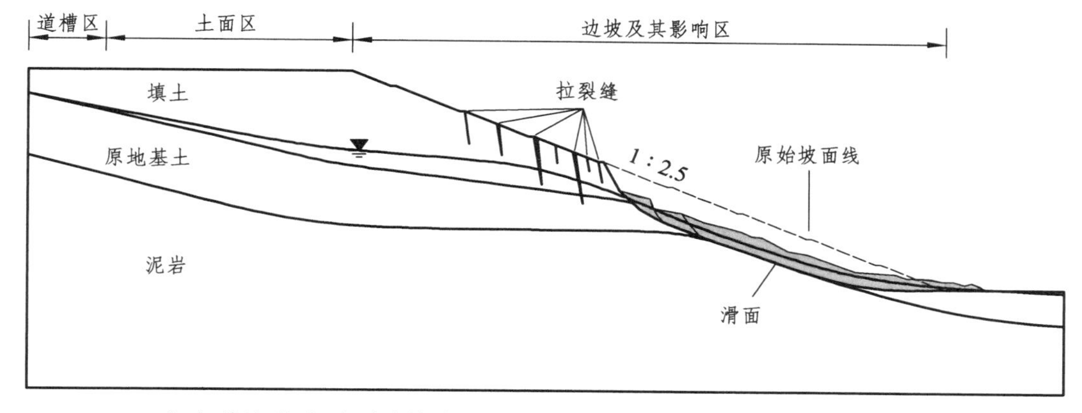

（c）坡脚滑移-牵引边坡中后部滑移拉裂阶段（中等规模渐进滑动）

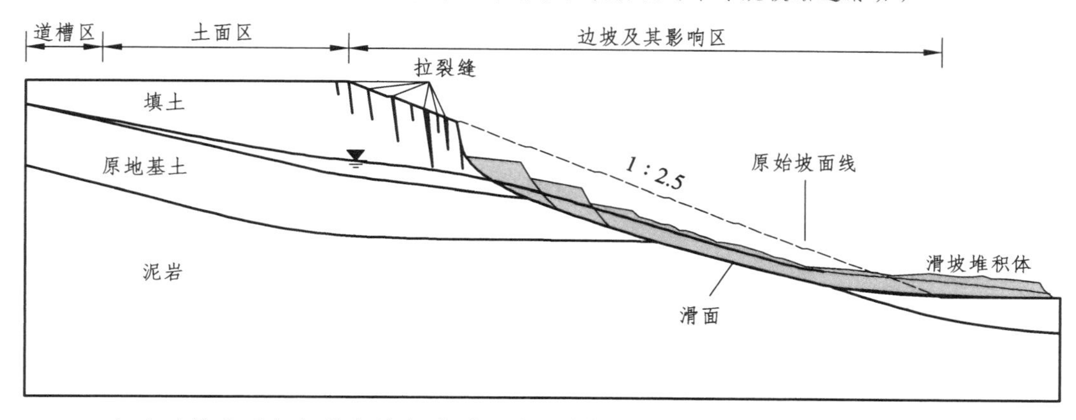

（d）边坡中下部渐进式滑移-牵引后缘滑移拉裂（滑面贯通产生大规模滑动）

图 4.7-34　地下水作用下边坡变形滑移破坏演化过程

4.7.2　数值模拟分析

数值分析的目的是通过建立模拟区数值模型，依据地下水渗流场模拟结果，模拟分析降水入渗、填方边坡水位逐步抬升过程中填筑体内体积含水率、地下水位、孔隙水压力、应力应变及边坡稳定性的变化情况，预测潜在的边坡危险区。

4.7.2.1　数值模型建立

1. 模型概化

选择试验段Ⅱ区建立数值模型，分析降雨入渗和填方施工后地下水位抬升对填方边坡的影响，见图 4.7-35。

模型断面模型长 L=530 m，高 H=155 m，坡顶平整区长度 B=155 m，最大垂直填方高度约 52 m，按 1∶3 放坡，边坡高度约 87 m，见图 4.7-36（a）；概化几何模型见图 4.7-36（b）。

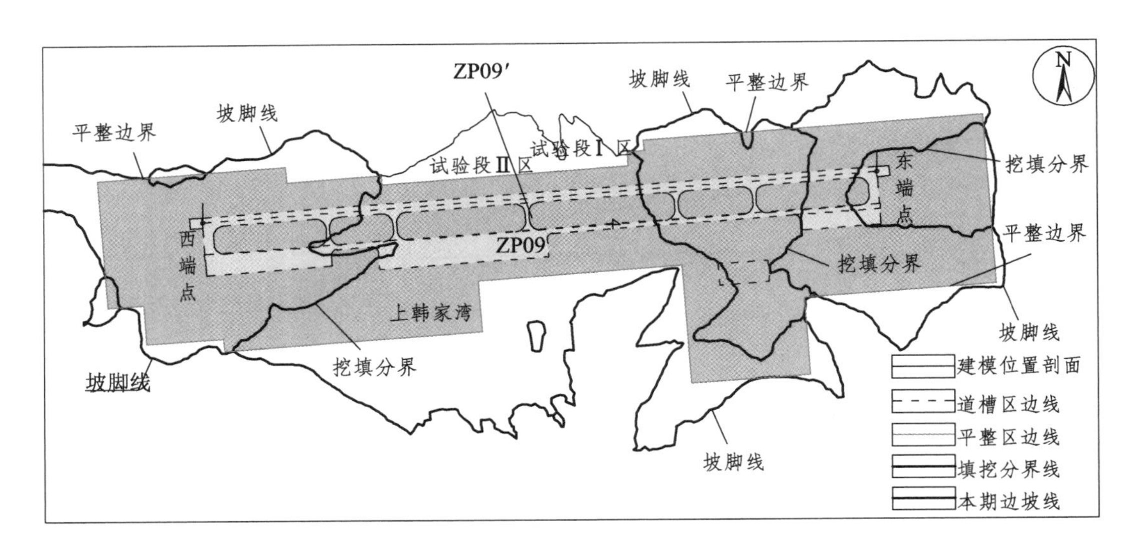

图 4.7-35 数值模型及计算断面位置

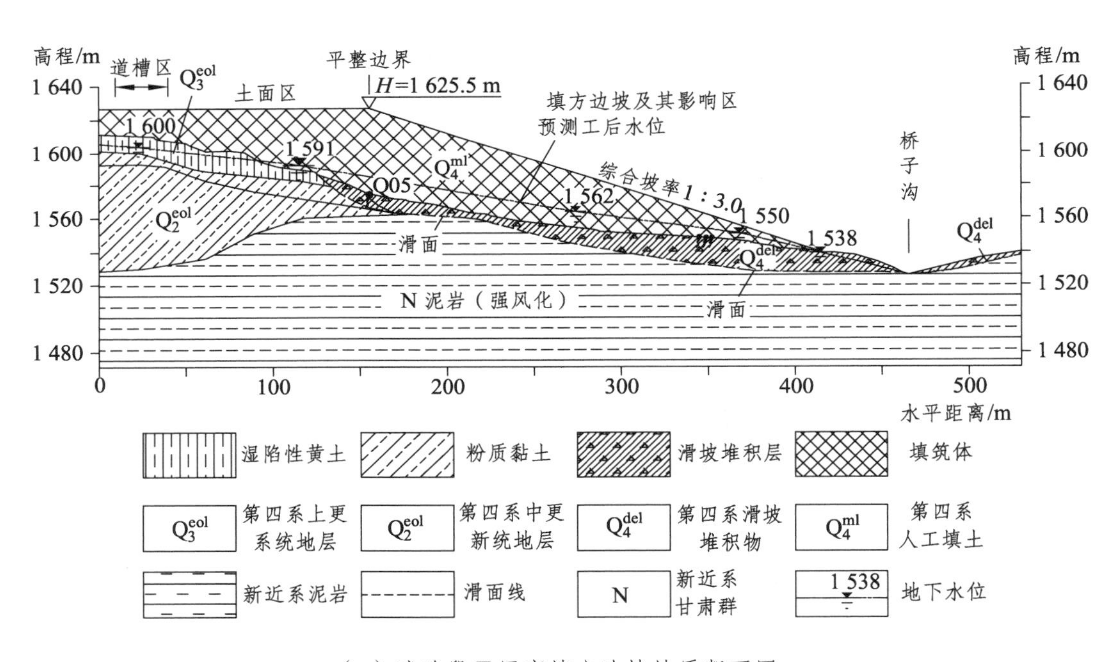

（a）试验段Ⅱ区高填方边坡地质断面图

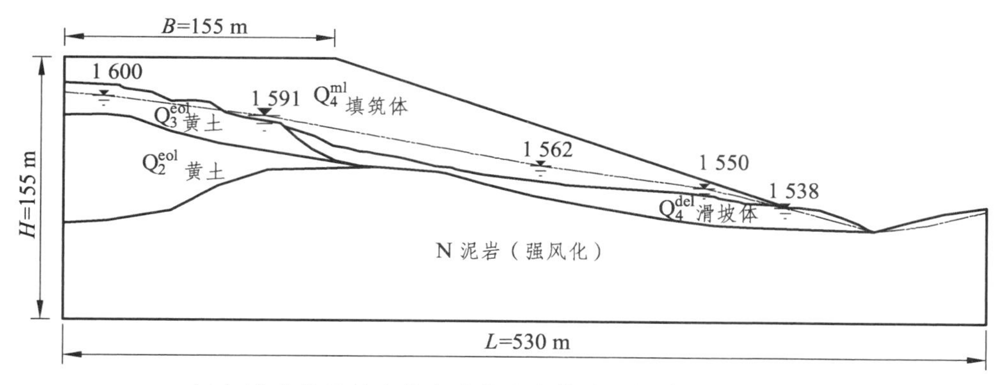

（b）试验段Ⅱ区高填方边坡渗流模型几何结构特征断面

图 4.7-36　试验段Ⅱ区高填方边坡地质断面图和渗流模型

2. 边界条件

模型左侧为稳定水头给水边界，冲沟部位为排泄边界，模型顶面（除跑道硬化区）和边坡坡面施加降雨边界条件，模型顶面和坡面为位移自由边界，见图 4.7-37。模型两侧约束 X 向位移，模型底面约束 X、Y 向位移。

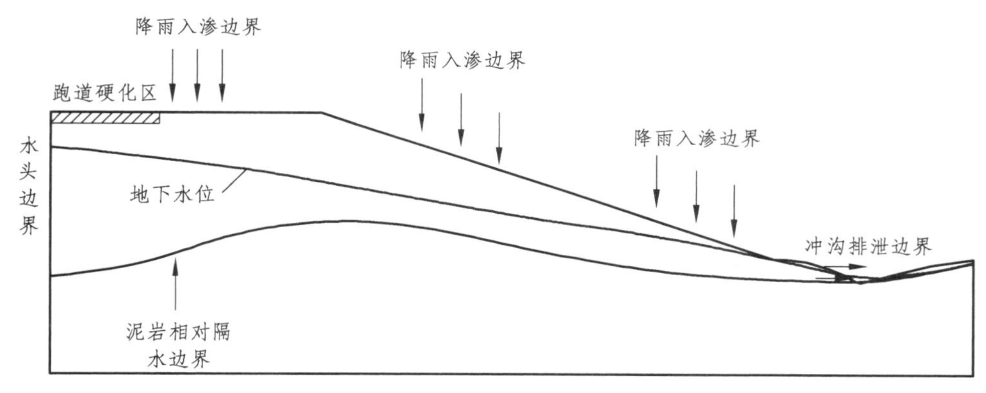

（a）渗流边界

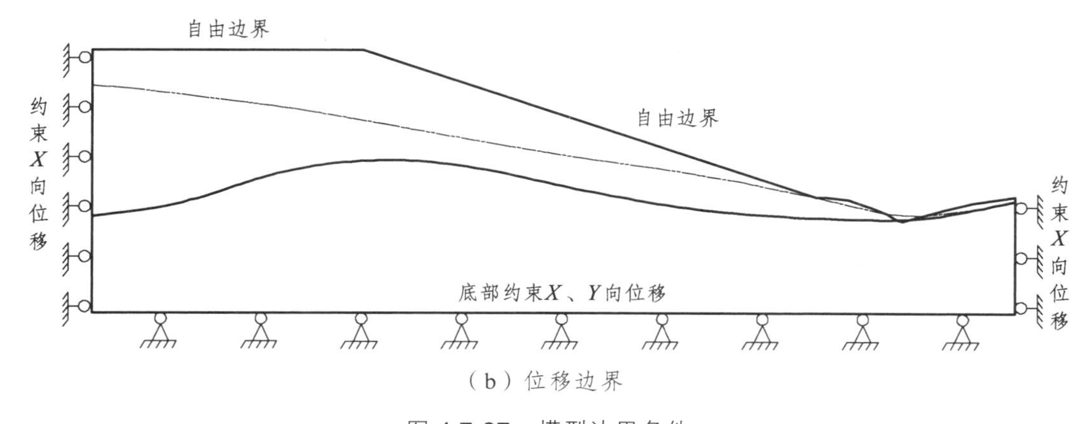

（b）位移边界

图 4.7-37　模型边界条件

3. 模型参数

模型参数根据室内试验、现场试验、勘察和试验段工程检测资料综合取值，见表4.7-3。

表 4.7-3 模型物理力学参数取值表（天然状态）

类型		天然重度 γ /（kN/m^3）	孔隙率 n/%	渗透系数 k/（cm/s）	变形模量 E/MPa	摩擦角 φ /（°）	黏聚力 c/kPa	液限含水率 w_L/%
压实填土		20.5	40	8.0×10^{-6}	7.0	21.0	26.0	30.0
滑坡堆积层		19.2	50	5.0×10^{-5}	4.5	13.0	22.0	28.0
原地基	Q_3	19.0	42	3.0×10^{-5}	8.0	20.0	30.0	32.0
	Q_2	19.5	35	4.0×10^{-6}	9.0	18.0	25.0	33.0
泥岩（N）		21.5	10	1.0×10^{-7}	30.0	25.0	40.0	—

4. 降雨及地下水位条件

1）降雨条件

采用近年来极端天气下的降雨强度数据，即采用 113 mm/d 和 57.3 mm/h 的降雨强度数据，降雨历时设定为 2 h、6 h、12 h、24 h、48 h、72 h 降雨历时工况。

平整区顶面降雨入渗系数 α=0.10，坡面部位降雨入渗系数 α=0.03。

2）地下水位条件

选择第 3 章数值模拟的工后地下水渗流场中的地下水位数据，并与填方前初始水位相比，设置地下水位抬升幅度 0%、20%、50%、100%共 4 种工况，见图 4.7-38。

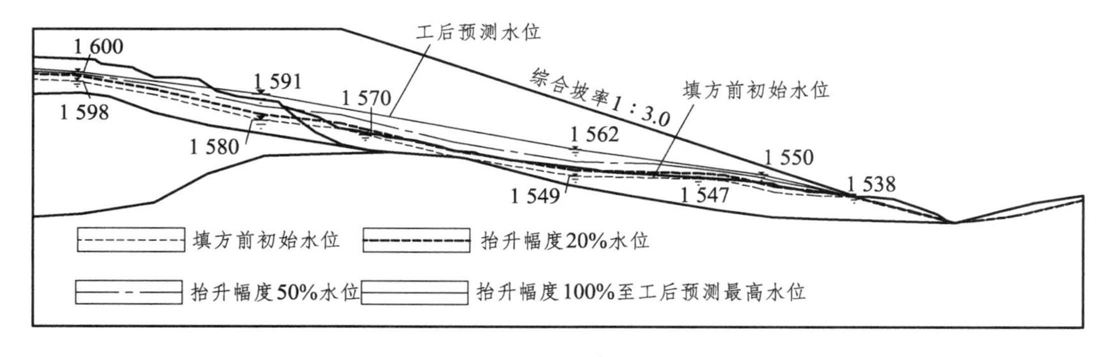

图 4.7-38 试验段Ⅱ区高填方边坡渗流模型地下水位抬升幅度变化

5. 岩土体渗透系数函数的定义

根据室内土工试验成果、工程经验值，并结合 SEEP/W 软件中的 Van-Genuchten 估算方法进行模型岩土体的渗透系数函数的定义，见图 4.7-39、图 4.7-40。

1）渗透系数函数曲线（图 4.7-39）

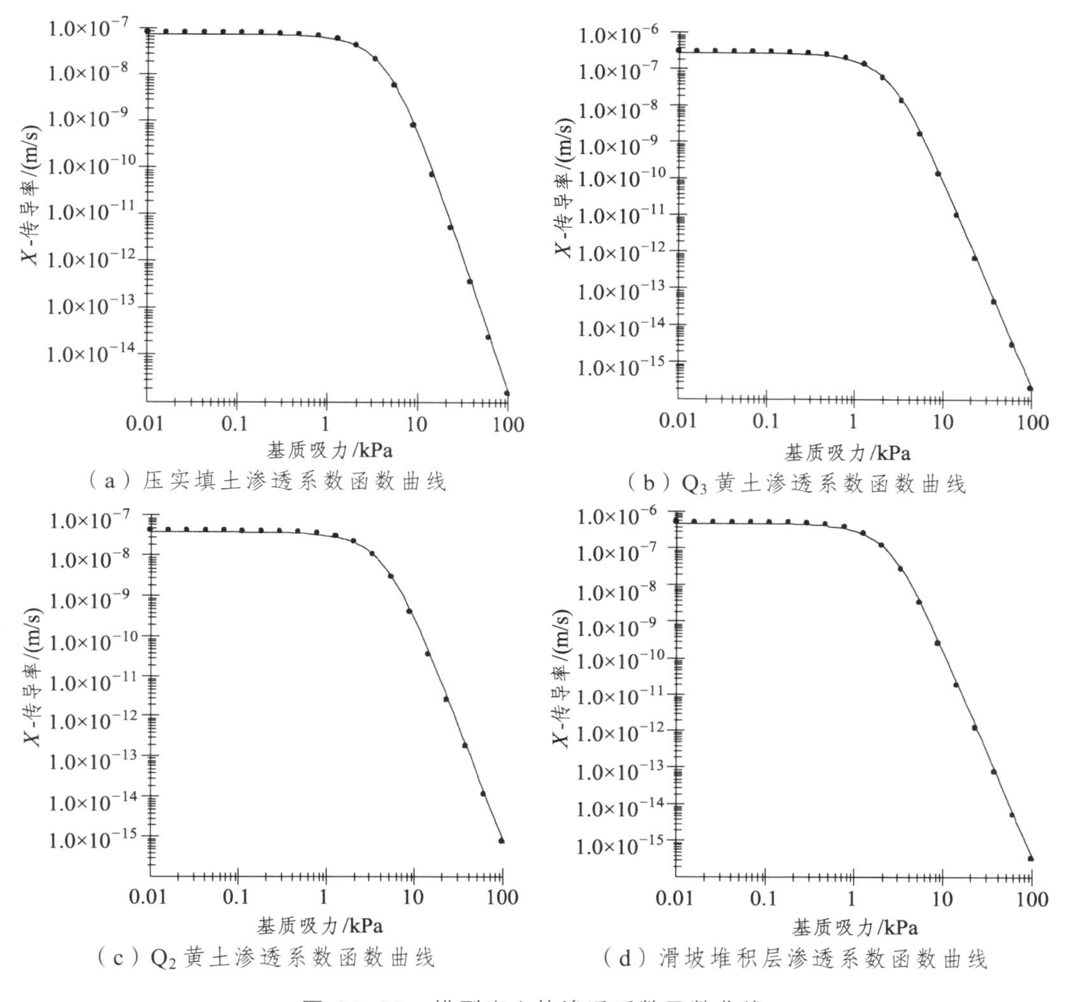

（a）压实填土渗透系数函数曲线

（b）Q_3黄土渗透系数函数曲线

（c）Q_2黄土渗透系数函数曲线

（d）滑坡堆积层渗透系数函数曲线

图 4.7-39　模型岩土体渗透系数函数曲线

2）体积含水量函数（水土特征曲线，图 4.7-40）

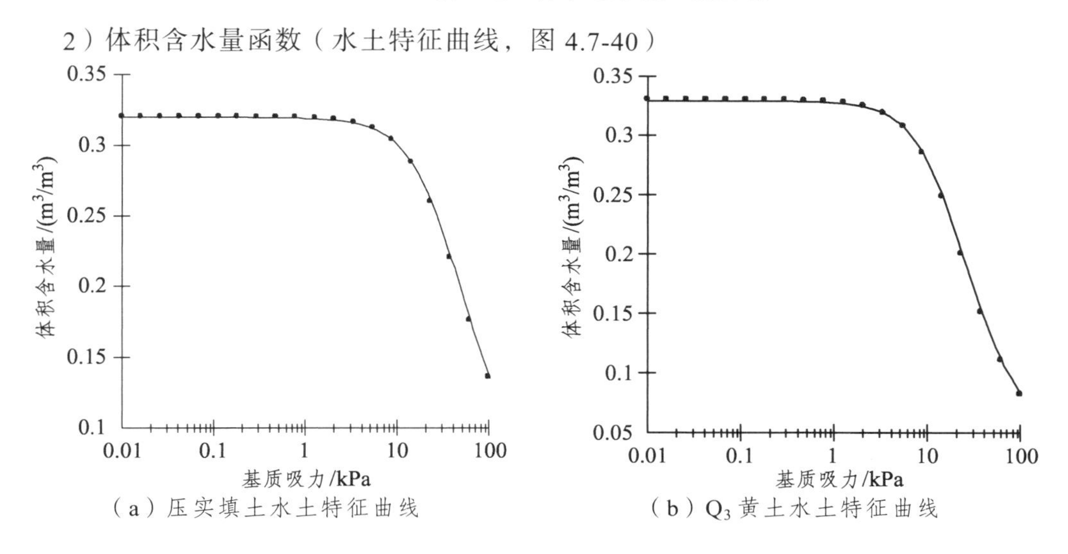

（a）压实填土水土特征曲线

（b）Q_3黄土水土特征曲线

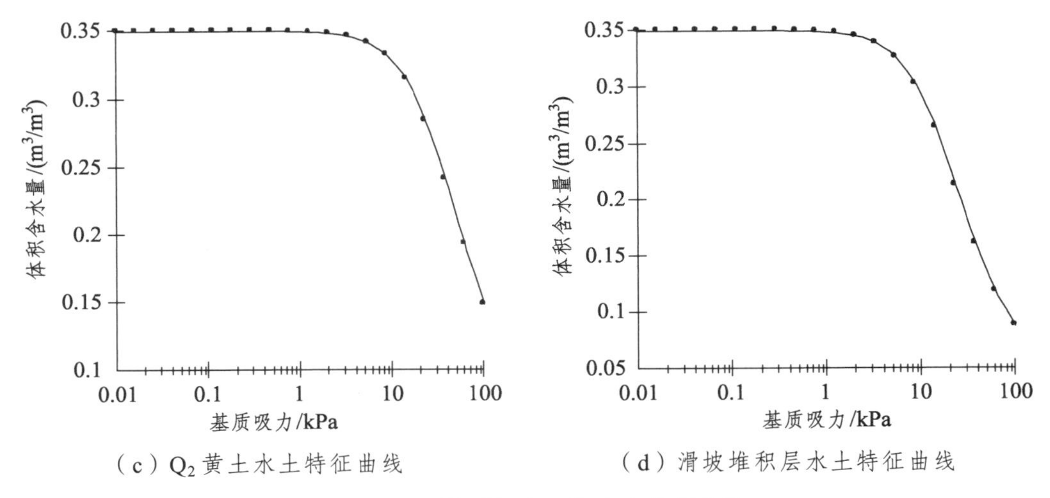

（c）Q_2 黄土水土特征曲线　　（d）滑坡堆积层水土特征曲线

图 4.7-40　模型各岩土体水土特征曲线

4.7.2.2　数值模型结果分析

1. 初始水位

在初始水位条件下（即水位不抬升），边坡孔隙水压力分布特征见图 4.7-41，压力水头分布特征见图 4.7-42，体积含水率分布特征见图 4.7-43。

在模型填筑体与原地面交界面上设置一排监测点（A1-1 ~ A1-8），在滑坡滑面位置设置一排监测点（A2-1 ~ A2-8），见图 4.7-44；沿坡顶、边坡中部、坡脚设置 3 条纵断面监测点，第一纵断面监测点位于坡顶位置（B1-1 ~ B1-4），第二纵断面监测点位于边坡中部位置（B2-2 ~ B2-4），第三纵断面监测点位于边坡坡脚位置（B3-1 ~ B3-3），见图 4.7-45。在初始水位条件下，各监测点孔隙水压力特征见图 4.7-45 ~ 图 4.7-50。

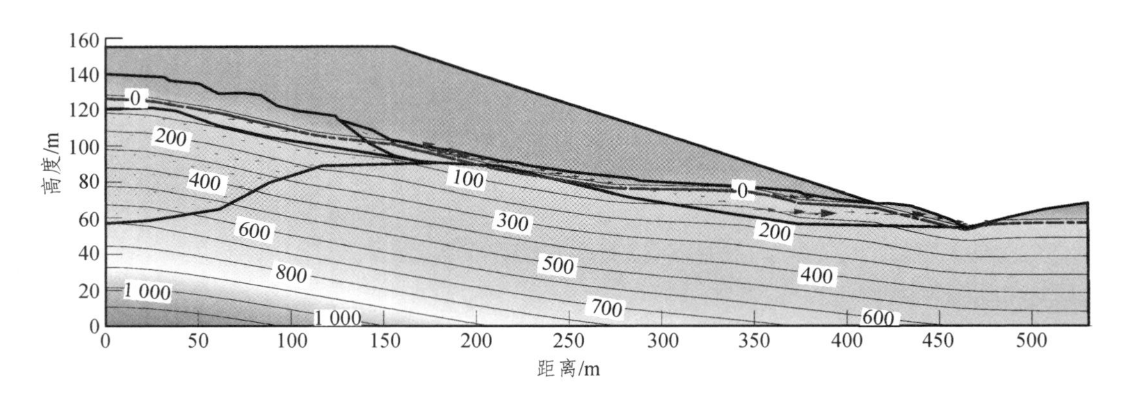

图 4.7-41　初始水位——边坡孔隙水压力分布特征（单位：kPa）

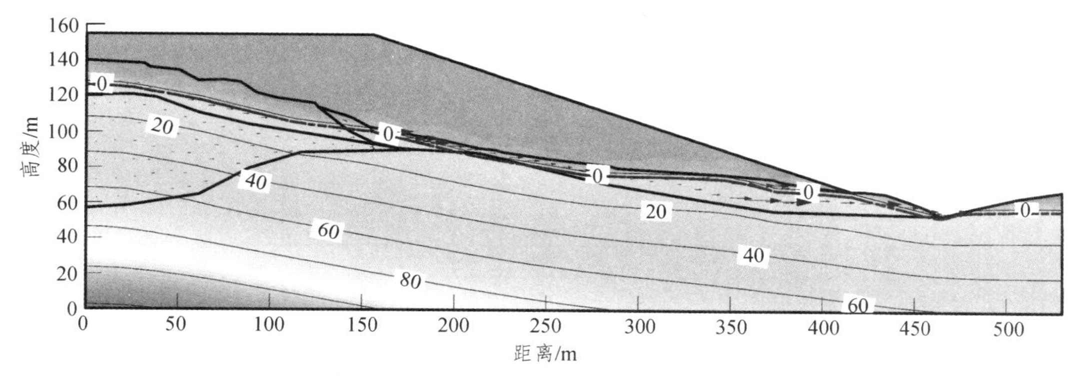

图 4.7-42　初始水位——边坡压力水头分布特征（单位：m）

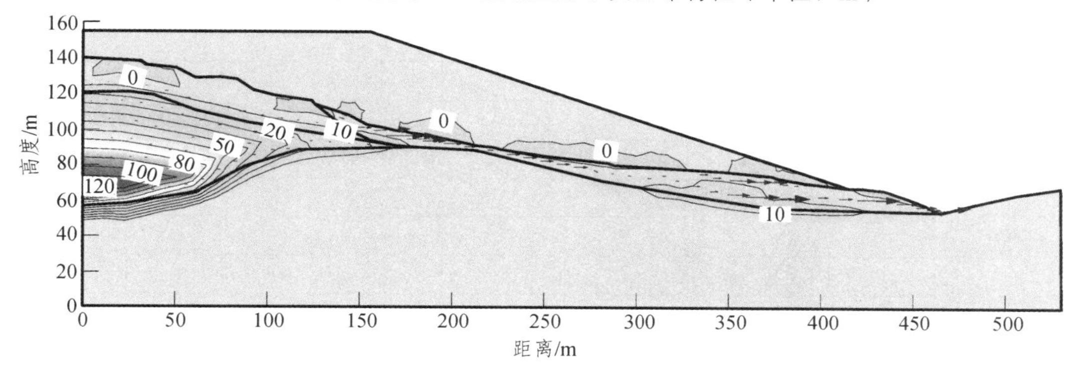

图 4.7-43　初始水位——边坡体积含水率分布特征（单位：m^3/m^3）

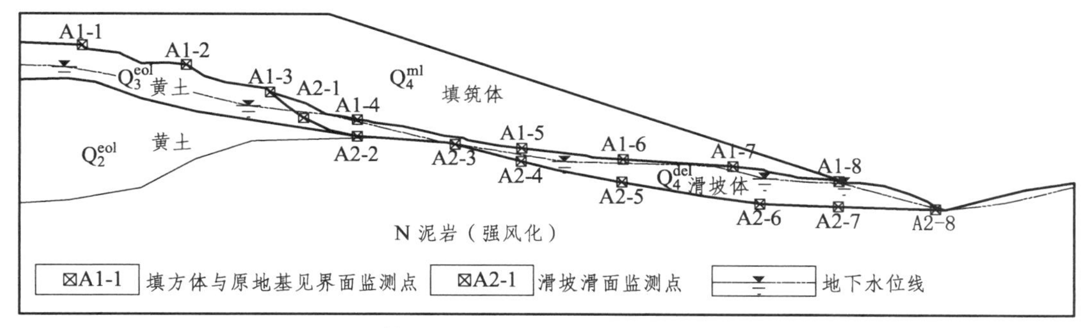

图 4.7-44　填筑体与原地面、滑坡滑面孔隙水压力监测点布置

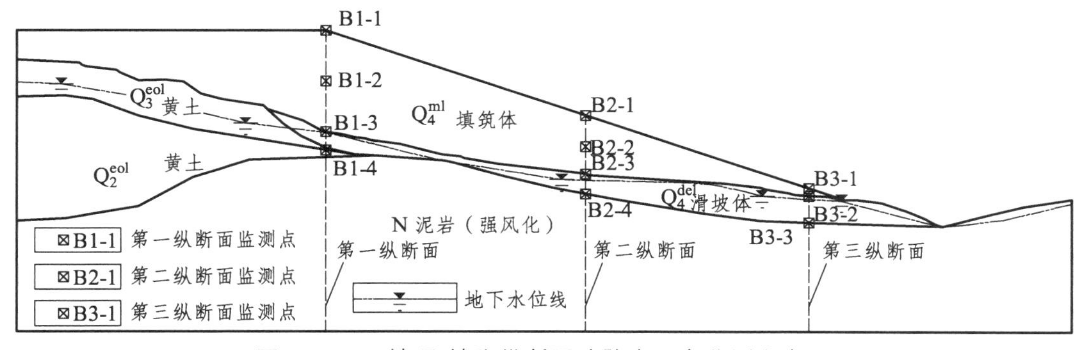

图 4.7-45　坡顶-坡脚纵断面孔隙水压力监测点布置

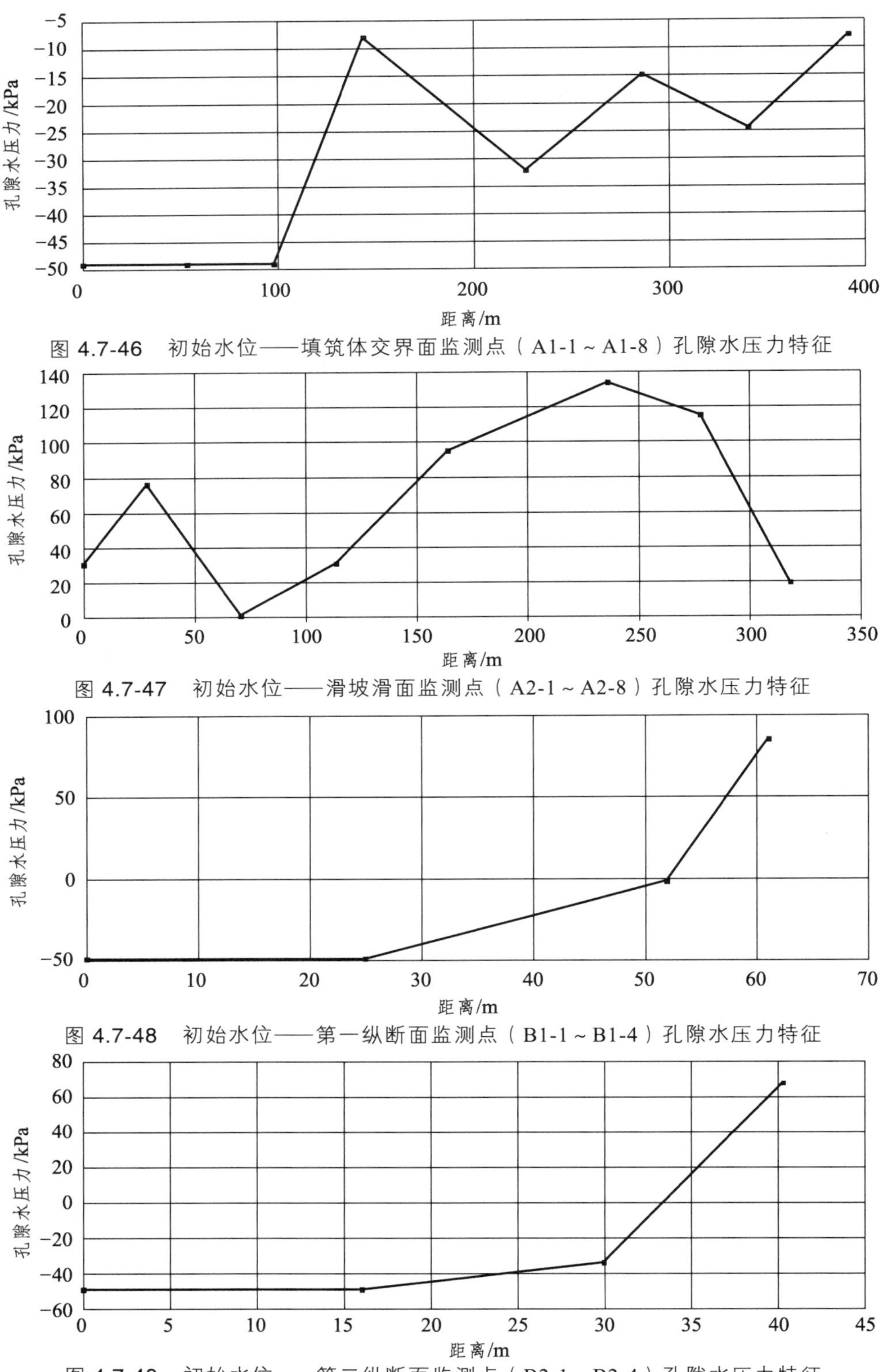

图 4.7-46　初始水位——填筑体交界面监测点（A1-1 ~ A1-8）孔隙水压力特征

图 4.7-47　初始水位——滑坡滑面监测点（A2-1 ~ A2-8）孔隙水压力特征

图 4.7-48　初始水位——第一纵断面监测点（B1-1 ~ B1-4）孔隙水压力特征

图 4.7-49　初始水位——第二纵断面监测点（B2-1 ~ B2-4）孔隙水压力特征

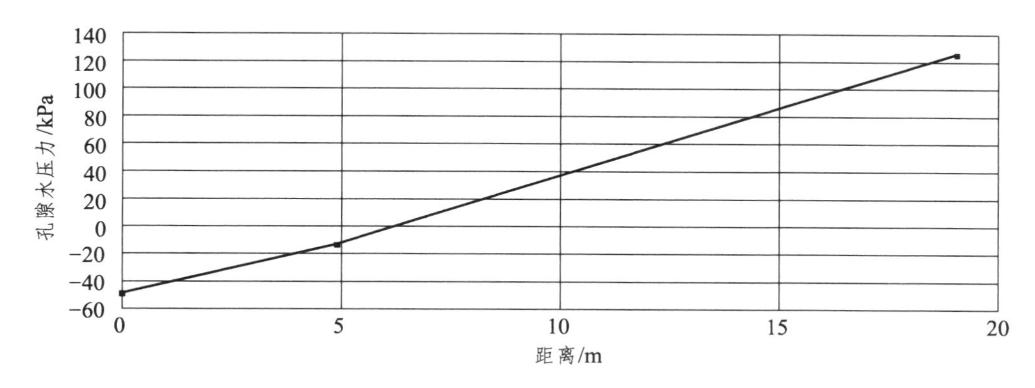

图 4.7-50　初始水位——第三纵断面监测点（B3-1 ~ B3-3）孔隙水压力特征

2. 水位抬升幅度 20%

地下水位较初始水位抬升 20%，边坡孔隙水压力分布特征见图 4.7-51，压力水头分布特征见图 4.7-52，体积含水率分布特征见图 4.7-53。

在地下水位抬升幅度 20%工况下，各监测点孔隙水压力特征见图 4.7-54 ~ 图 4.7-58。

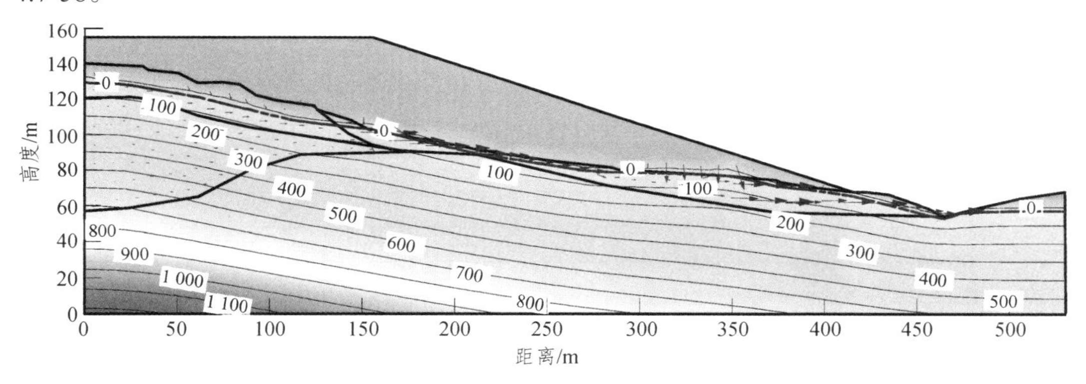

图 4.7-51　水位抬升幅度 20%——边坡孔隙水压力分布特征（单位：kPa）

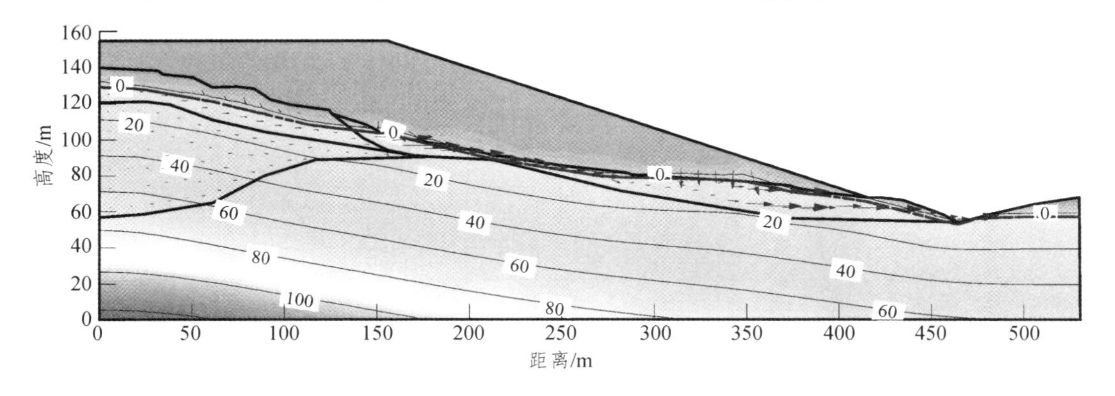

图 4.7-52　水位抬升幅度 20%——边坡压力水头分布特征（单位：m）

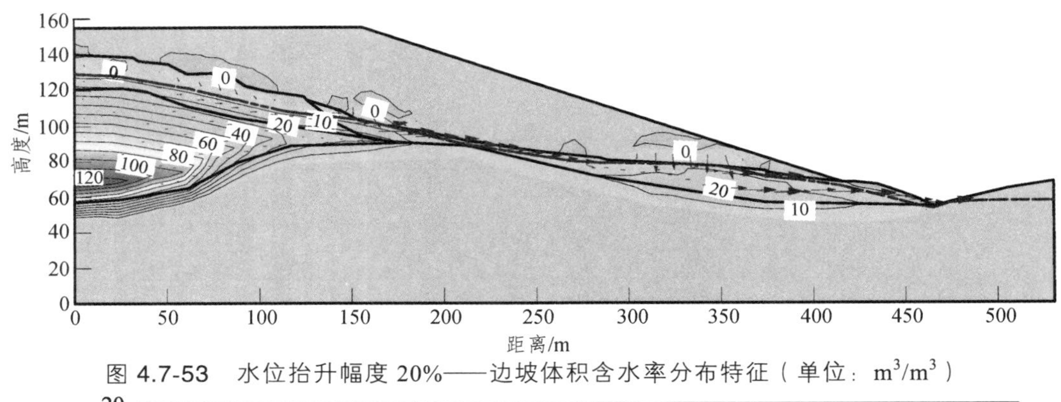

图 4.7-53 水位抬升幅度 20%——边坡体积含水率分布特征（单位：m^3/m^3）

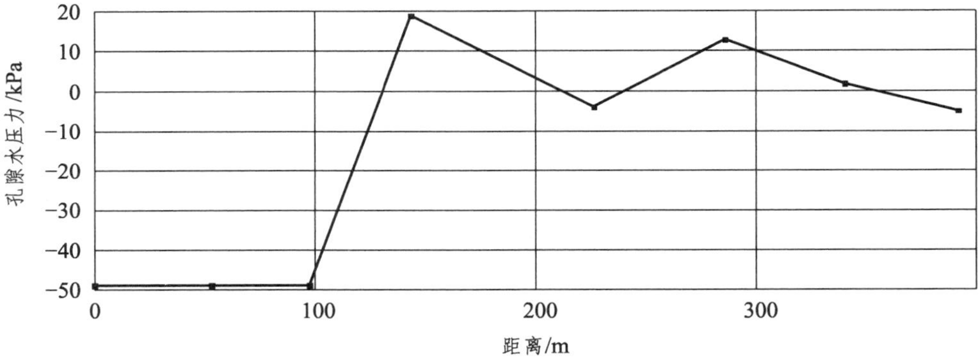

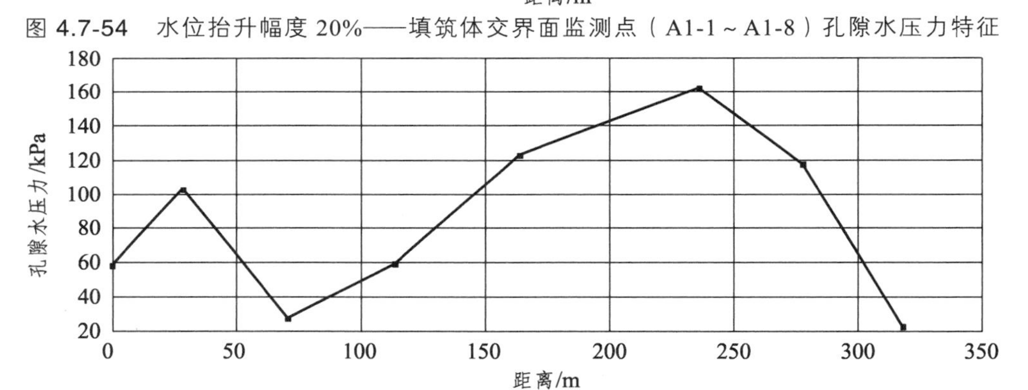

图 4.7-54 水位抬升幅度 20%——填筑体交界面监测点（A1-1～A1-8）孔隙水压力特征

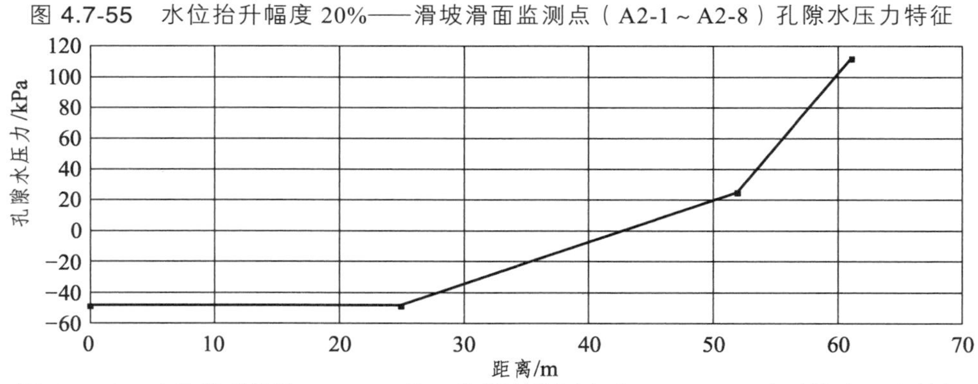

图 4.7-55 水位抬升幅度 20%——滑坡滑面监测点（A2-1～A2-8）孔隙水压力特征

孔隙水压力/kPa

距离/m

图 4.7-56 水位抬升幅度 20%——第一纵断面监测点（B1-1～B1-4）孔隙水压力特征

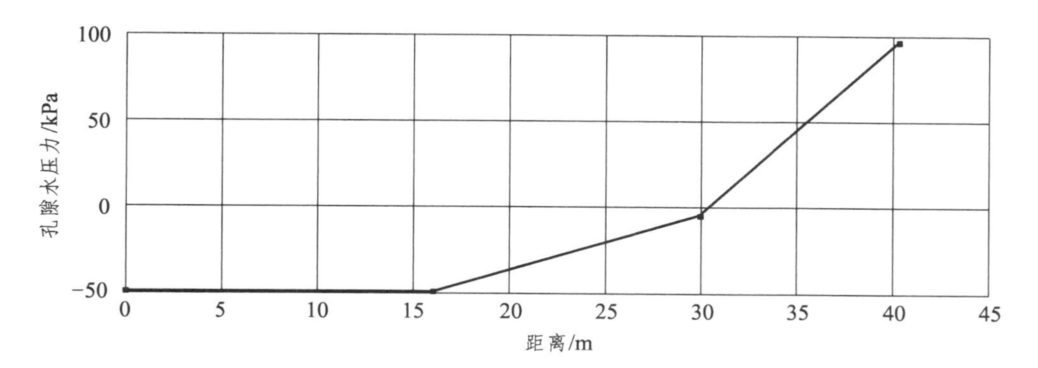

图 4.7-57　水位抬升幅度 20%——第二纵断面监测点（B2-1 ~ B2-4）孔隙水压力特征

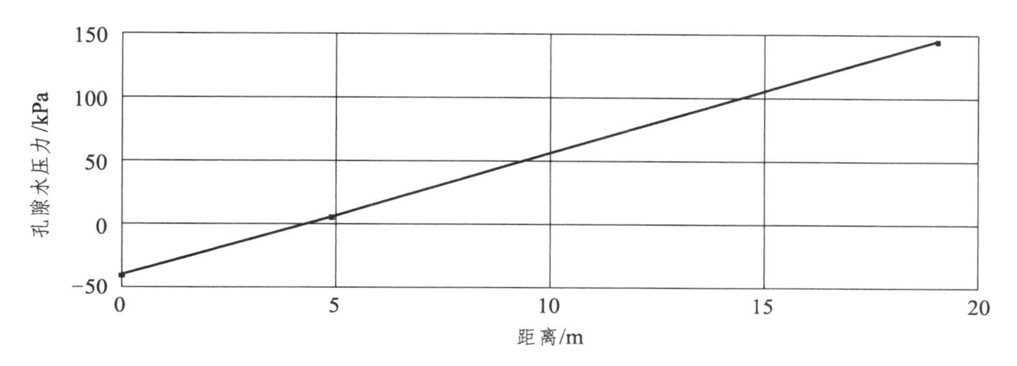

图 4.7-58　水位抬升幅度 20%——第三纵断面监测点（B3-1 ~ B3-3）孔隙水压力特征

3. 水位抬升幅度 50%

在初始水位基础上水位抬升 50%，边坡孔隙水压力分布特征见图 4.7-59，压力水头分布特征见图 4.7-60，体积含水率分布特征见图 4.7-61。

在地下水位抬升幅度 50%工况下，各监测点孔隙水压力特征见图 4.7-62 ~ 图 4.7-66。

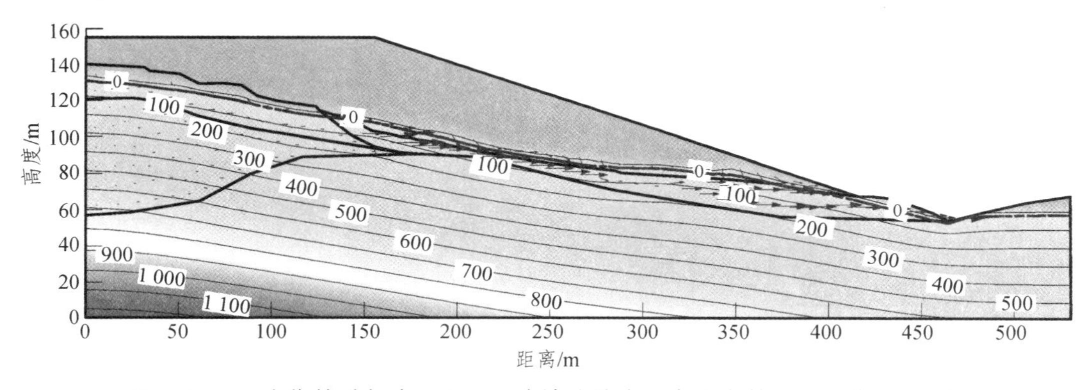

图 4.7-59　水位抬升幅度 50%——边坡孔隙水压力分布特征（单位：kPa）

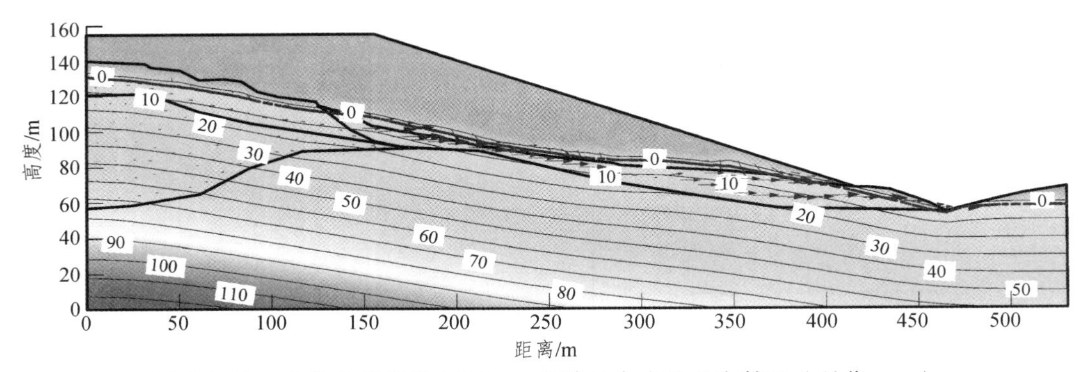

图 4.7-60 水位抬升幅度 50%——边坡压力水头分布特征（单位：m）

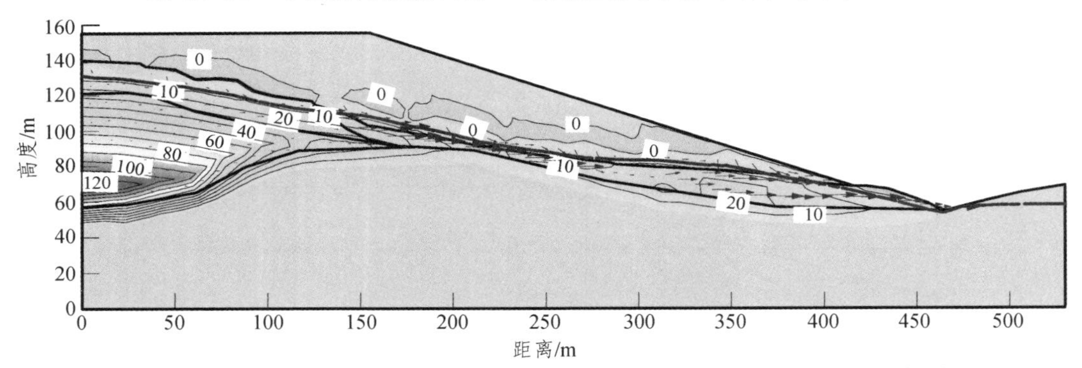

图 4.7-61 水位抬升幅度 50%——边坡体积含水量分布特征（单位：m^3/m^3）

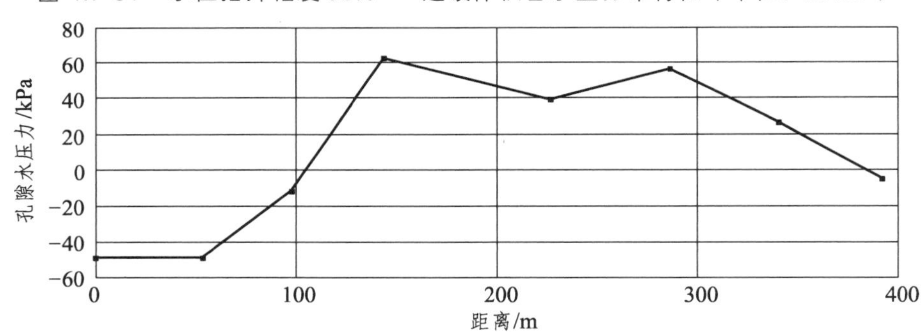

图 4.7-62 水位抬升幅度 50%——填筑体交界面监测点（A1-1 ~ A1-8）孔隙水压力特征

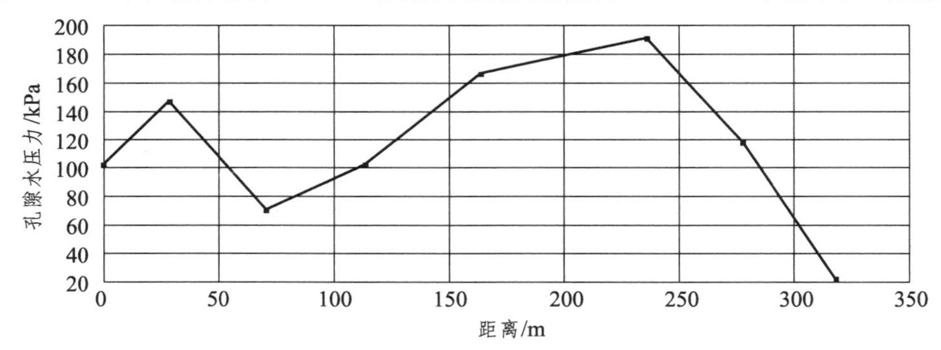

图 4.7-63 水位抬升幅度 50%——滑坡滑面监测点（A2-1 ~ A2-8）孔隙水压力特征

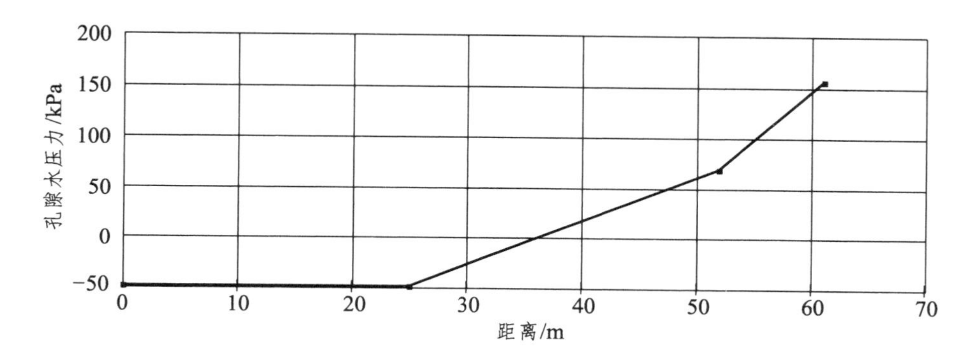

图 4.7-64　水位抬升幅度 50%——第一纵断面监测点（B1-1 ~ B1-4）孔隙水压力特征

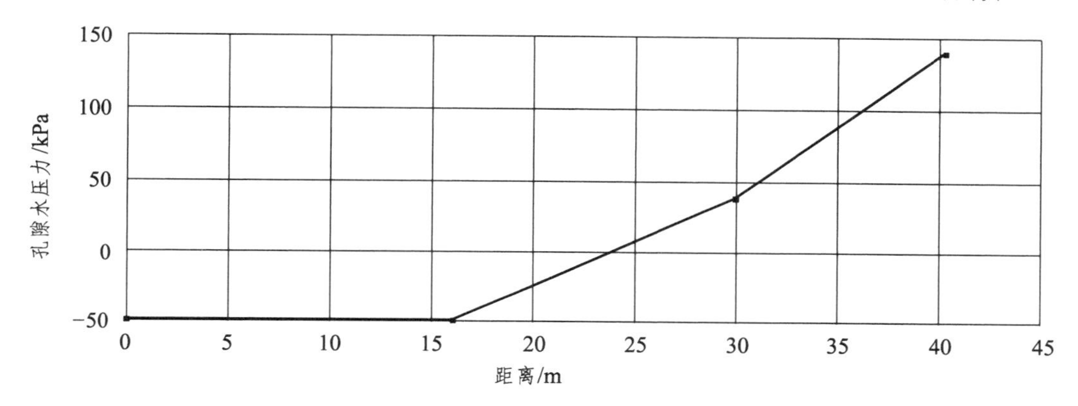

图 4.7-65　水位抬升幅度 50%——第二纵断面监测点（B2-1 ~ B2-4）孔隙水压力特征

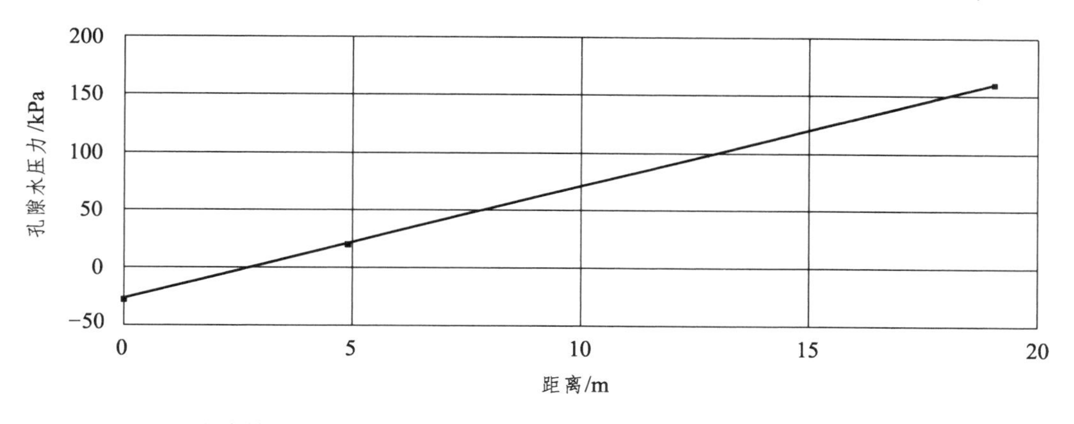

图 4.7-66　水位抬升幅度 50%——第三纵断面监测点（B3-1 ~ B3-3）孔隙水压力特征

4. 水位抬升幅度 100%（至预测最高工后水位）

水位抬升 100%至预测最高工后水位，边坡孔隙水压力分布特征见图 4.7-67，压力水头分布特征见图 4.7-68，体积含水率分布特征见图 4.7-69。

在地下水位抬升幅度 100%工况下，各监测点孔隙水压力特征见图 4.7-70 ~ 图 4.7-74。

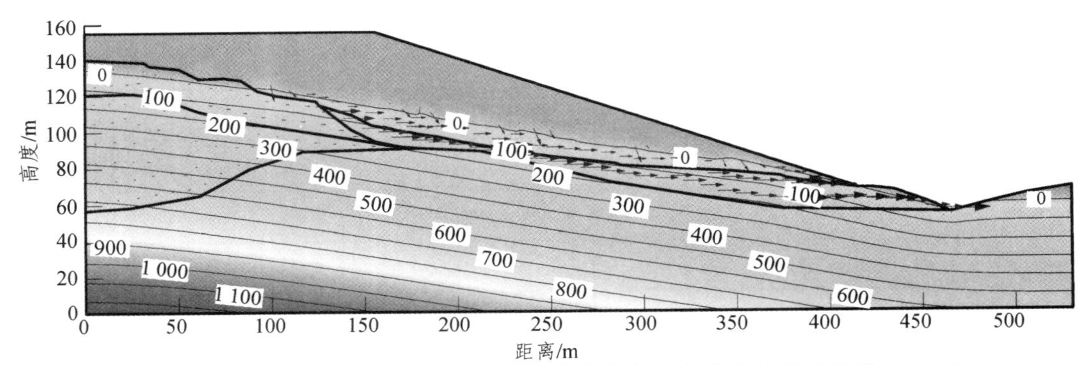

图 4.7-67 水位抬升幅度 100%——边坡孔隙水压力分布特征（单位：kPa）

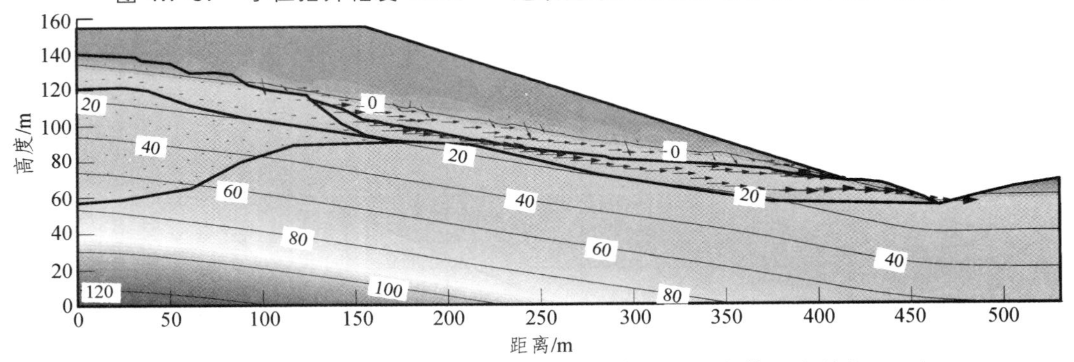

图 4.7-68 水位抬升幅度 100%——边坡压力水头分布特征（单位：m）

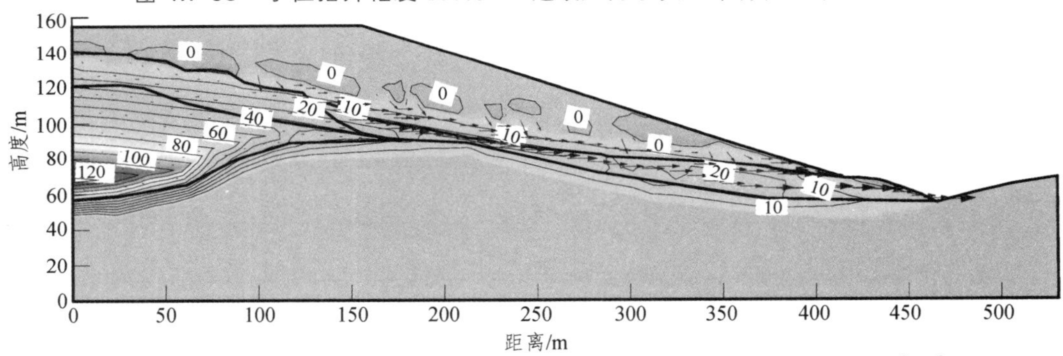

图 4.7-69 水位抬升幅度 100%——边坡体积含水量分布特征（单位：m^3/m^3）

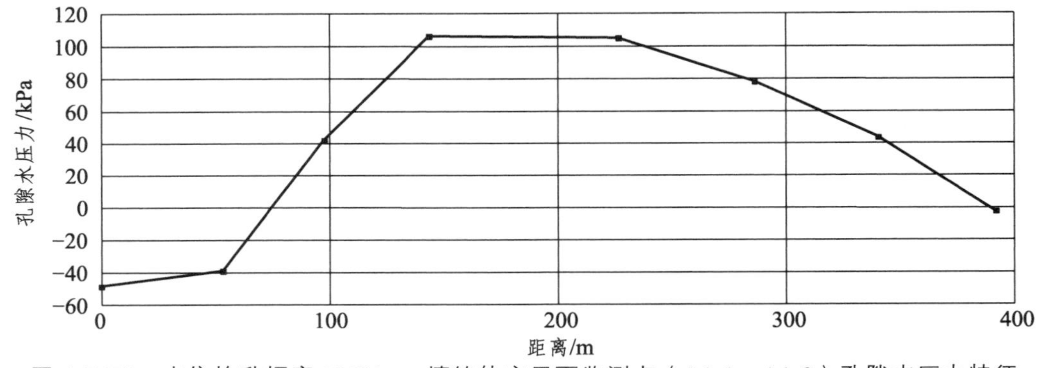

图 4.7-70 水位抬升幅度 100%——填筑体交界面监测点（A1-1～A1-8）孔隙水压力特征

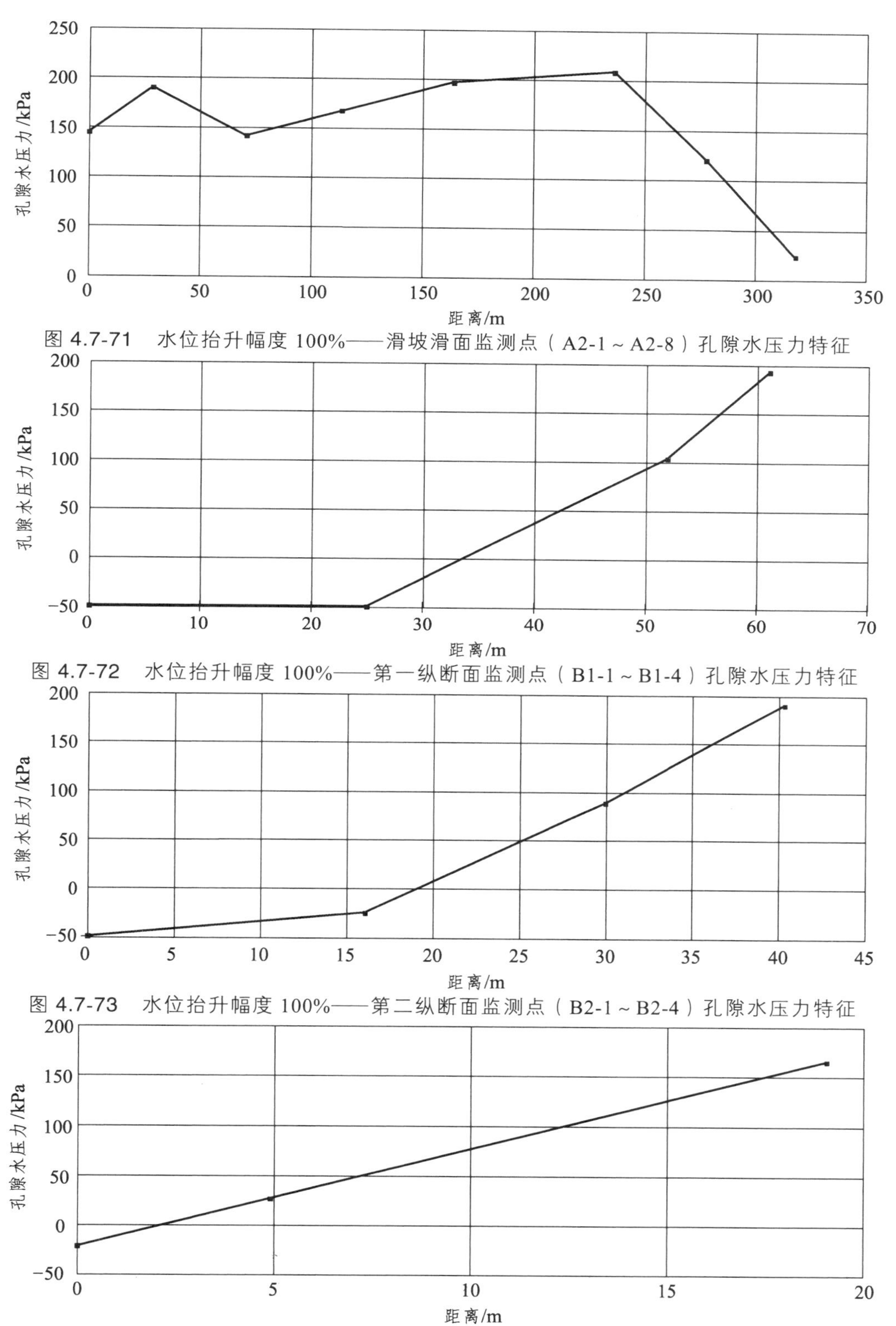

图 4.7-71 水位抬升幅度 100%——滑坡滑面监测点（A2-1 ~ A2-8）孔隙水压力特征

图 4.7-72 水位抬升幅度 100%——第一纵断面监测点（B1-1 ~ B1-4）孔隙水压力特征

图 4.7-73 水位抬升幅度 100%——第二纵断面监测点（B2-1 ~ B2-4）孔隙水压力特征

图 4.7-74 水位抬升幅度 100%——第三纵断面监测点（B3-1 ~ B3-3）孔隙水压力特征

5. 孔隙水压力对比分析

初始水位、水位抬升幅度20%、水位抬升幅度50%、水位抬升幅度100%（预测最高工后水位），各监测点孔隙水压力随水位抬升变化见表4.7-4～表4.7-8，孔隙水压力增量见表4.7-9～表4.7-13，孔隙水压力变化曲线见图4.7-75～图4.7-79，孔隙水压力增量变化曲线见图4.7-80～图4.7-84。

表4.7-4 填筑体与原地面交界面——孔隙水压力值统计 单位：kPa

监测点	初始水位	水位抬升幅度20%	水位抬升幅度50%	水位抬升幅度100%
A1-1	-49.0	-49.0	-49.0	-49.0
A1-2	-49.0	-49.0	-49.0	-39.5
A1-3	-49.0	-49.0	-11.9	41.4
A1-4	-8.1	18.6	62.3	105.6
A1-5	-32.1	-4.1	38.9	104.3
A1-6	-14.9	12.6	56.0	77.8
A1-7	-24.5	1.7	26.2	43.2
A1-8	-7.9	-5.1	-5.0	-2.9

表4.7-5 滑坡滑面位置——孔隙水压力值统计 单位：kPa

监测点	初始水位	水位抬升幅度20%	水位抬升幅度50%	水位抬升幅度100%
A2-1	31.0	57.9	101.9	144.2
A2-2	76.1	102.8	146.5	189.6
A2-3	0.9	27.2	70.2	141.0
A2-4	30.8	58.9	101.9	167.1
A2-5	94.9	122.8	166.0	196.7
A2-6	133.5	161.8	190.7	208.5
A2-7	114.8	117.6	117.7	119.8
A2-8	19.4	22.6	21.9	23.3

表4.7-6 坡顶第一纵断面——孔隙水压力值统计 单位：kPa

监测点	初始水位	水位抬升幅度20%	水位抬升幅度50%	水位抬升幅度100%
B1-1	-49.0	-49.0	-49.0	-49.0
B1-2	-49.0	-49.0	-49.0	-49.0
B1-3	-1.8	24.7	68.7	103.5
B1-4	84.7	111.5	155.4	192.7

表 4.7-7　坡中部第二纵断面——孔隙水压力值统计　　单位：kPa

监测点	初始水位	水位抬升幅度 20%	水位抬升幅度 50%	水位抬升幅度 100%
B2-1	-49.0	-49.0	-49.0	-49.0
B2-2	-49.0	-49.0	-49.0	-24.8
B2-3	-33.7	-5.1	37.9	88.0
B2-4	67.7	96.4	139.4	189.8

表 4.7-8　坡脚第三纵断面——孔隙水压力值统计　　单位：kPa

监测点	初始水位	水位抬升幅度 20%	水位抬升幅度 50%	水位抬升幅度 100%
B3-1	-49.0	-40.5	-27.9	-21.6
B3-2	-13.6	5.2	19.9	26.6
B3-3	125.0	144.5	159.1	164.7

表 4.7-9　填筑体与原地面交界面孔隙水压力增量统计　　单位：kPa

监测点	水位抬升幅度 20%	水位抬升幅度 50%	水位抬升幅度 100%
A1-1	0.0	0.0	0.0
A1-2	0.0	0.0	9.5
A1-3	0.0	37.2	90.5
A1-4	26.7	70.4	113.7
A1-5	28.0	71.0	136.4
A1-6	27.5	70.9	92.7
A1-7	26.2	50.8	67.7
A1-8	2.8	2.9	5.0

表 4.7-10　滑坡体滑面孔隙水压力增量统计　　单位：kPa

监测点	水位抬升幅度 20%	水位抬升幅度 50%	水位抬升幅度 100%
A2-1	26.9	70.9	113.2
A2-2	26.7	70.4	113.5
A2-3	26.4	69.3	140.1
A2-4	28.1	71.1	136.2
A2-5	27.9	71.1	101.9
A2-6	28.2	57.2	75.0
A2-7	2.8	2.9	5.0
A2-8	3.2	2.4	3.8

表 4.7-11 坡顶第一纵断面孔隙水压力增量统计 单位：kPa

监测点	水位抬升幅度 20%	水位抬升幅度 50%	水位抬升幅度 100%
B1-1	0.0	0.0	0.0
B1-2	0.0	0.0	0.0
B1-3	26.5	70.5	105.4
B1-4	26.7	70.7	107.9

表 4.7-12 坡中部第二纵断面孔隙水压力增量统计 单位：kPa

监测点	水位抬升幅度 20%	水位抬升幅度 50%	水位抬升幅度 100%
B2-1	0.0	0.0	0.0
B2-2	0.0	0.0	24.2
B2-3	28.6	71.6	121.7
B2-4	28.7	71.6	122.1

表 4.7-13 坡脚部第三纵断面孔隙水压力增量统计 单位：kPa

监测点	水位抬升幅度 20%	水位抬升幅度 50%	水位抬升幅度 100%
B3-1	8.5	21.1	27.5
B3-2	18.8	33.5	40.2
B3-3	19.5	34.1	39.7

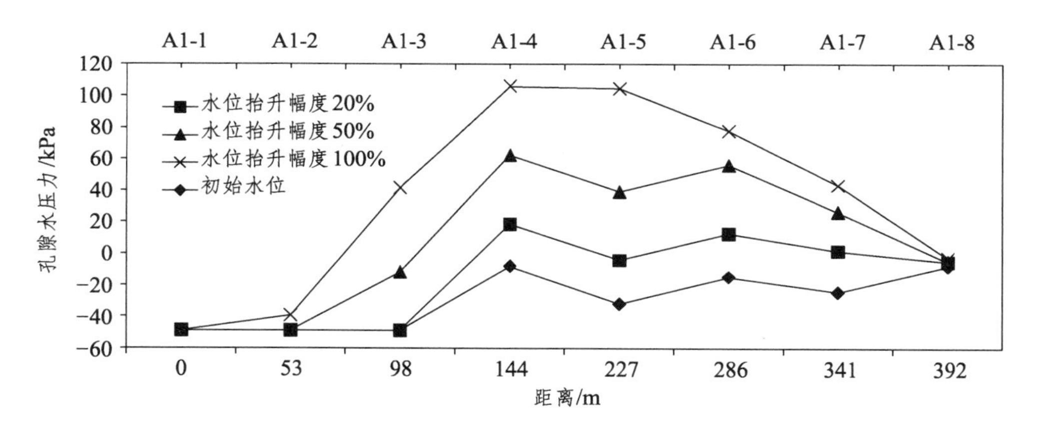

图 4.7-75 填筑体与原地面接触面附近各监测点水位抬升过程孔隙水压力变化曲线

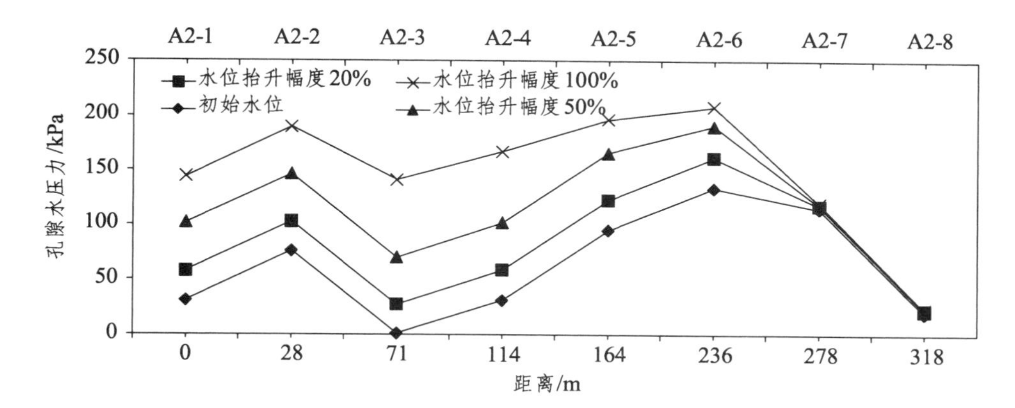

图 4.7-76　滑坡滑面位置各监测点水位抬升过程孔隙水压力变化曲线

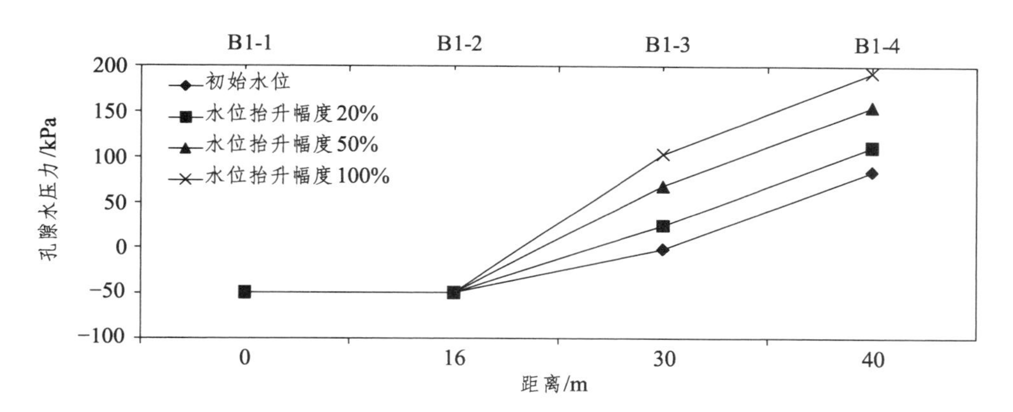

图 4.7-77　第一纵断面位置各监测点水位抬升过程孔隙水压力变化曲线

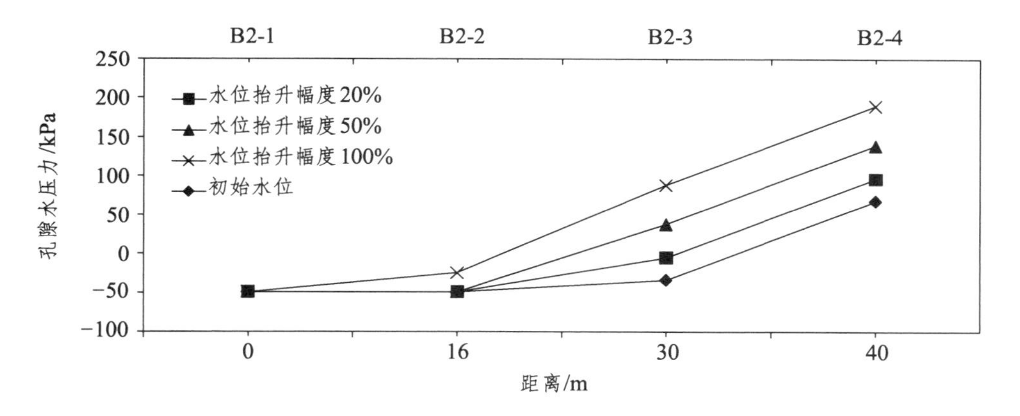

图 4.7-78　第二纵断面位置各监测点水位抬升过程孔隙水压力变化曲线

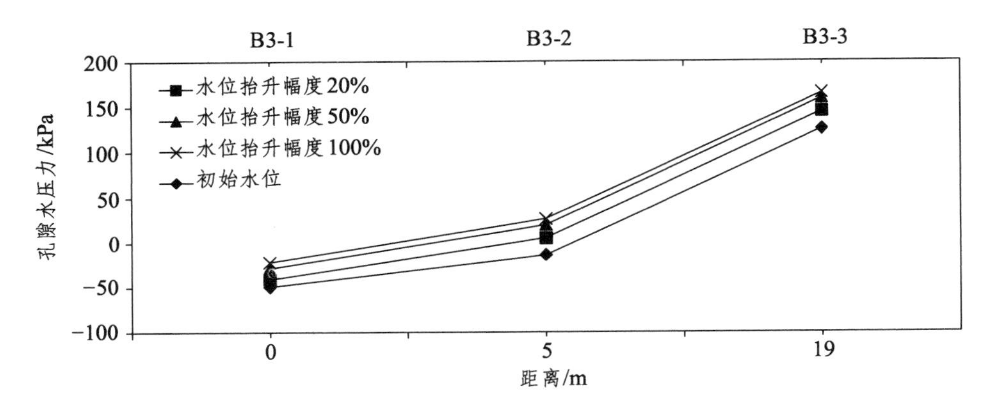

图 4.7-79 第三纵断面位置各监测点水位抬升过程孔隙水压力变化曲线

从上述统计表和曲线可得：

（1）随着工后地下水位的抬升，地下水位线以下及毛细水上升高度影响带范围内土体的孔隙水压力呈增大的趋势，水位上升幅度越大，则孔隙水压力增长越明显。

（2）与初始水位相比：

① 填筑体与原地基交界面上（A1-1 ~ A1-8）孔隙水压力在 A1-4 ~ A1-7 处变化最为明显，即在边坡的中下部水位抬升幅度最大，孔隙水压力增加最大，见图 4.7-80。

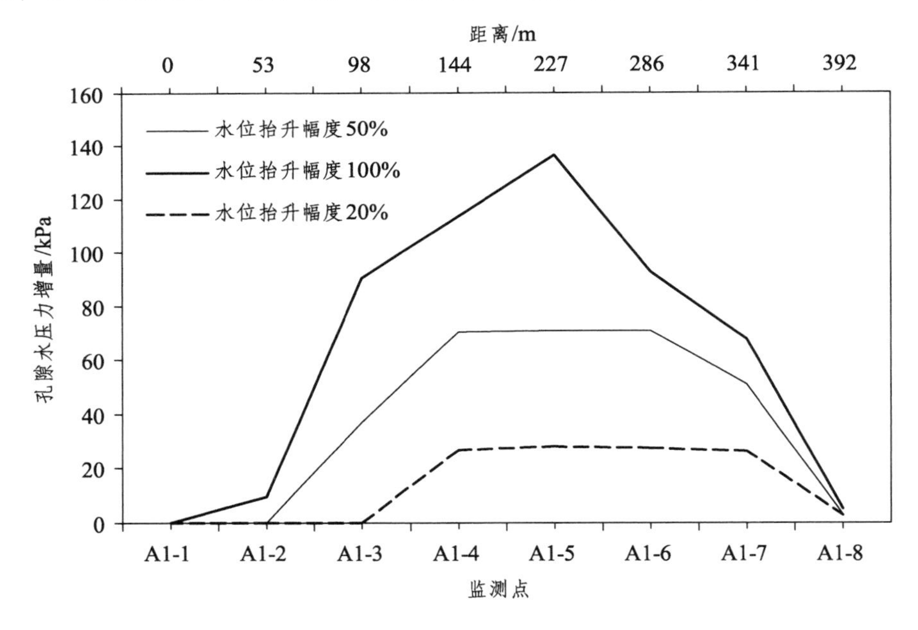

图 4.7-80 填筑体与原地面交界面孔隙水压力增量变化曲线

② 滑坡体滑面位置（A2-1 ~ A2-8）孔隙水压力在 A2-1 ~ A2-6 处变化最明显，即在滑坡的后缘至中部稍靠前缘段（填方边坡坡脚至滑坡后缘段）地下水位抬升幅度最大，孔隙水压力增加最大，见图 4.7-81。该段主要是由于后期填筑体内地下水补给滑坡体内的地下水，使滑坡体处于过饱和状态。

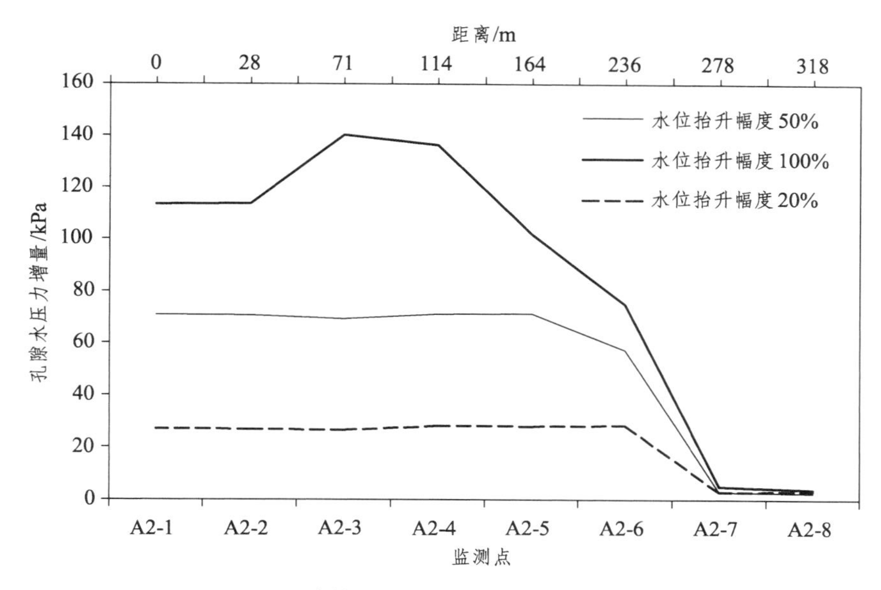

图 4.7-81　滑坡体滑面部位孔隙水压力增量变化曲线

③ 坡顶第一纵断面位置（B1-1 ~ B1-4）孔隙水压力在 B1-3 ~ B1-4 处变化最明显，即纵向上在原地面和基岩面附近，孔隙水压力增加最大，见图 4.7-82。B1-3 与 B1-4 处于同一纵断面上，孔隙水压力增量比较接近，且所在区域水位抬升幅度相对边坡中下部小；B1-1、B1-2 在地下水位面和毛细水上升高度影响范围之外，孔隙水压力未受地下水位抬升的影响，因此孔隙水压力变化值为 0。

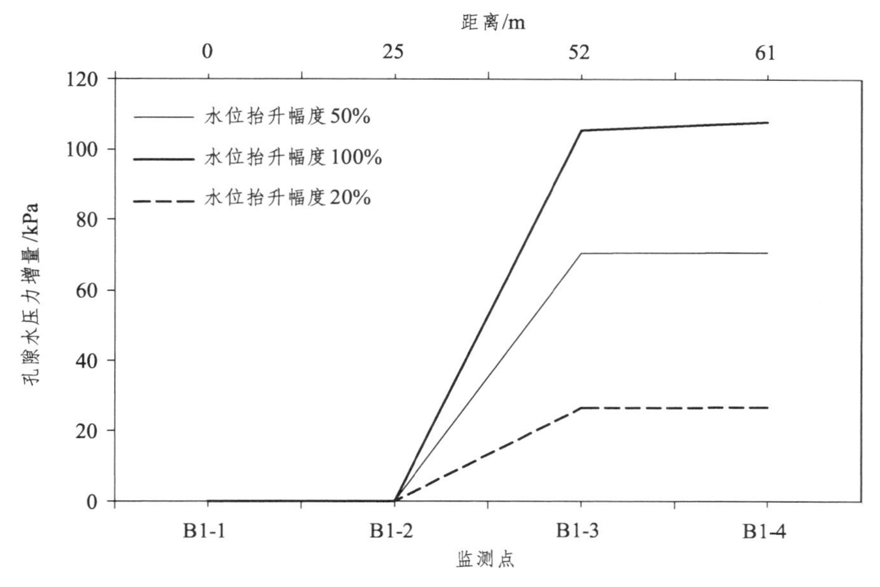

图 4.7-82　坡顶第一纵断面部位孔隙水压力增量变化曲线

④ 边坡中部第二纵断面位置（B2-1 ~ B2-4）孔隙水压力在 B2-4 ~ B1-4 处变化最明显，增量变化趋势与第一纵断面类似，即纵向上在坡体内、原地面和基岩面附近，孔

隙水压力增加最大，见图 4.7-83。水位抬升幅度较小时，B2-2 孔隙水压力无变化；水位抬升至 B2-2 附近时孔隙水压力开始变化。B2-1 未在地下水位和毛细水上升高度影响范围内，孔隙水压力值变化为 0。

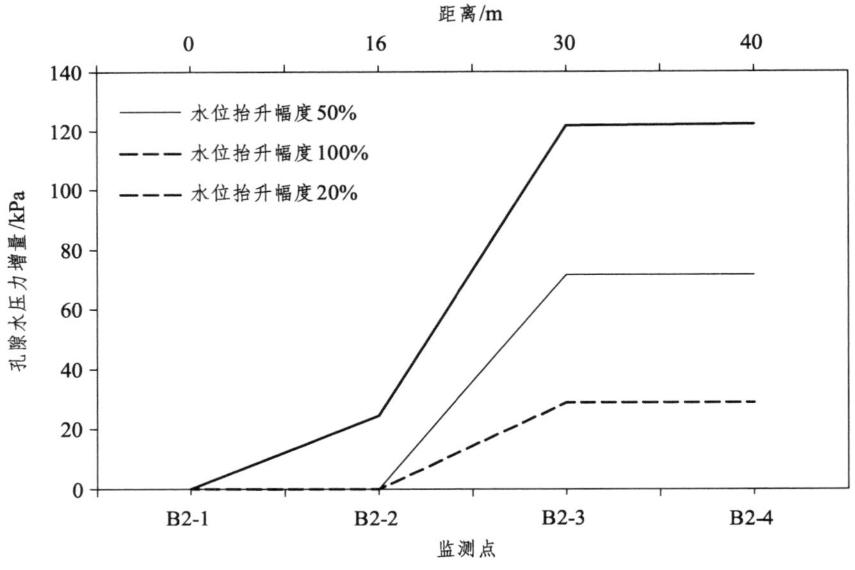

图 4.7-83　边坡中部第二纵断面部位孔隙水压力增量变化曲线

⑤ 坡脚部位第三纵断面位置（B3-1 ~ B3-3）孔隙水压力均出现明显变化，见图 4.7-84。孔隙水压力明显增加，说明填方边坡坡脚部位富水，地下水位高，工后处于饱和或过饱和状态，在排水不畅的情况下将造成坡脚部位孔隙水压力过高，易造成坡脚部位发生渗透破坏和变形失稳。

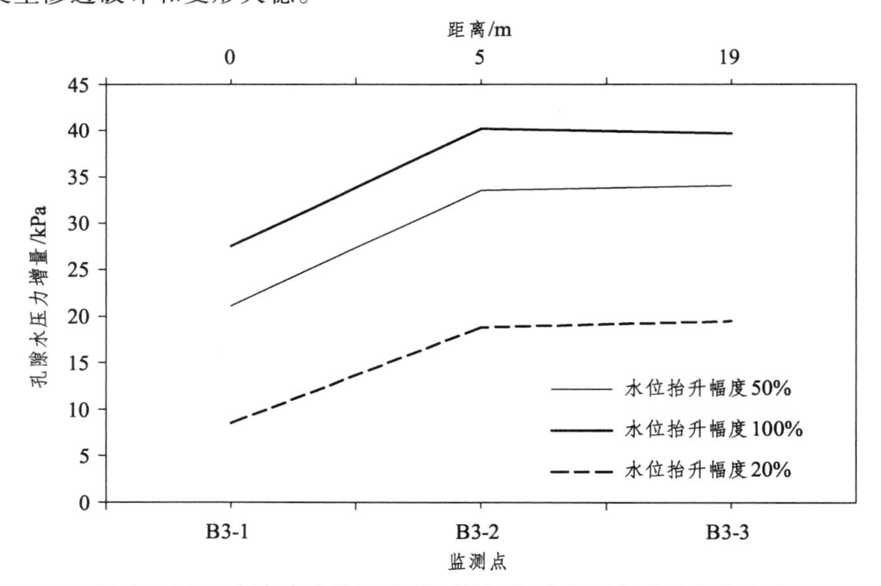

图 4.7-84　边坡坡脚第三纵断面部位孔隙水压力增量变化曲线

（3）综上所述，工后地下水位抬升将使填筑地基、填方边坡内孔隙水压力显著增大，特别是在边坡的中下段至坡脚部位，在排水不畅的情况下易累积形成高孔隙水压力，造成坡脚应力集中，加之地下水对边坡岩土体强度的劣化作用，极易造成边坡中下段和坡脚部位的渗透破坏和蠕滑变形，发生牵引式滑坡。

6. 孔隙水压力与耦合应力分析

根据上述水位抬升后孔隙水压力计算结果作为父项（SEEP/W 渗流分析），导入 SIGM/W 进行流固耦合应力计算，对比分析地下水位抬升后边坡的变形、应力应变及稳定性特征。

流固耦合计算获取的边坡位移、应力、应变特征：在初始水位条件下，见图 4.7-85、图 4.7-86；在水位抬升幅度 20%工况下，见图 4.7-87、图 4.7-88；在水位抬升幅度 50%工况下，见图 4.7-89、图 4.7-90；在水位抬升幅度 100%（预测最大工后水位）工况下，见图 4.7-91、图 4.7-92。

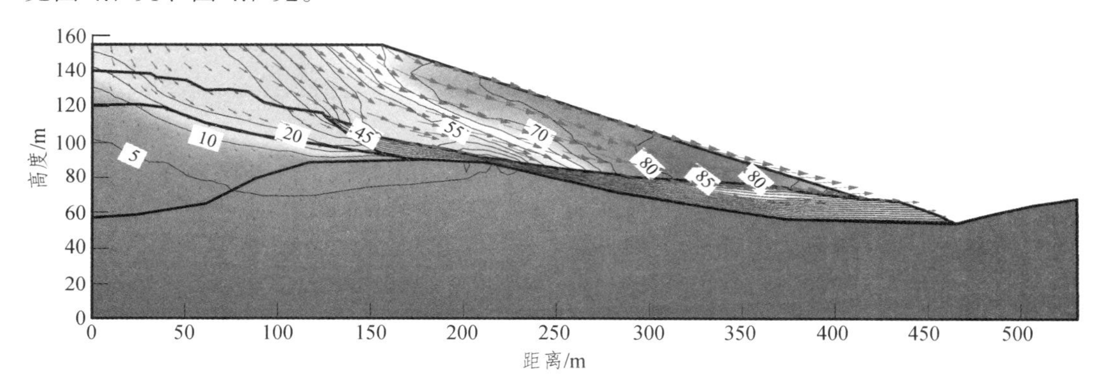

图 4.7-85　初始水位条件下——填方边坡位移变形特征（最大位移量 80 mm）

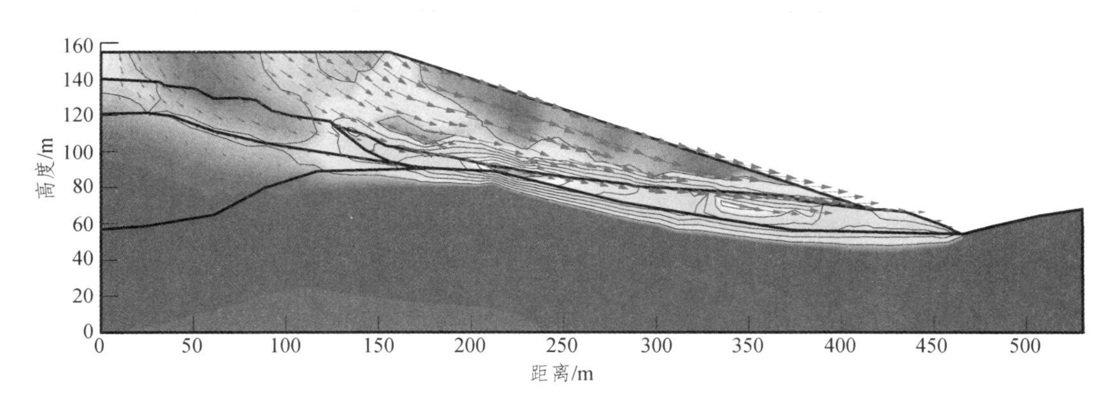

图 4.7-86　初始水位条件下——填方边坡最大剪应变分布特征

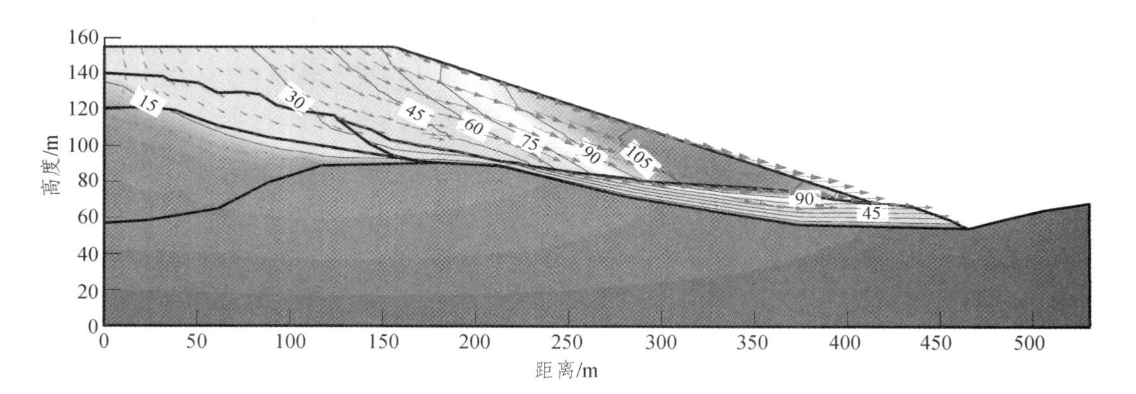

图 4.7-87　水位抬升幅度 20%——填方边坡位移变形特征（最大位移量 105 mm）

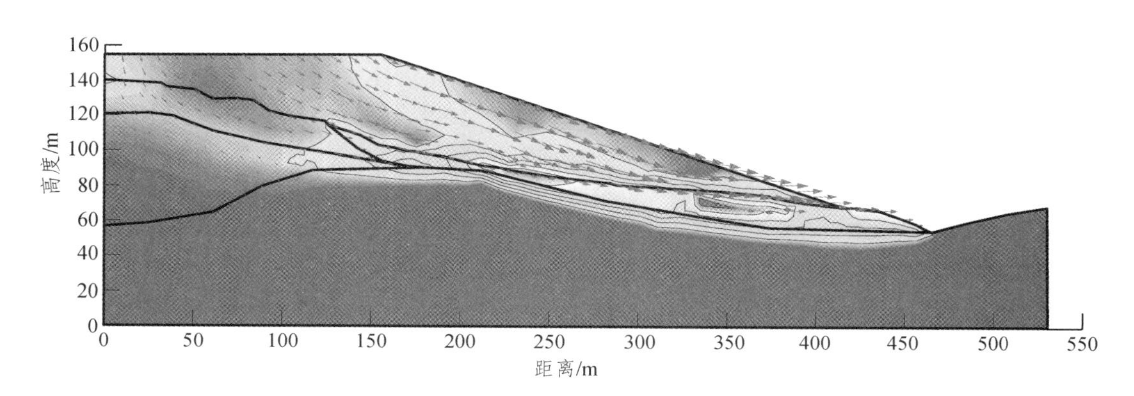

图 4.7-88　水位抬升幅度 20%——填方边坡最大剪应变分布特征

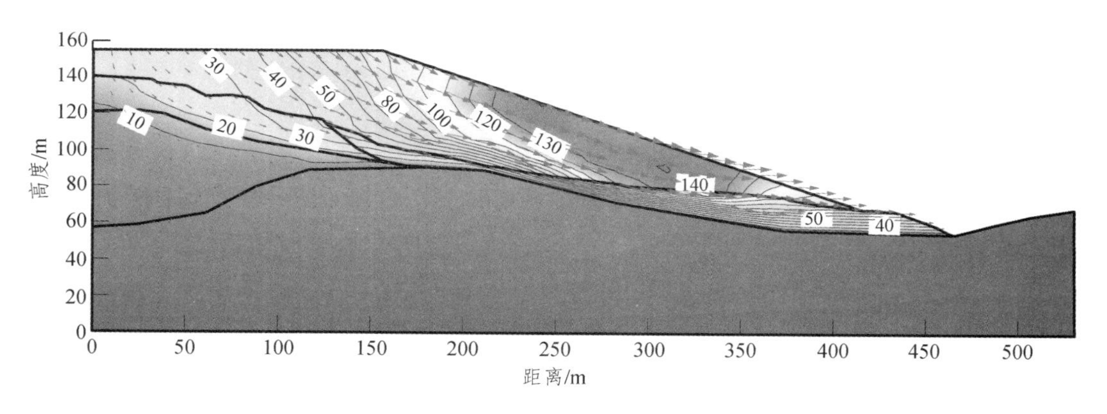

图 4.7-89　水位抬升幅度 50%——填方边坡位移变形特征（最大位移量 140.6 mm）

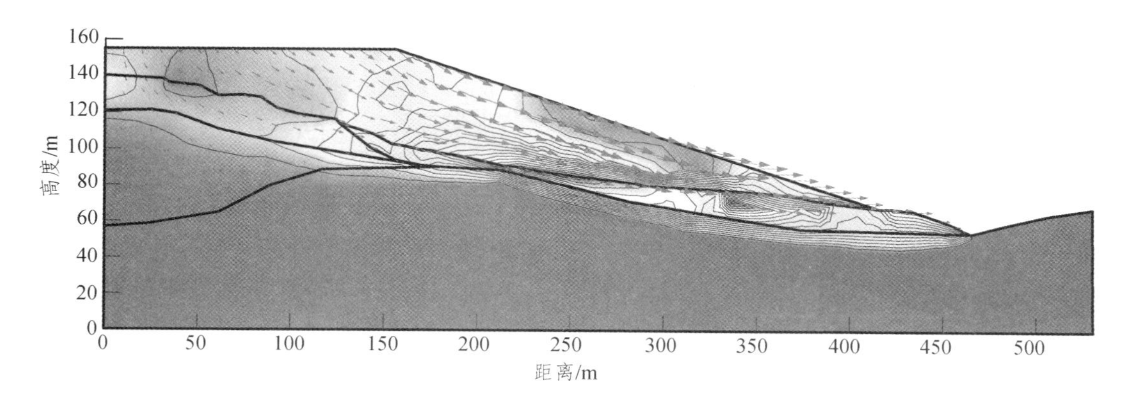

图 4.7-90　水位抬升幅度 50%——填方边坡最大剪应变分布特征

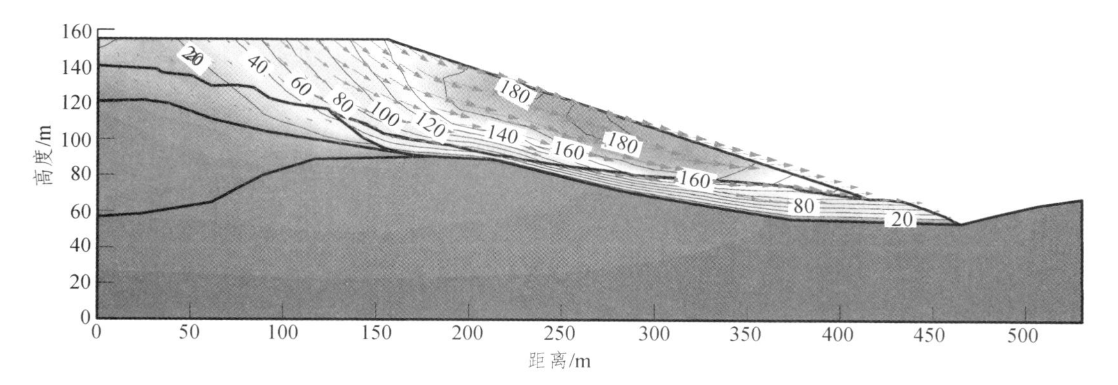

图 4.7-91　水位抬升幅度 100%——填方边坡位移变形特征（最大位移量 183.8 mm）

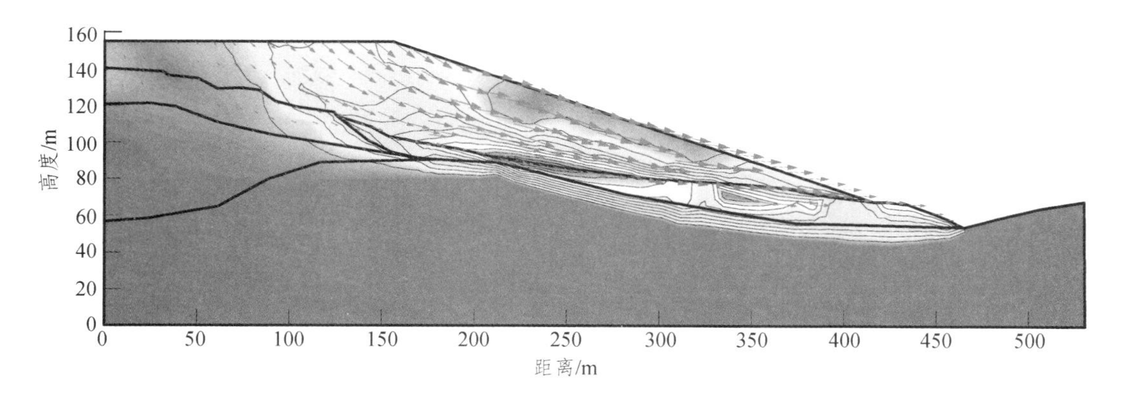

图 4.7-92　水位抬升幅度 100%——填方边坡最大剪应变分布特征

根据孔隙水压力与耦合应力分析可得出：

（1）试验段Ⅱ填方边坡原地基发育老滑坡，在填方前处于整体稳定状态，填方后在上部巨大填方荷载的推动下，在滑坡堆积体部位存在较明显的剪应力、应变集中现象，老滑坡再次复活滑移。受老滑坡向临空面滑移牵引作用的影响，填筑体向临空方向变形明显，在坡脚部位产生明显的剪应力集中，边坡中后部至坡顶附近区域产生明显的拉应力集中现象，见图 4.7-85、图 4.7-86。

（2）与初始水位工况时相比，水位抬升过程中，边坡的应力集中和变形量呈不断增加的趋势，见图 4.7-93 ~ 图 4.7-102。变形最明显的区域位于边坡的中下段，且以水平向变形为主，竖向沉降为辅，总体向临空方向变形的特征。当水位抬升 20%时，边坡最大水平变形量为 105 mm；水位抬升 50%时，边坡最大水平变形量为 140.6 mm；水位抬升 100%（预测最大工后水位）时，边坡最大水平变形量达 183.8 mm。

（3）在填筑体与原地基的交界面，随着地下水位的抬升，变形增量总体呈增大趋势。但在 A1-4 及滑坡滑面 A2-2 ~ A2-3 监测点部位出现了位移增量变小的现象，主要是由于该处基岩面凸起，滑坡堆积体薄，凸起的基岩对边坡的变形起到了一定的阻挡作用（锁固段效应），从而减小了该区边坡的变形量（图 4.7-98、图 4.7-99）。

（4）老滑坡的滑面位于泥岩面附近，下伏基岩未发生深层滑动，因此位移增量不大，见图 4.7-99。滑坡中下部富水而处于近饱和状态，故地下水位抬升对其变形增量影响不明显。

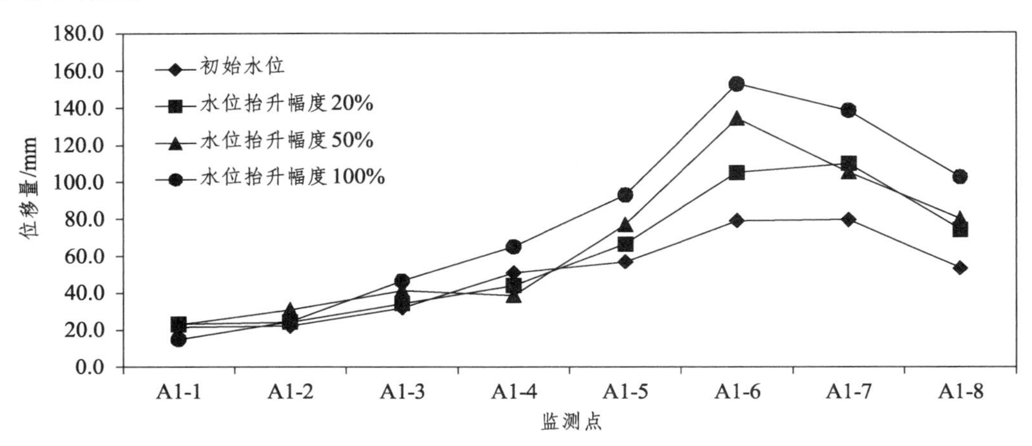

图 4.7-93 填方交界面各监测点——水位抬升过程位移变形量特征曲线

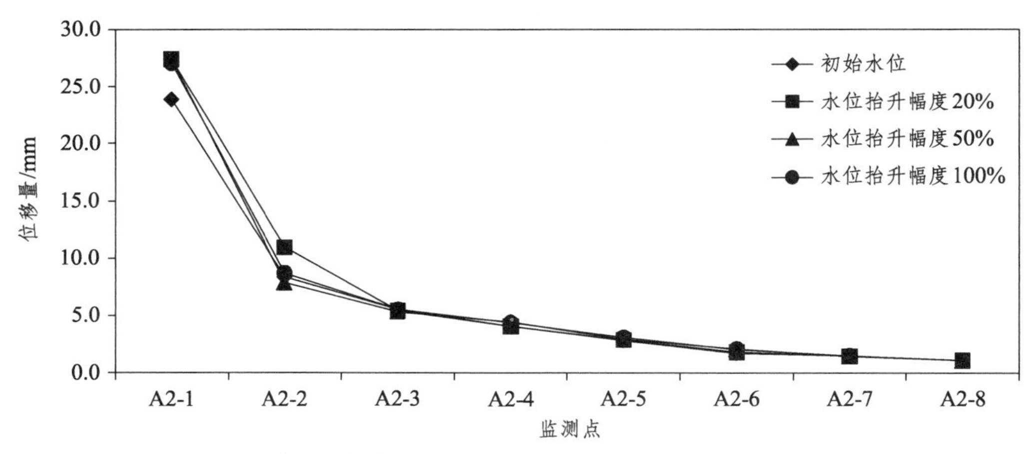

图 4.7-94 滑坡滑面部位各监测点——水位抬升过程位移变形量特征曲线

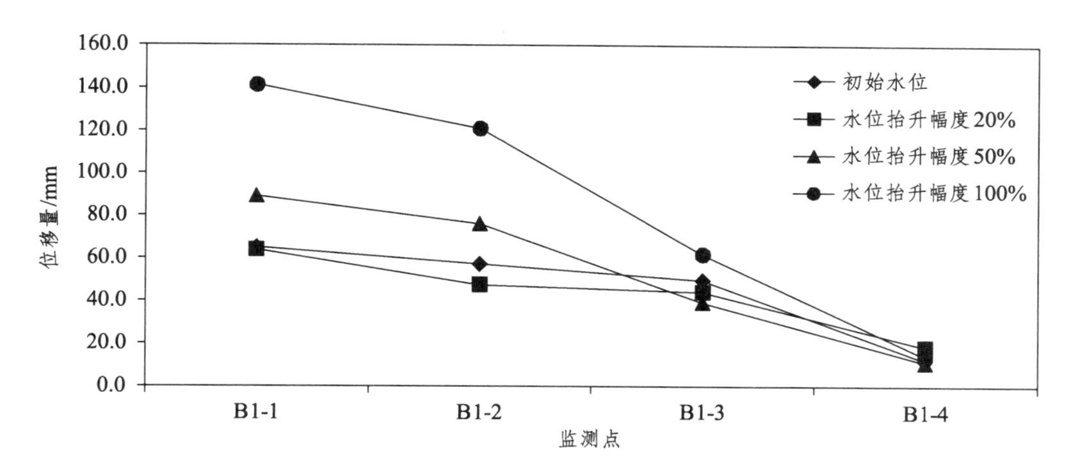

图 4.7-95　坡顶第一纵断面各监测点——水位抬升过程位移变形量特征曲线

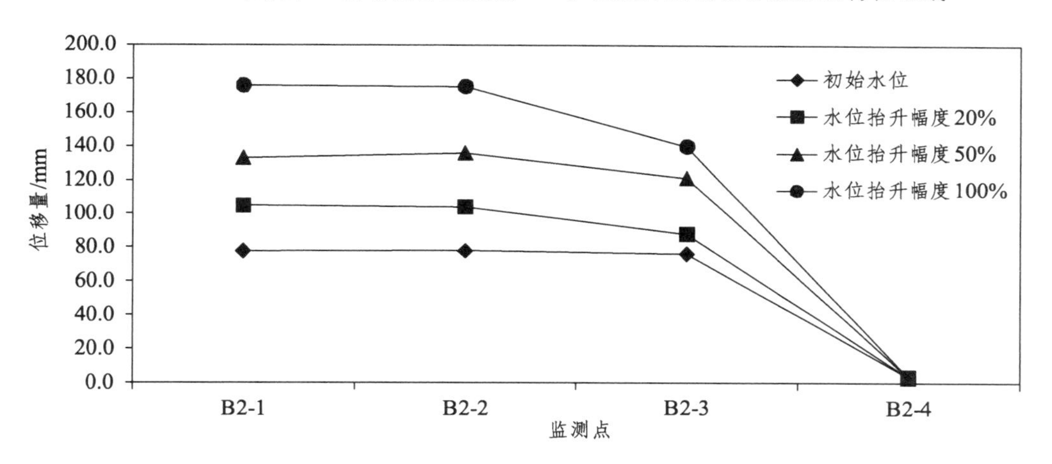

图 4.7-96　边坡中部第二纵断面各监测点——水位抬升过程位移变形量特征曲线

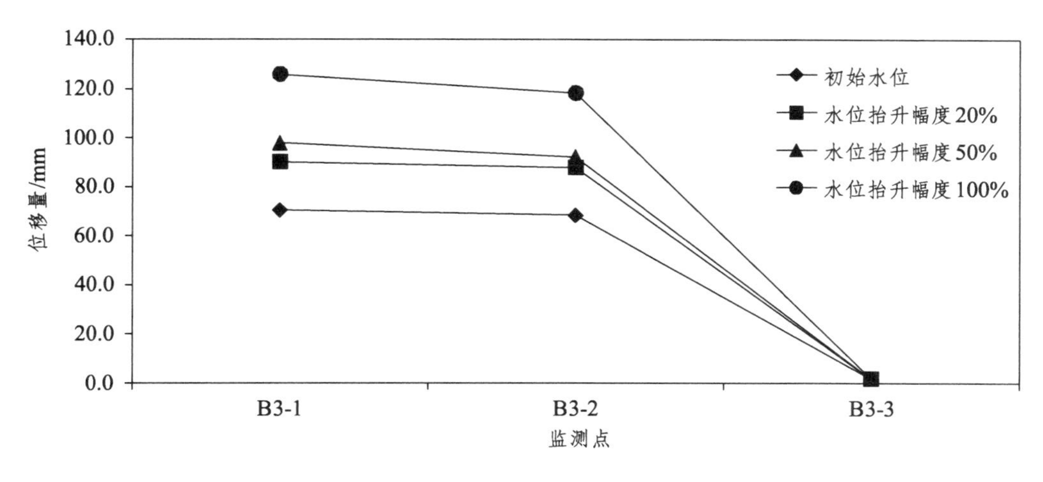

图 4.7-97　边坡坡脚第三纵断面各监测点——水位抬升过程位移变形量特征曲线

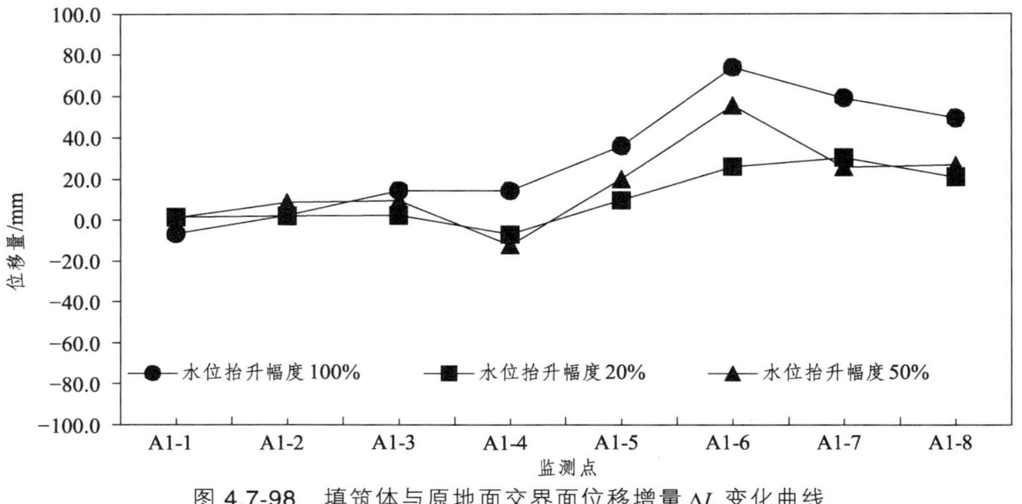

图 4.7-98 填筑体与原地面交界面位移增量 ΔL 变化曲线

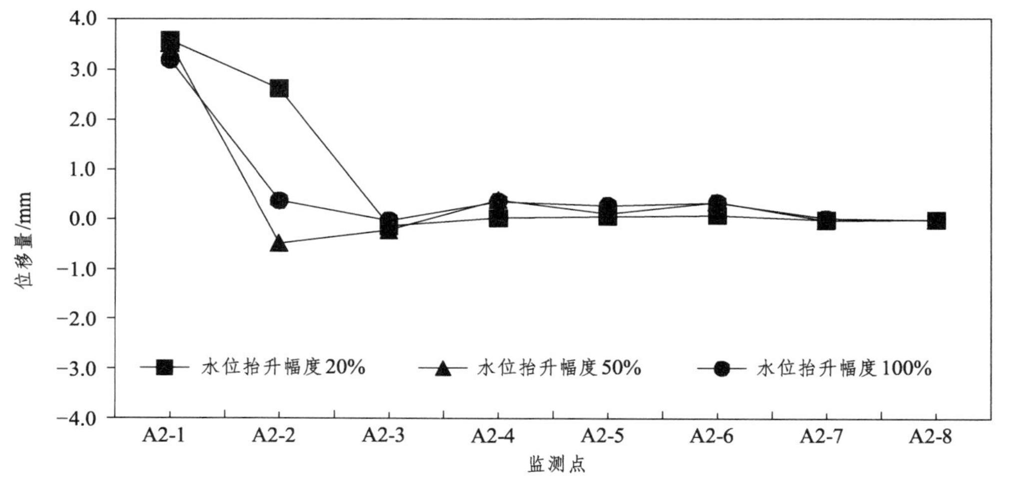

图 4.7-99 老滑坡滑面附近位移增量 ΔL 变化曲线

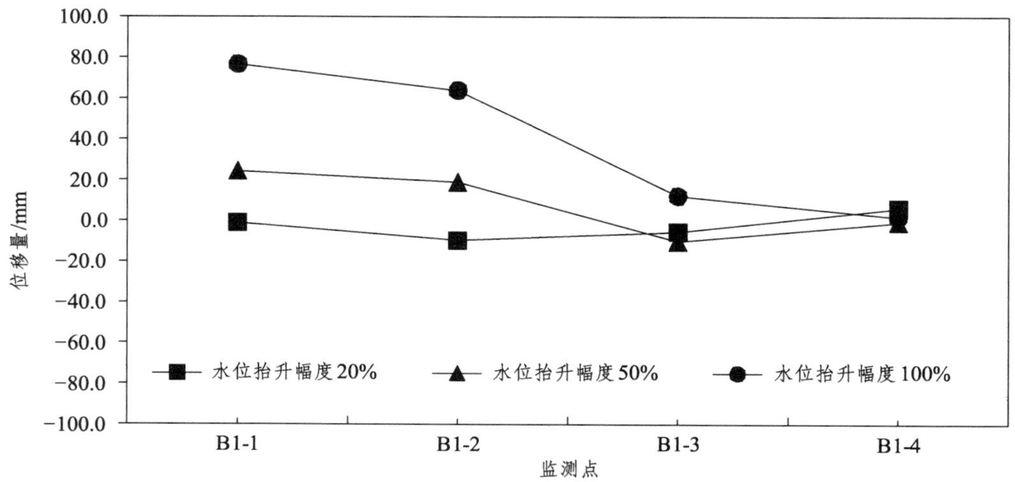

图 4.7-100 边坡坡顶第一纵断面位移增量 ΔL 变化曲线

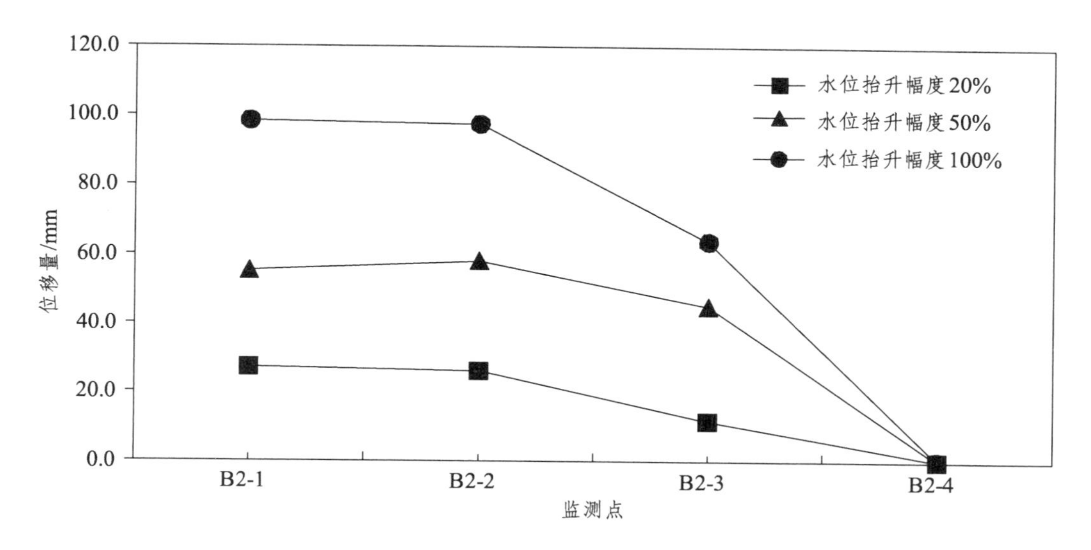

图 4.7-101 边坡中部第二纵断面位移增量 ΔL 变化曲线

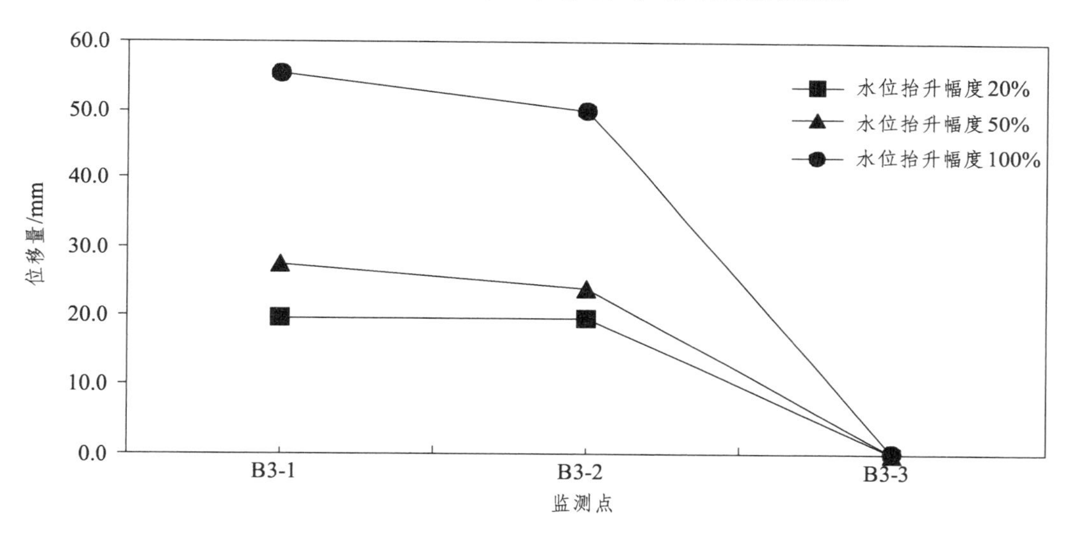

图 4.7-102 边坡坡脚第三纵断面位移增量 ΔL 变化曲线

7. 降雨对边坡的影响

工程区多年平均降水量为 580.0 mm；2003 年降水量创历史资料记载以来最高纪录，达到 810 mm。年内降水量分配不均，雨季主要集中在 7 ~ 9 月，约占全年降水量的 65%。

在相同降雨强度下（雨强=57.3 mm/h），降雨历时 0 h、3 h、6 h、12 h、24 h（1 d）、48 h（2 d）、72 h（3 d）、96 h（4 d）、120 h（5 d）时，降雨入渗条件下边坡孔隙水压力变化见图 4.7-103 ~ 图 4.7-112。

（1）由于压实填土的渗透性比较差，在降雨历时 0 ~ 12 h 内，降雨入渗浸润深度较浅（＜5 m），浅层土体基本均处于非饱和状态，孔隙水压力为负值。坡体内地下水位以下，孔隙水压力为正，随着深度的加深，孔隙水压力呈增大趋势；地下水线以上附近区域属于毛细水上升影响范围，属于非饱和土影响区，孔隙水压力呈负值，向上离地下水位线越远，孔隙水压力越小。

（2）随着降雨历时、降雨强度的增大，降雨入渗浸润深度不断加大，孔隙水压力呈同步增大的趋势，土体含水率不断增大，逐步在坡面一定深度内形成暂态饱和区，此时孔隙水压力值为“0”。从图 4.7-112 看出：在降雨历时 3 ~ 4 h 左右，坡脚部位达到暂态饱和状态；在降雨历时 57 h 小时左右，平整区顶面和边坡中部坡面浅层达到暂态饱和状态；在降雨历时 75 h 左右，边坡顶面达到暂态饱和状态。

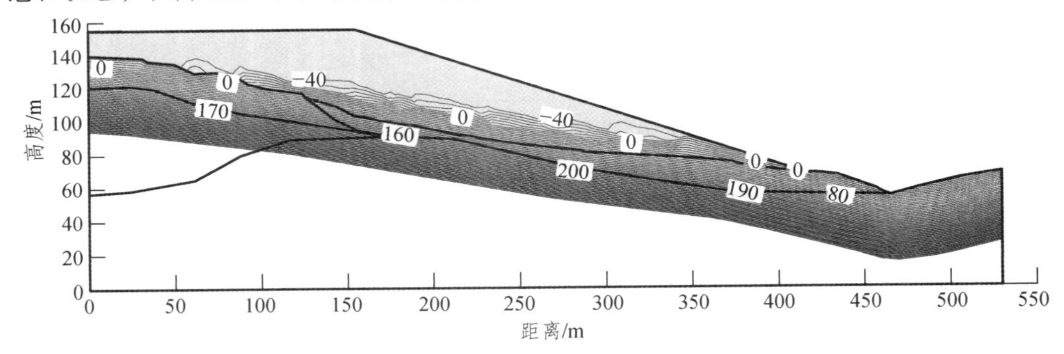

图 4.7-103　降雨历时 0 h 边坡初始孔隙水压力特征

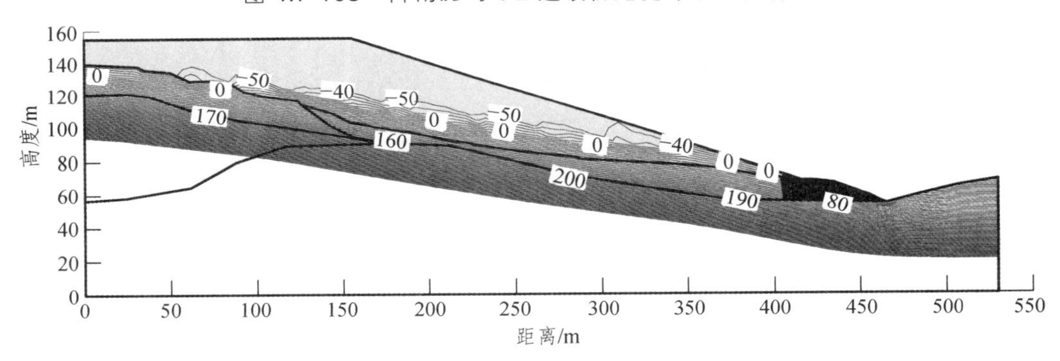

图 4.7-104　降雨历时 3 h 边坡初始孔隙水压力特征

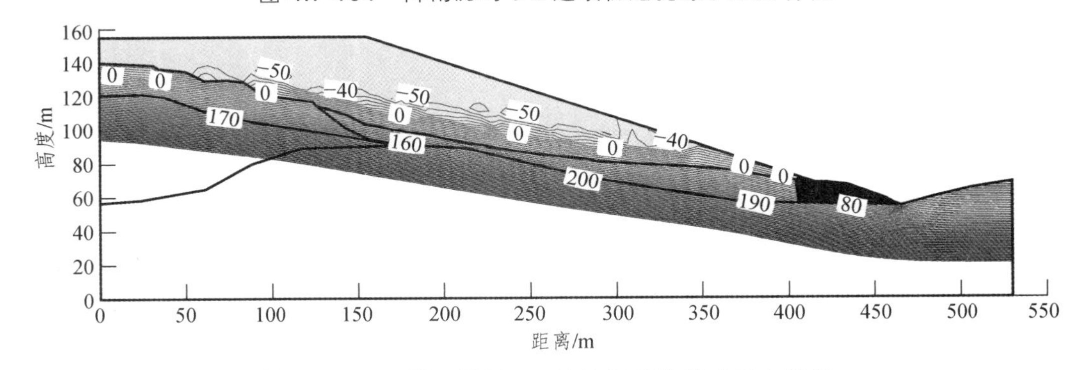

图 4.7-105　降雨历时 6 h 边坡初始孔隙水压力特征

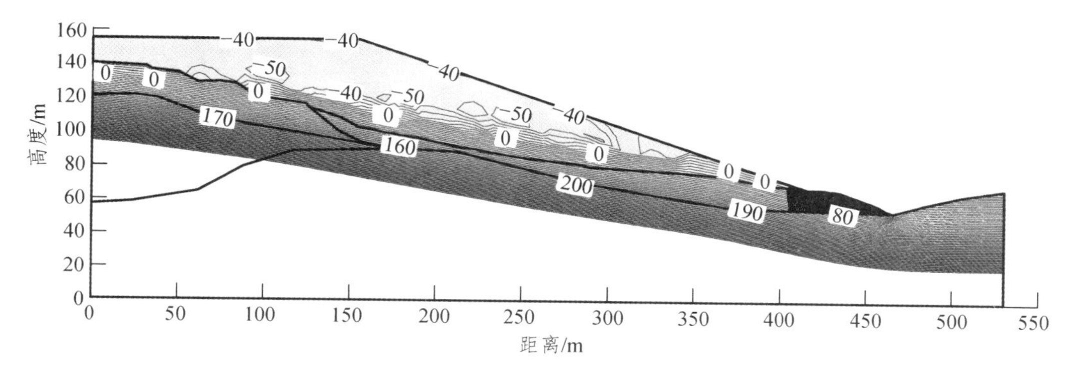

图 4.7-106 降雨历时 12 h 边坡初始孔隙水压力特征

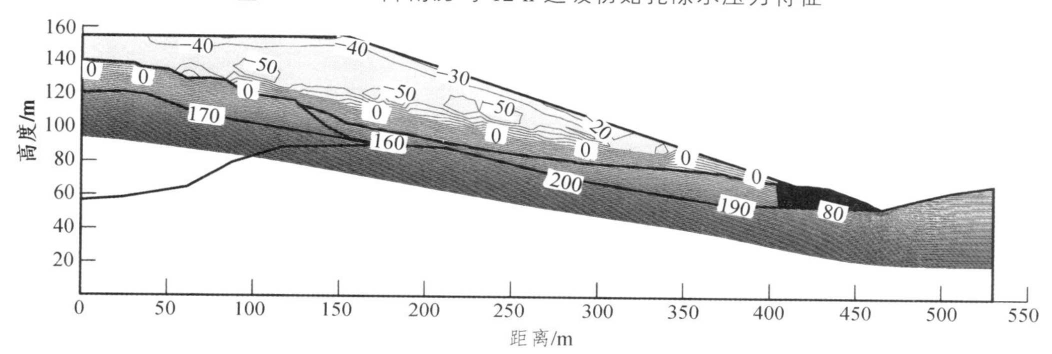

图 4.7-107 降雨历时 24 h 边坡初始孔隙水压力特征

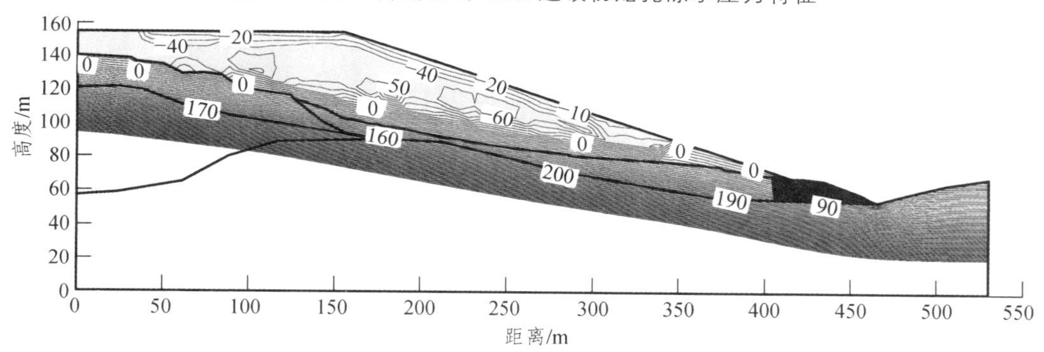

图 4.7-108 降雨历时 48 h 边坡初始孔隙水压力特征

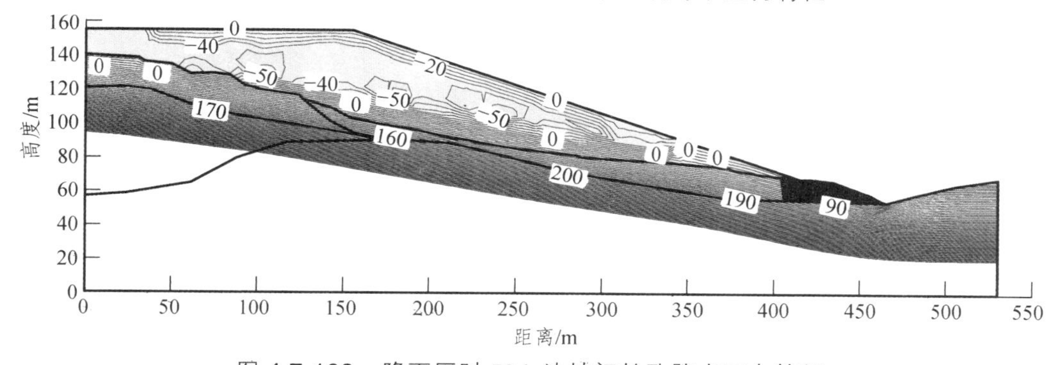

图 4.7-109 降雨历时 72 h 边坡初始孔隙水压力特征

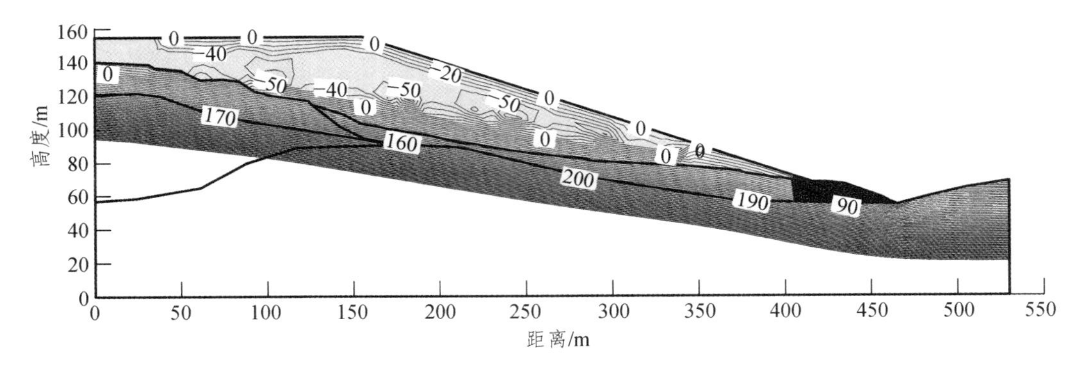

图 4.7-110　降雨历时 96 h 边坡初始孔隙水压力特征

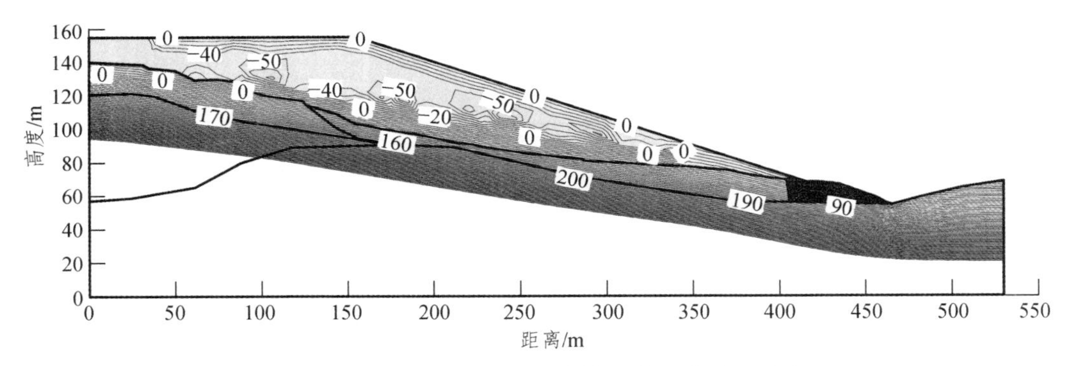

图 4.7-111　降雨历时 120 h 边坡初始孔隙水压力特征

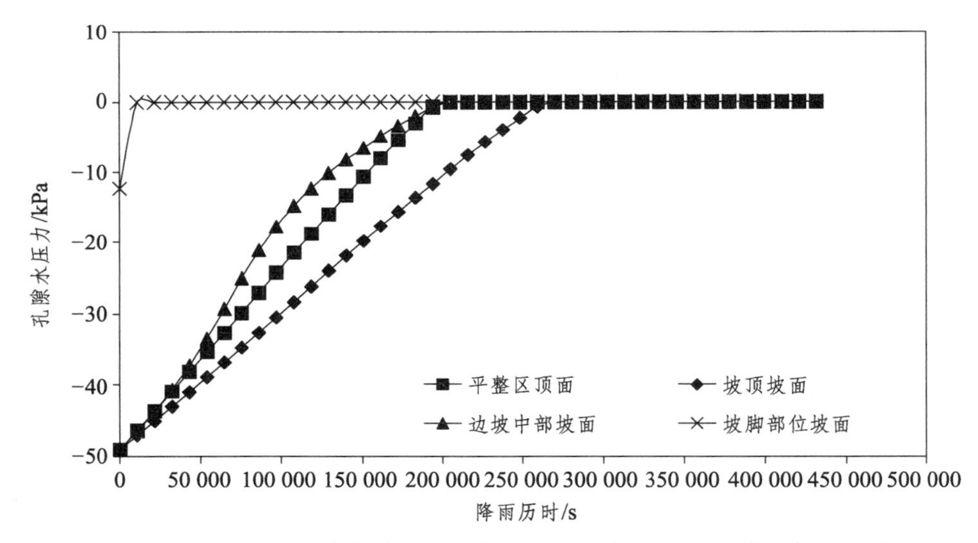

图 4.7-112　降雨入渗边坡不同部位孔隙水压力-降雨历时变化特征曲线

（3）边坡平整区顶面第一纵向断面（A）、坡顶第二纵断面（B）、边坡中部第三纵断面（C）、坡脚第四纵断面（D）监测点布置见图 4.7-113。从坡面至坡体内部不同深度孔隙水压力随降雨历时孔隙水压力的变化特征，见图 4.7-114 ~ 图 4.7-117。

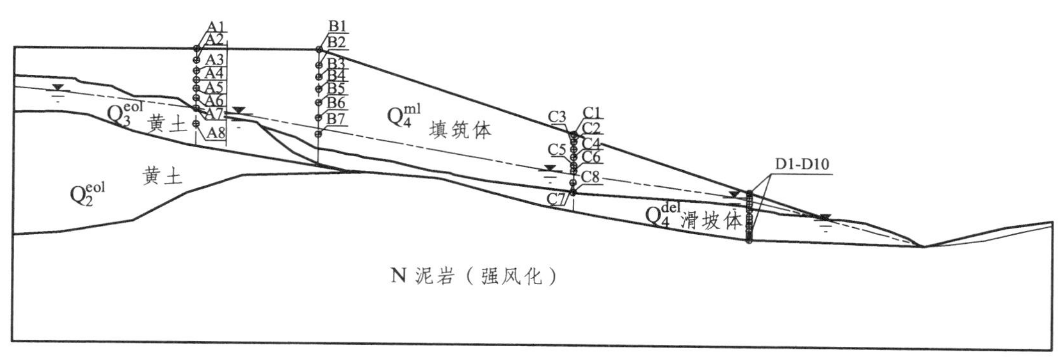

图 4.7-113 边坡平整区顶面、坡顶、中部、坡脚纵向监测点布置平面示意图

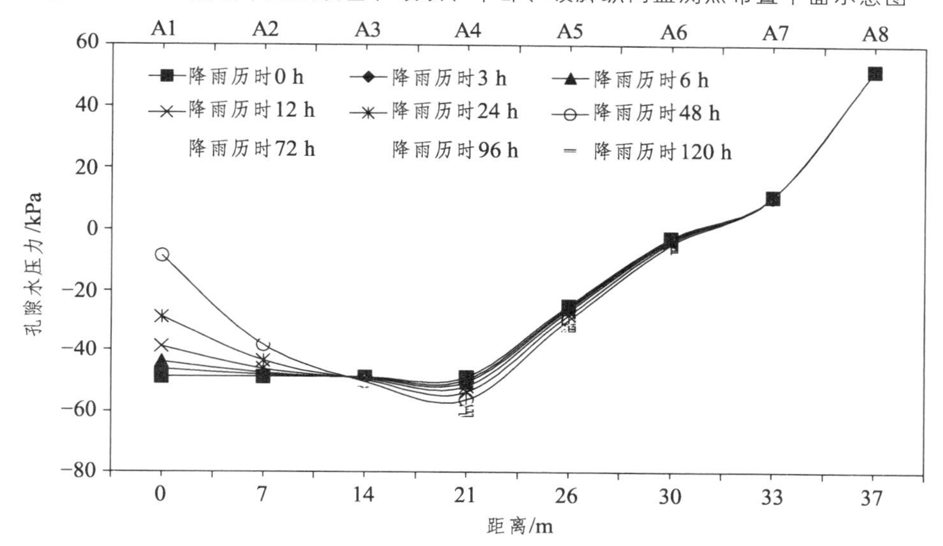

图 4.7-114 平整区顶面第一纵断面（A）降雨历时-孔隙水压力变化特征曲线

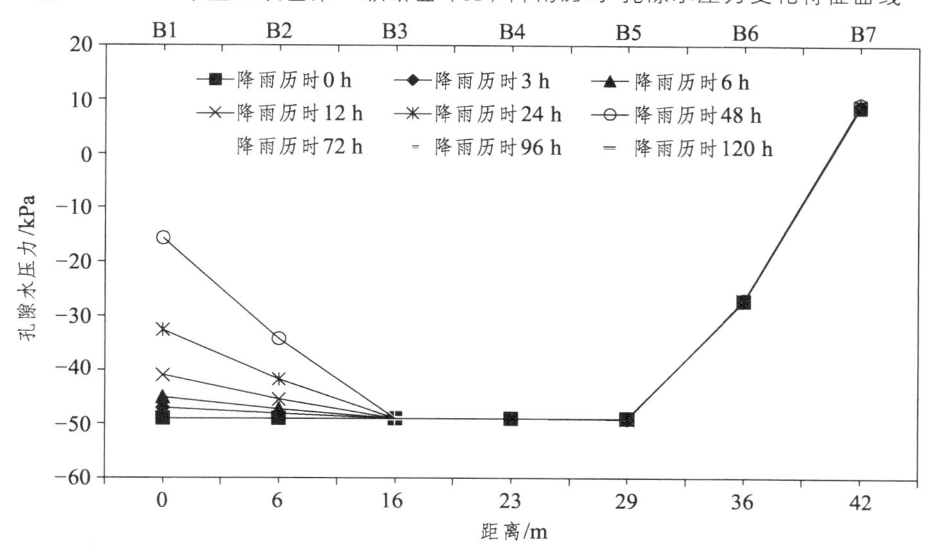

图 4.7-115 边坡坡顶第二纵断面（B）降雨历时-孔隙水压力变化特征曲线

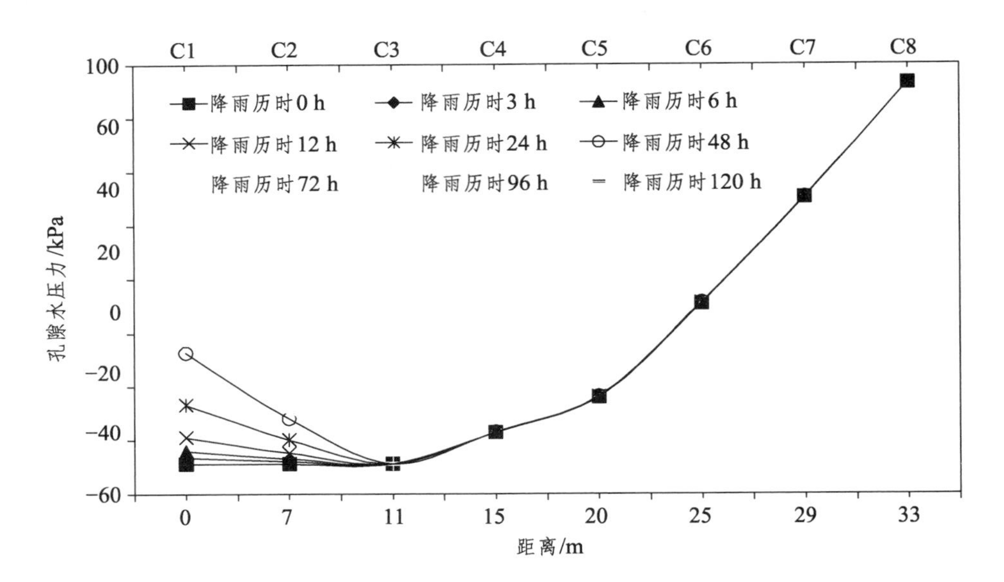

图 4.7-116 边坡中部第三纵断面（C）降雨历时-孔隙水压力变化特征曲线

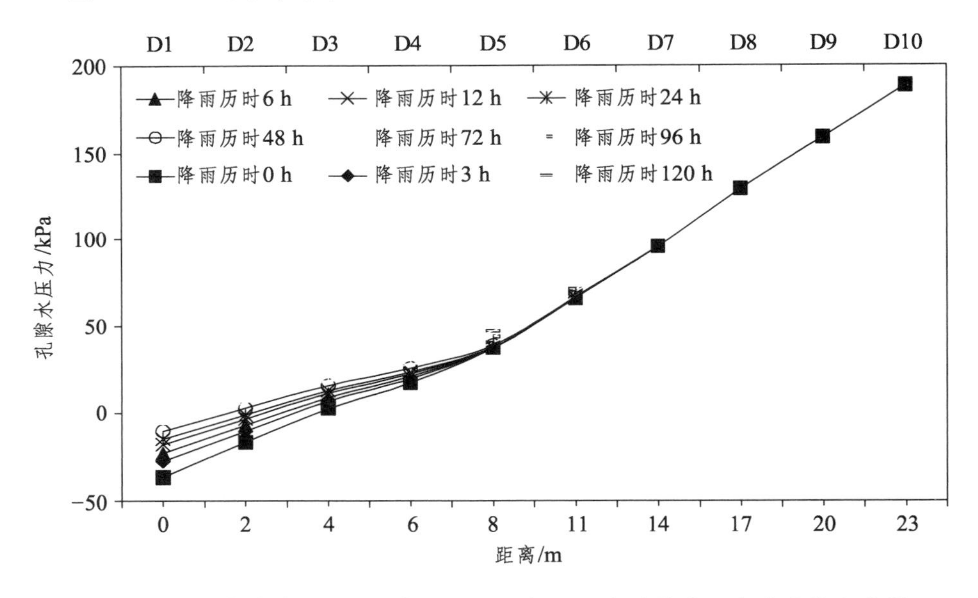

图 4.7-117 边坡坡脚第四纵断面（D）降雨历时-孔隙水压力变化特征曲线

① 平整区顶面、坡顶、中部、坡脚部位的监测点数据反映出：在达到暂态饱和之前，填筑体表层孔隙水压力与降雨历时呈正相关的变化关系，即随着降雨历时的增加，孔隙水压力不断增大；在坡表达到暂态饱和后，垂向不同深度孔隙水压力变化基本相当，无明显差异，随降雨历时增大，孔隙水压力变化也不明显，造成这种现象的主要原因是，非饱和土在含水率比较低时降雨入渗速率较快，随土体含水量增大，降雨入渗速率变慢，当降雨补给量大于土体入渗量时，雨水将难以下渗，形成地表积水。

② 降雨历时 120 h（5 d），土面区顶面降雨入渗影响深度大致为 12 ~ 15 m，边坡坡

顶部位降雨入渗影响深度大致为 12 ~ 14 m，边坡中部降雨入渗影响深度大致为 10 ~ 12 m，边坡坡脚部位由于富水，地下水位埋深浅，降雨入渗影响深度相对较小，大致在 2 ~ 5 m。

③ 根据上述数值模拟结果、前人相关研究成果和工程经验得出，降雨对边坡的影响主要有以下几方面：

a. 降雨入渗作用在适宜的范围内将加速填筑地基土的固结，缩短填筑地基自重固结沉降时间，起到一定的积极作用。

b. 降雨形成的地表径流对边坡坡面有冲刷、掏蚀作用，长期作用会造成边坡土体流失，发生冲刷破坏、坡面垮塌等，影响边坡结构的完整性和稳定性。

c. 降雨入渗作用一方面会增大土体的重度、孔隙水压力，从而增加边坡的下滑力；另一方面，降雨入渗将会浸润软化边坡土体，降低其强度，从而减小其抗滑力。

d. 降雨形成的季节性洪流对部分填方边坡坡脚有强烈的冲刷、侧蚀作用，长期作用易造成水土流失、岸坡垮塌、坡脚破坏等，影响边坡的稳定性。

4.8 地下水对地基沉降变形的影响分析

4.8.1 物理模型及现场试验沉降分析

4.8.1.1 物理模型试验沉降分析

在物理渗流模型试验中对填筑体边坡顶面、整平区沉降进行同步观测，其特征见图 4.8-1。在连续观测 20 d（480 h）过程中，模型顶面沉降量为 1 ~ 6 mm。如果简单地按模型相似比 1∶200 进行放大，则沉降量为 0.2 ~ 1.2 m，这与工程经验接近。填筑地基的沉降一是地基土自身的固结沉降，二是地下水位抬升引起的土体湿陷、湿化沉降。

图 4.8-1 物理模型顶面沉降特征

需说明的是，物理模型填筑地基为一次性填筑，而实际施工为分层填筑、分层压实，需要较长时间。在施工过程中，填筑体沉降大部分完成，尤其是粗颗粒土，所以填筑体顶面工后沉降观测值一般都比较小，但填筑体底部分层沉降值比较大，与模型试验观测到的沉降值放大后比较接近。

4.8.1.2 现场试验沉降分析

在试验段Ⅰ区的原地基强夯处理试验小区 Y1-2、Y2-2、Y3，进行浸水载荷试验，沉降稳定后浸水沉降量与压板直径的比值ζ为 0.005 ~ 0.007，表明强夯处理后的地基不具湿陷性，说明采用强夯工艺可消除影响深度内黄土的湿陷性。

勘察文件显示试验段原地基湿陷性黄土的厚度在 0 ~ 13.0 m。试验段成果表明：2 000 kN · m 强夯影响深度约 4.8 m，3 000 kN · m 强夯影响深度约 5 m，6 000 kN · m 强夯影响深度约 7.5 m，即强夯影响深度不能完全到达基覆界面，不能完全消除黄土湿陷性，后期受地下水位抬升及填方荷载的作用，湿陷性黄土厚度较大的原地基将产生一定量的湿陷沉降。

填方区的填料主要为场地内高含水量的黄土，受降水频繁影响，压实困难，加之原地基的固结、湿陷沉降等影响，填筑体沉降收敛需要一段较长时间，对工期影响明显。

4.8.2 数值模拟分析

选取跑道轴线地质断面建立数值模型，分析工后地下水位抬升对地基沉降变形的影响，见图 4.8-2。

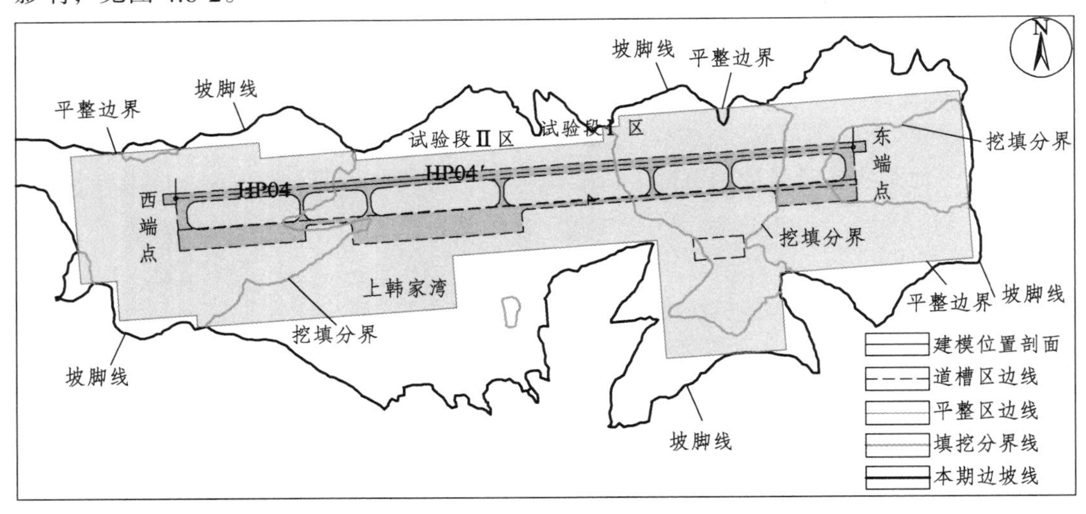

图 4.8-2 建模区域平面位置

4.8.2.1 模型建立

1. 几何结构模型

选取跑道轴线地质断面建立模型，断面长 L=485 m，高 H=125 m，顶面设计标高约为 1 634 m，挖方段长度为 45 m，填方段长度为 440 m，填方厚度最大约 54.5 m，见图 4.8-3 和图 4.8-4。

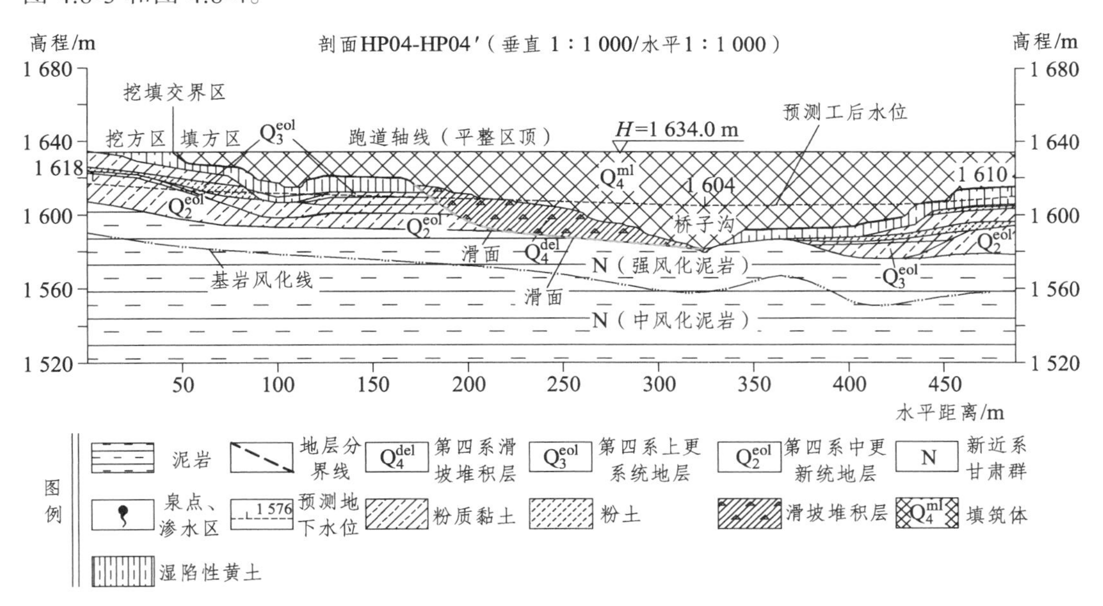

图 4.8-3　模型地质断面图

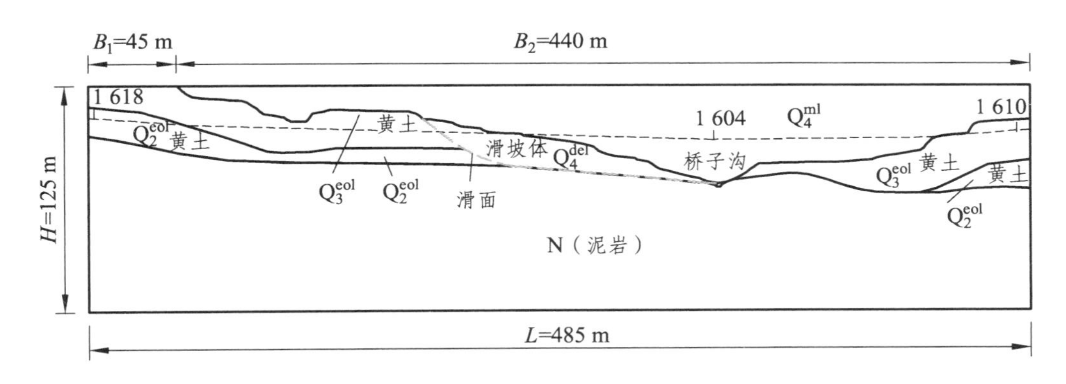

图 4.8-4　概化模型断面图

2. 边界条件

水头边界：地下水位为水头边界。

位移边界：模型顶面为位移自由边界，模型两侧约束 X 向位移，模型地面约束 X、Y 向位移。模型边界条件设置见图 4.8-5。

本次模拟主要分析地下水位抬升作用对地基沉降变形的影响规律及特征，由于模拟软件限制，无法考虑黄土湿陷的影响，所以模拟获取的地基沉降量并不代表真实的地基沉降量值，但能反映地基沉降变化特征。

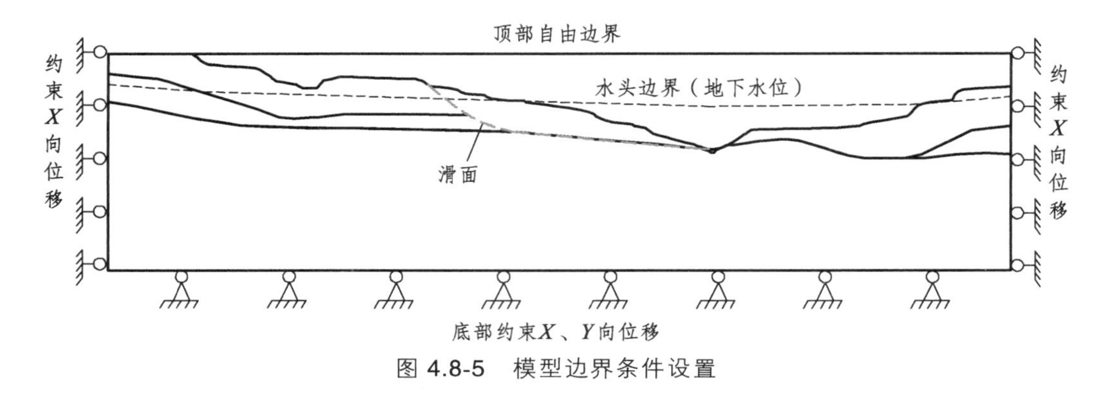

图 4.8-5　模型边界条件设置

3. 工况设置

以地下水渗流场模拟预测的工后地下水位为基准，与填方前初始水位相比，设置地下水位抬升幅度 0%、50%、100%（预测最高水位）3 种工况进行模拟分析，见图 4.8-6。

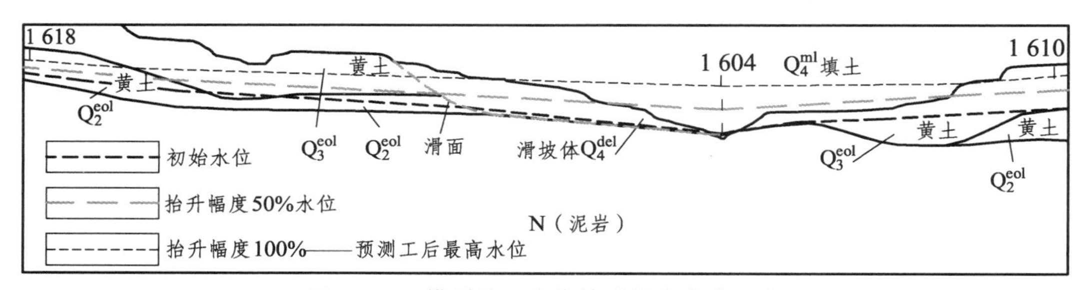

图 4.8-6　模型地下水位抬升幅度变化示意

4. 参数取值

岩土体物理力学参数取值与前述章节一致。

4.8.2.2　模拟结果分析

在初始水位工况下（即水位不抬升），地基孔隙水压力分布特征见图 4.8-7，地基沉降（*Y* 向位移）特征见图 4.8-8，位移矢量特征见图 4.8-9。

在初始水位基础上水位抬升 50%，地基孔隙水压力分布特征见图 4.8-10，地基沉降（*Y* 向位移）特征见图 4.8-11，位移矢量特征见图 4.8-12。

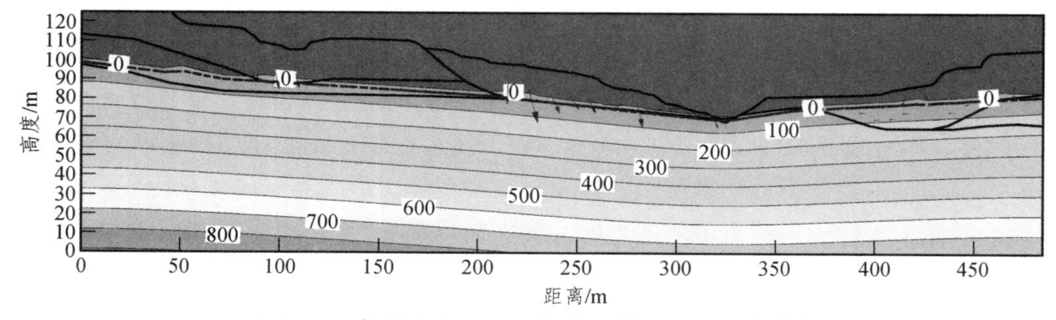

图 4.8-7　初始水位工况下地基孔隙水压力分布特征

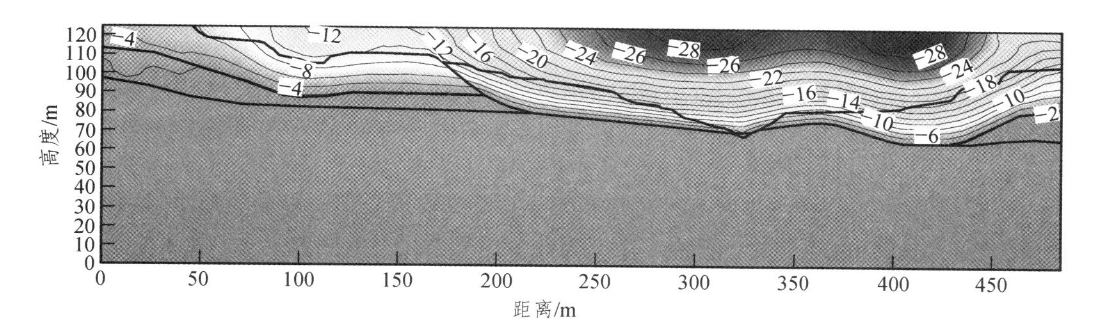

图 4.8-8　初始水位工况下地基沉降特征（最大沉降量 29.43 mm）

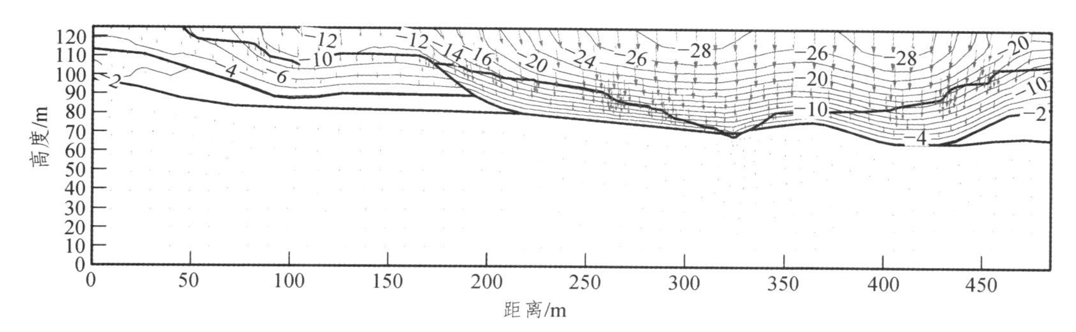

图 4.8-9　初始水位工况下地基位移矢量特征

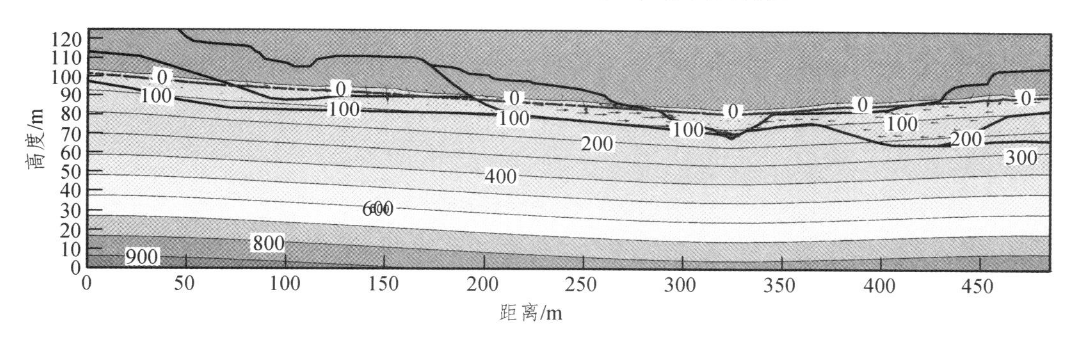

图 4.8-10　地下水位抬升幅度 50%工况下地基孔隙水压力分布特征

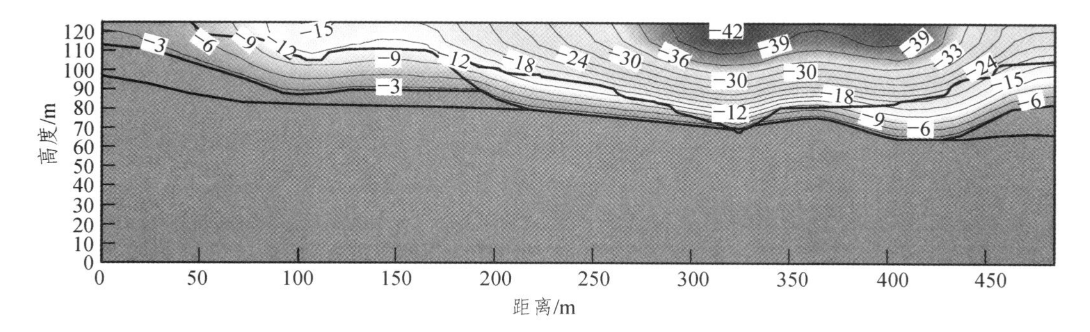

图 4.8-11　地下水位抬升幅度 50%工况下地基沉降特征（最大沉降量 42.17 mm）

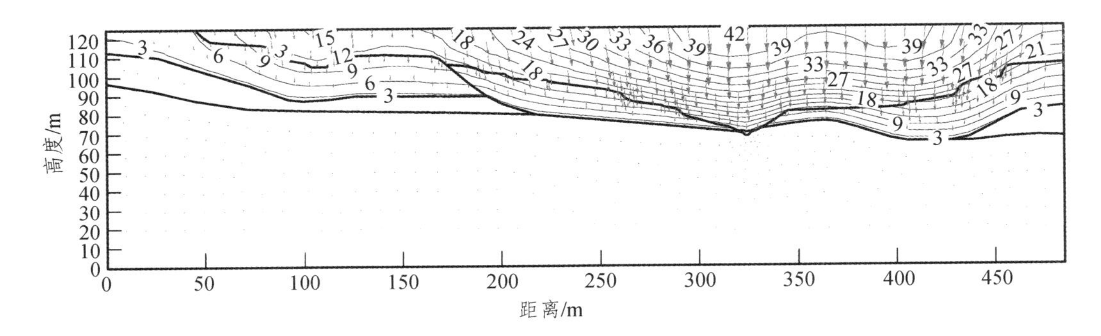

图 4.8-12　地下水位抬升幅度 50%工况下地基位移矢量特征

在初始水位基础上水位抬升 100%（预测最大工后水位），地基孔隙水压力分布特征见图 4.8-13，地基沉降（Y 向位移）特征见图 4.8-14，位移矢量特征见图 4.8-15。

在填筑体顶面设置一排监测点（A1、B1、F1、C1、G1、D1、H1、E1），在挖方区不同深度设置一列监测点（第一纵断面 A1 ~ A3），在填方区从左向右设置 4 列监测点（第二纵断面 B1 ~ B4、第三纵断面 C1 ~ C4、第四纵断面 D1 ~ D4、第五纵断面 E1 ~ E4），见图 4.8-16。在地下水抬升不同幅度工况下，地基顶面、第一纵断面 ~ 第五纵断面沉降特征，见图 4.8-17 ~ 图 4.8-22。

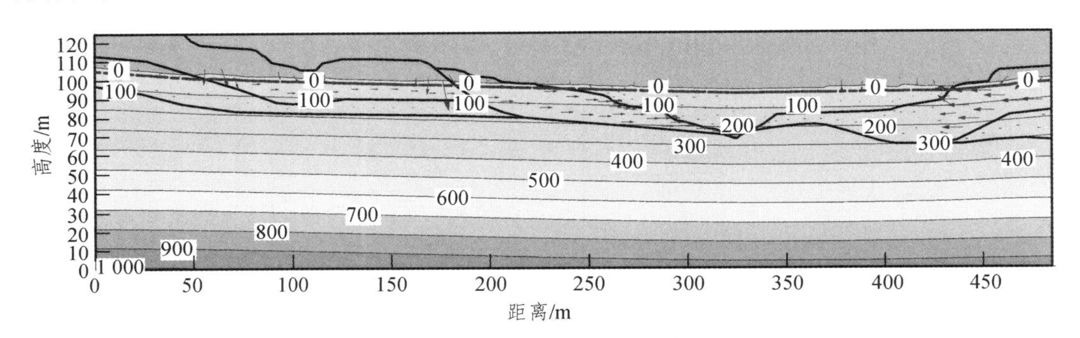

图 4.8-13　地下水位抬升幅度 100%工况下地基孔隙水压力分布特征

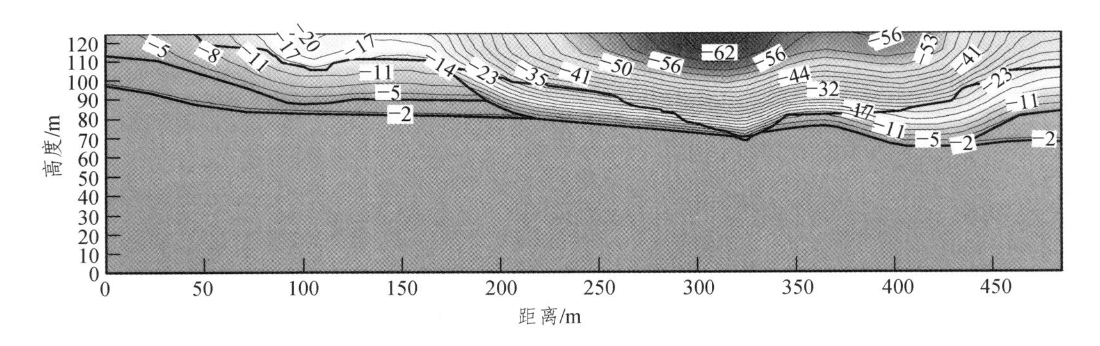

图 4.8-14　地下水位抬升幅度 100%工况下地基沉降特征（最大沉降量 63.48 mm）

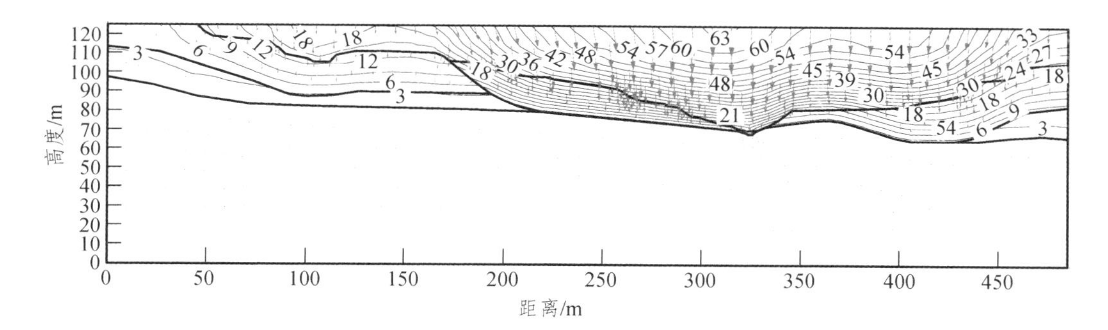

图 4.8-15 地下水位抬升幅度 100%工况下地基位移矢量特征

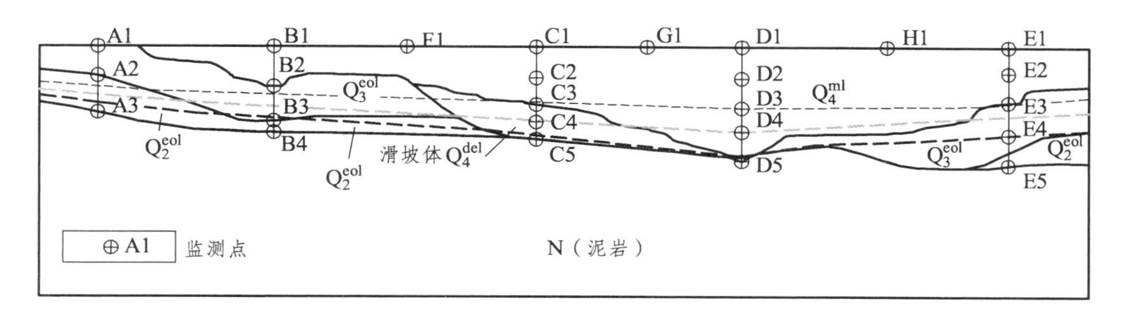

图 4.8-16 地基沉降监测点布置示意

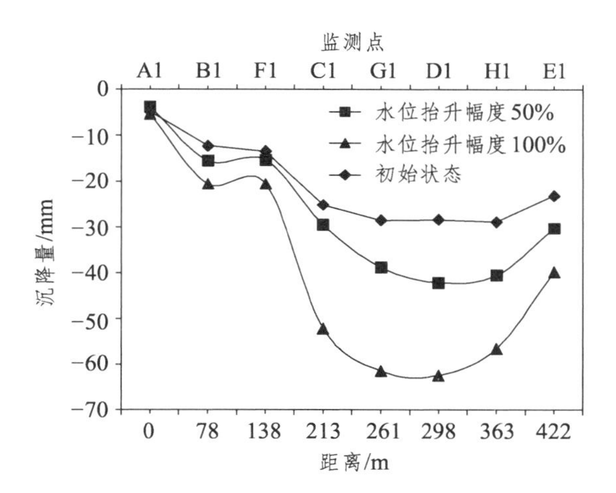

图 4.8-17 地基顶面各监测点——地下水位抬升过程中沉降量变化曲线

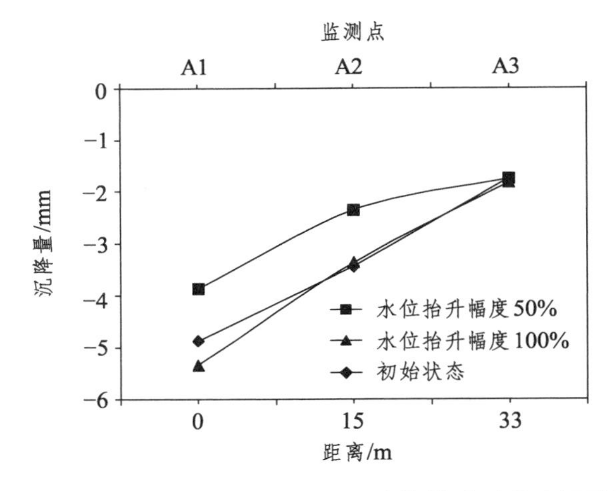

图 4.8-18　第一纵断面（A）监测点——下水位抬升过程中沉降量变化曲线

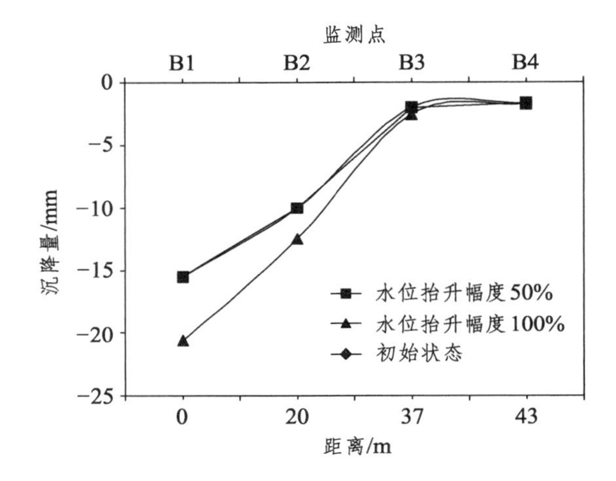

图 4.8-19　第二纵断面（B）监测点——地下水位抬升过程中沉降量变化曲线

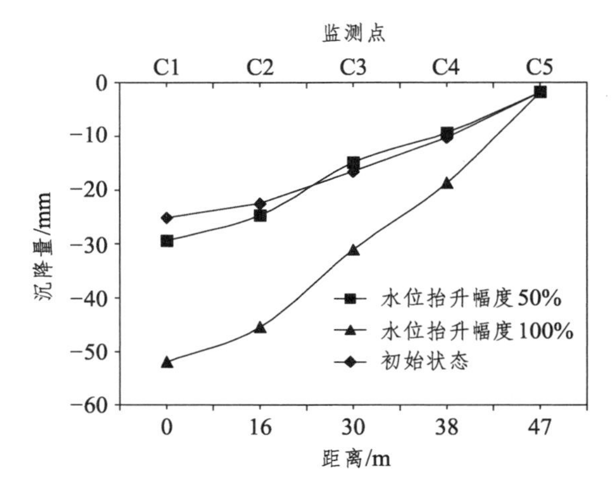

图 4.8-20　第三纵断面（C）监测点——地下水位抬升过程中沉降量变化曲线

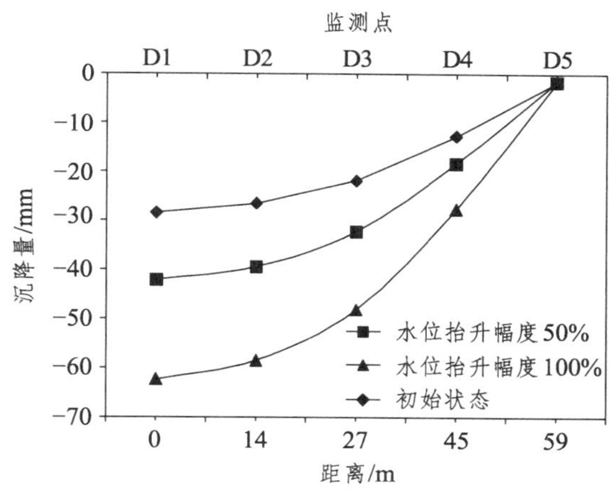

图 4.8-21　第四纵断面（D）监测点——地下水位抬升过程中沉降量变化曲线

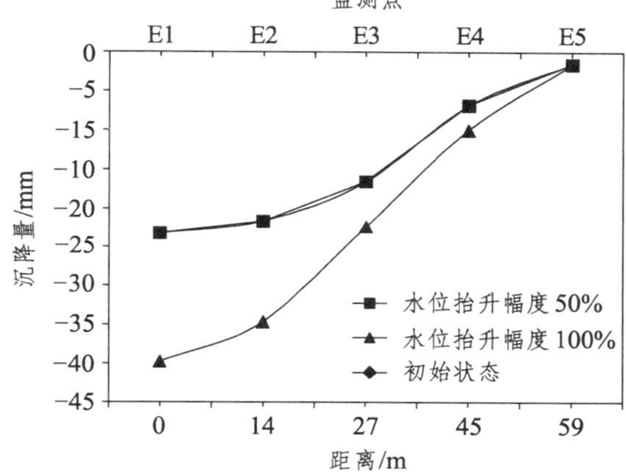

图 4.8-22　第五纵断面（E）监测点——地下水位抬升过程中沉降量变化曲线

分析上述孔隙水压力和地基沉降特征曲线，可得：

（1）在填筑体厚度一定的条件下，地下水位抬升幅度与地下水位以下及毛细水上升高度影响带范围内地基土的孔隙水压力呈正相关。

（2）在填筑体厚度一定的条件下，地下水位抬升幅度与地基沉降增加量呈正相关，如：与初始状态相比，在水位抬升幅度 50%工况下，沉降量增加了 12.74 mm，增幅 43.3%；水位抬升 100%至预测最大工后水位时，沉降量增加了 34.05 m，增幅 115.7%。

（3）在地下水位抬升幅度、填料性质和填筑体质量一定的条件下，受地下水影响的填筑体厚度越大，沉降增加量越大。

（4）在地下水位抬升幅度、填筑体厚度一定的条件下，填料水理性质越差，沉降增加量越大。

（5）同一填筑体监测垂向断面，顶面沉降增加量最大，越向深部沉降增加量越小。

上述特征反映了，地下水位抬升造成的填筑体强度劣化、增湿加重效应，增大了填筑体沉降量，在原始地形剧烈变化区、挖填交界区、冲沟发育区及原地基岩土性质差异明显的区域，形成了明显的差异沉降。

第 5 章　病害预测与防治措施

5.1　病害预测

根据上述地下水工程效应研究成果，T 机场在地下水工程效应作用下可发生地基过大沉降与不均匀沉降而造成道面板脱空、开裂与断板，以及填方边坡失稳、渗透破坏、冻胀破坏等病害。结合机场工程建设经验，笔者对 T 机场工程建设阶段、运营阶段可能发生的病害进行了预测和影响程度分区。

5.1.1　建设阶段

1. 土面区、边坡区的病害预测

该区病害主要易发部位为：

① 原地基老滑坡发育区、地下水富集的填方边坡区。

② 地势临空，无可利用的天然稳定抗滑地形，收坡困难，地基岩土性质较差的高填方边坡部位。

③ 地势低洼汇水，季节性洪水易冲刷、掏蚀坡脚的填方边坡区。

④ 工后地下水位抬升强烈的填方边坡区。

⑤ 原地基滑坡发育、富水的挖方边坡区。

1）填方边坡区及其附近影响区

建设阶段填方边坡区及其附近影响区因不良地质作用、地表水、地下水问题引发滑坡、填方边坡失稳等病害的易发区域，见图 5.1-1。

填方边坡区及其附近影响区，病害易发区主要分布于 A 区（试验段 I 区高填方边坡区、试验段 II 区高填方边坡区）、B 区（机场东段北侧南家湾村高填方边坡区）、C 区（机场东段南侧何家湾村高填方边坡 C1 区和 C2 区）、D 区（拟建航站区西侧高填方边坡区）、E 区（机场南侧龙凤村—上韩家湾村高填方边坡区）、F 区（机场西端南侧马周村填方边坡区），各区的特征见表 5.1-1。

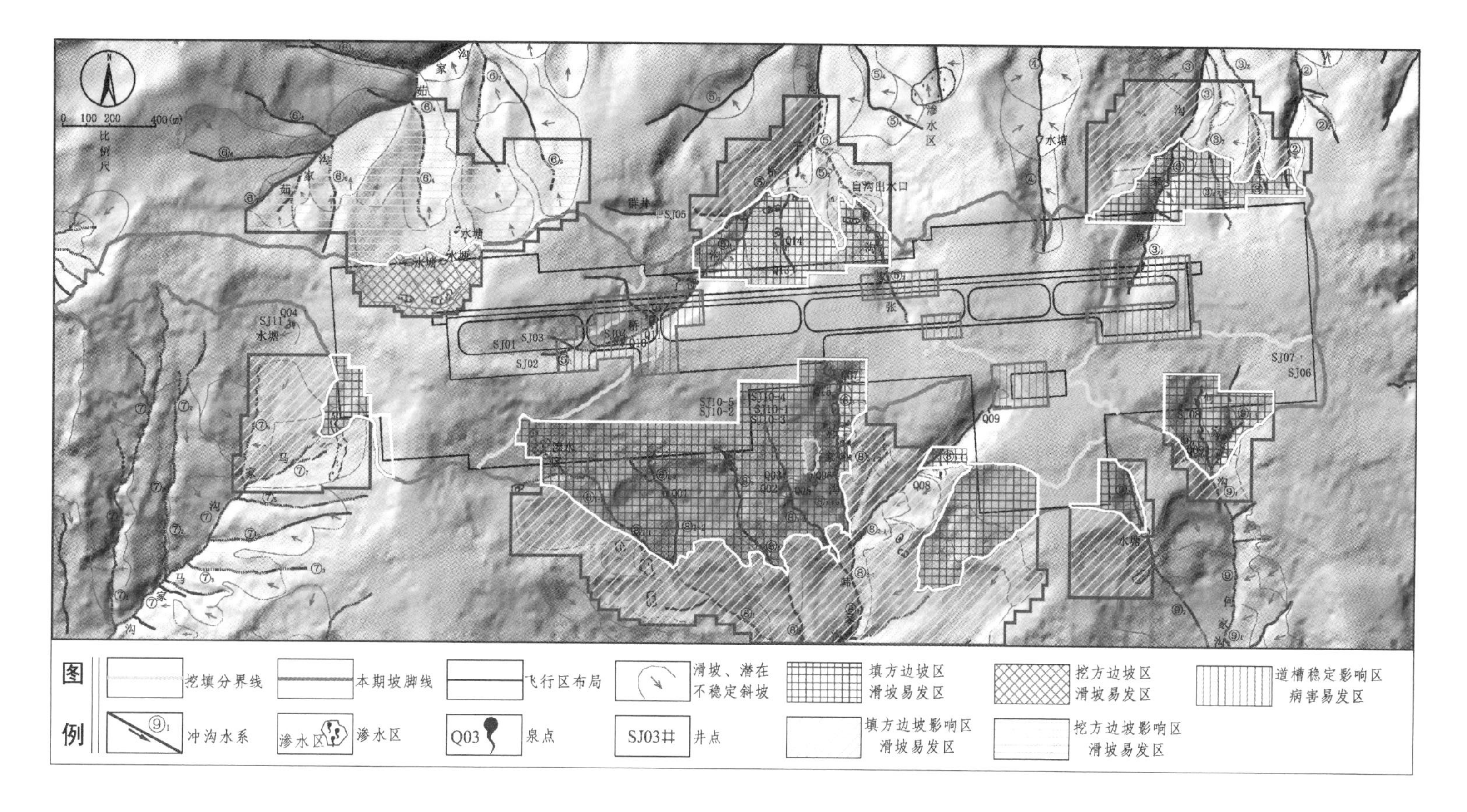

图 5.1-1 工程区内及其附近影响区病害易发区位置预测平面图

表 5.1-1　填方区-填方边坡区病害发育特征一览

编号	分布位置	主要病害类型	
T-A 区	试验段Ⅰ、Ⅱ区高填方边坡区	施工扰动、地下水渗流场变化、降雨诱发老滑坡复活；填方边坡过大变形和失稳；填筑地基过大的沉降、不均匀沉降；边坡壅水诱发渗透变形、富水区构筑物季节性冻胀变形	
T-B 区	机场东段北侧南家湾村高填方边坡区	施工扰动、地下水渗流场变化、降雨诱发老滑坡复活；填方边坡过大变形和失稳；填筑地基过大的沉降、不均匀沉降；边坡壅水诱发渗透变形、富水区构筑物季节性冻胀变形	
T-C 区	机场东段南侧何家湾村高填方边坡	T-C1	施工扰动、地下水渗流场变化、降雨诱发老滑坡复活；填方边坡过大变形和失稳；填筑地基过大的沉降、不均匀沉降；边坡壅水诱发渗透变形、富水区构筑物季节性冻胀变形
		T-C2	施工扰动、地下水渗流场变化、降雨诱发老滑坡复活；填方边坡过大变形和失稳
T-D 区	拟建航站区西侧高填方边坡区	施工扰动、降雨诱发老滑坡复活；填方边坡过大变形和失稳；填筑地基过大沉降、不均匀沉降	
T-E 区	机场南侧龙凤村—上韩家湾村高填方边坡区	施工扰动、地下水渗流场变化、降雨诱发老滑坡复活；填方边坡过大变形和失稳；填筑地基过大的沉降、不均匀沉降；边坡壅水诱发渗透变形、富水区构筑物季节性冻胀变形	
T-F 区	机场西端南侧马周村填方边坡区		

2）挖方边坡区、平整区及其影响区

建设阶段挖方边坡区及其影响区，因不良地质作用、地表水、地下水问题引发滑坡、填方边坡失稳等病害的易发区域，见图 5.1-1。

挖方边坡区及其附近影响区，病害易发区主要分布于 W-A 区（机场西端北侧挖方平整区及边坡区及其附近影响区）、W-B 区（机场西端南侧马周村东侧挖方平整区），各区的特征见表 5.1-2。

表 5.1-2　挖方区-平整区及挖方边坡区病害易发区特征一览

编号	分布位置	主要病害类型
W-A 区	机场西端北侧挖方平整区及边坡区及其附近影响区	施工扰动、地下水渗流场变化、降雨入渗诱发老滑坡复活，牵引挖方区局部失稳；富水区构筑物季节性冻胀变形
W-B 区	机场西端南侧马周村东侧挖方平整区	施工扰动、降雨入渗诱发老滑坡复活，牵引挖方区局部失稳

2. 道槽区病害预测

道槽区位于近东西向的黄土梁之上，地基相对稳定，发生大规模滑坡的可能性小，其病害主要是地基的沉降、不均匀沉降问题。

道槽区病害易发部位为：

① 原地基地形变化剧烈、填方厚度差异大的区域。

② 地势低洼汇水、原地基富水、湿陷性土、软弱地基土分布的区域。

③ 填挖交界，地基软硬不均的区域。

④ 填料性质差异较大，地基处理程度、填料性质及压实程度差异大的区域。

⑤ 施工质量控制差的区域。

道槽区病害易发部位具体分布于 D-A 区（试验段西侧桥子沟上游段道槽区）、D-B 区（试验段 I 区道槽区，D-B1 区为跑道部位，D-B2 区为滑行道部位）、D-C 区（机场东端道槽区）、D-D 区（站坪区），各区的特征见表 5.1-3。

表 5.1-3　道槽区病害易发区特征一览

<table>
<tr><th>编号</th><th>分布位置</th><th colspan="2">主要病害类型</th><th>风险等级</th></tr>
<tr><td>D-A 区</td><td>试验段西侧桥子沟上游段道槽区（包含跑道、垂直联络道、滑行道和集体停机坪部分区域）</td><td colspan="2">地基不均匀、填挖搭接、沟底软弱土分布、工后地下水位抬升、地基土湿陷、湿化引起地基的沉降、不均匀沉降量超限；地基固结沉降稳定收敛时间长</td><td>高</td></tr>
<tr><td rowspan="2">D-B 区</td><td rowspan="2">试验段 I 区道槽区，D-B1 区为跑道部位，D-B2 区为滑行道部位</td><td>D-B1</td><td rowspan="2">地基不均匀、填挖搭接、工后地下水位抬升、地基土湿陷、湿化引起地基的沉降、不均匀沉降量超限；地基固结沉降稳定收敛时间长</td><td>高</td></tr>
<tr><td>D-B2</td><td>中等</td></tr>
<tr><td>D-C 区</td><td>机场东端道槽区（包含跑道、垂直联络道和集体停机坪部分区域）</td><td colspan="2">地基不均匀、填挖搭接、沟底软弱土分布、工后地下水位抬升、地基土湿陷、湿化引起地基的沉降、不均匀沉降量超限；地基固结沉降稳定收敛时间长</td><td>中等</td></tr>
<tr><td>D-D 区</td><td>拟建民航站坪区</td><td colspan="2">地基不均匀、填挖搭接，地基固结沉降稳定收敛时间长</td><td>中等</td></tr>
</table>

5.1.2　运营阶段

1. 高填方边坡的变形、失稳

由于机场南北两侧高填方边坡区原地基发育较多的滑坡，建设阶段虽进行了大量的滑坡治理，但滑坡治理的效果、耐久性需要较长时间的检验，不排除因场地地质、气象条件，特别是水文地质条件的变化，在后期运营阶段出现边坡过大变形，甚至失稳的可能，特别是试验段高填方边坡区、机场南侧龙凤村—上韩家湾村高填方边坡区和机场东端南家湾高填方边坡区。

2. 道面的沉降变形、脱空、断板、隆起

T 机场场地挖填高度大、挖填方量大，广泛分布湿陷性黄土，填料含水率偏高，加之后期盲沟等排水结构的逐步淤堵，排水效果下降，甚至失效，将造成地基内壅水，地下水位抬升，进而造成地基土的湿化和湿陷，因此工后沉降和不均匀沉降问题比较突出，加之降雨入渗和水汽运移产生“锅盖效应”，可能造成道面局部沉降、脱空、断板和隆起。这些区域重点分布在挖填交接区、富水区、挖方区残留湿陷性黄土区域、标段搭接区、不同地基处理方式的搭接区等。

3. 边坡的冲刷破坏

边坡的冲刷破坏问题是很多机场运营阶段都会遇到的问题，降雨的冲刷作用虽然不会造成边坡大面积的破坏和滑移，但是会造成水土流失，支护结构架空、断裂、垮塌等。

4. 边坡的渗透变形

工程场地存在发生渗透变形的岩土、水力等天然条件，如果后期排水结构淤堵、失效，地下水位抬升，水头差增大，在地下水长期的渗流潜蚀作用下，运营阶段部分富水边坡发生渗透变形的风险较高，可能出现边坡冒水、鼓胀、隆起、溜塌等病害。

5. 季节性冻胀融沉破坏

场地属于季节性冻土区，道槽区在铺设防冻层、水稳层、隔断层后地基冻胀的风险将大大降低。若未采取有效的防冻或隔断措施，运营阶段冻结期遇降水和融水入渗、“锅盖效应”则可能造成道面、围场路、围界、截排水结构、坡脚冻融破坏。

5.2 危险性与影响程度分区

在综合考虑场地地下水工程效应、不良地质作用、岩土工程问题的基础上，结合上述病害预测结果、工程布局、工程投资、工程经验，参考地质灾害风险评估的相关办法，对拟建工程场地建设阶段和运营期发生的潜在病害风险等级及影响程度进行综合分区，为机场下一步勘察、设计、施工和病害的防治及后期维护等提供参考。

5.2.1 分区原则

T 机场为国家重点工程，工程安全等级一级，后期病害对飞行影响特别严重，确定分区原则为：

① 就重不就轻原则。

② 关联病害加重原则。

③ 工程与病害相关原则。

④ 工程问题与投资相关原则。

5.2.2 分区方法

5.2.2.1 影响危险性与影响程度划分的因素

影响危险性与影响程度划分的因素：

（1）水文地质条件复杂程度（IF_1）：主要考虑原地基地下水位、动态变化、出露排泄情况，工后水位抬升、降低程度，地下水工程效应影响程度等，分为复杂、中等、简单三个等级。此处主要以工后水位抬升幅度、地下水出露情况作为基础因素，而后叠加其他因素进行考虑。

（2）工程地质条件复杂程度（IF_2）：主要考虑地形地貌、地层岩性、地质构造、特殊性岩土（湿陷性黄土、风化岩、季节性冻土）、地基复杂程度等，分为复杂、中等、简单三个等级。此处主要以地形地貌、地基复杂程度为基础因素，叠加其他因素进行考虑。

（3）不良地质发育程度（IF_3）：主要考虑新近滑坡、老滑坡、潜在不稳定斜坡的发育数量、规模、分布位置，以及对工程的危害等，分为发育、中等发育、弱发育三个等级。此处主要以滑坡发育的数量、规模作为基础因素，叠加其他因素进行考虑。

（4）施工难易程度（IF_4）：主要考虑施工效率、工期、难度，质量控制，现场管理，施工作业面，挖填方施工工法、工艺，地基处理难度等，分为难度大、中等难度、简单三个等级。此处主要以地基处理难度、挖填方施工难易程度为基础因素，叠加其他因素进行考虑。

（5）工程部位重要性与安全等级（IF_5）：主要考虑飞行区（道槽区、土面区、边坡区）、航站区、工作区（房建）的设计等级、安全等级，分为重要、较重要、次要三个等级。此处主要以工程布局分区（道槽、土面、边坡），并兼顾工程区内是否存在高填方边坡作为基础因素，叠加其他因素进行考虑。

（6）工程投资影响程度（IF_6）：主要考虑建设中工程问题、病害造成工程投资增加程度，分为影响大、影响一般、不影响三个等级。此处主要参考试验段工程滑坡治理、地基处理、填料改良造成工程投资增加的案例作为参考，进而对全场区进行预判。

5.2.2.2 分　区

危险性与影响程度分区以水文地质条件影响因素（IF_1）为基础，叠加其他影响因素（IF_2 ~ IF_6）的方法进行综合判别，见图 5.2-1。考虑到影响因素较多，结合场地实际情况进行适当的归并、分类：

（1）当存在 4 个及以上的影响因素均最高级时，划分为“危险性与影响程度大”，分区代号为“Ⅰ”。

（2）当存在 2 个以上 4 个以下影响因素为最高级时，划分为“危险性与影响程度中等”，分区代号为“Ⅱ”。

（3）当存在 2 个以下影响因素时，划分为“危险性与影响程度小”，分区代号为“Ⅲ”。

分区结果见表 5.2-1 和图 5.2-2。

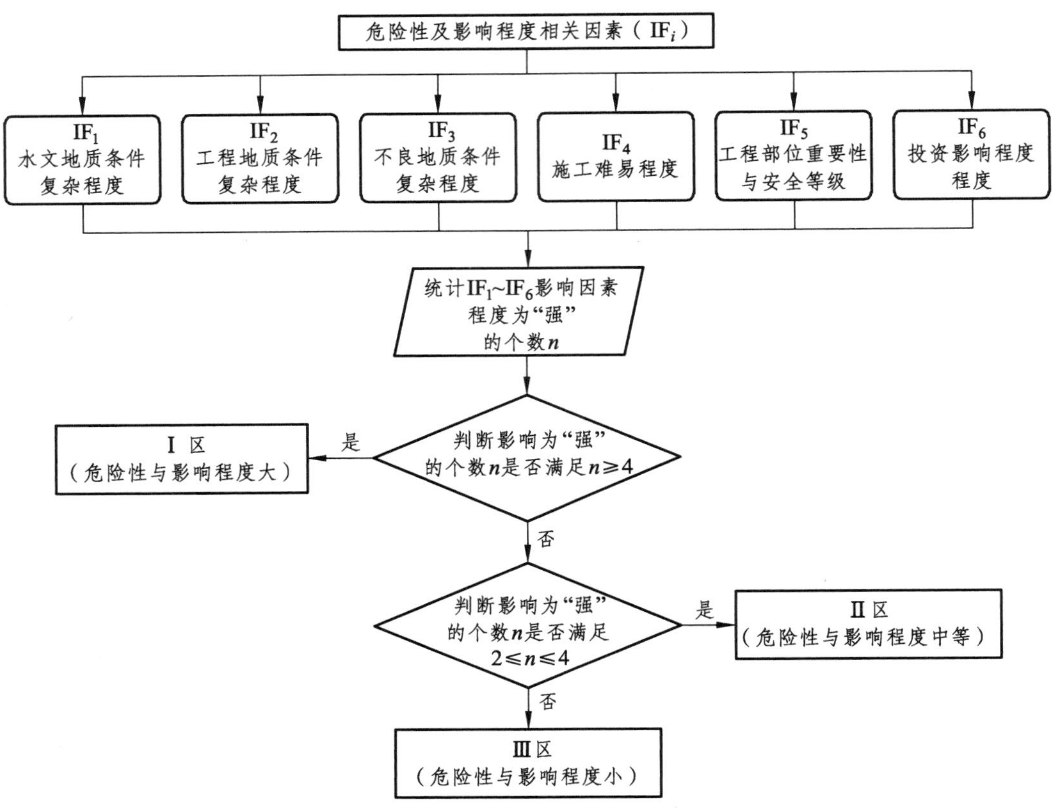

图 5.2-1　危险性与影响程度分区逻辑流程

表 5.2-1　危险性与影响程度分区

分区编号	次级分区	特征描述	影响因素						危险性与影响程度等级
			IF_1	IF_2	IF_3	IF_4	IF_5	IF_6	
Ⅰ区	$Ⅰ_1$	挖方为主，局部填方；主要为土面区、边坡稳定影响区	复杂	复杂	发育	中等	较重要	影响大	大
	$Ⅰ_2$	填方为主体，局部为挖填搭接区域；主要为高填方边坡稳定影响区、道面影响区，局部为土面区	复杂	复杂	发育	难度大	重要	影响大	
	$Ⅰ_3$	挖填搭接区域；为道面影响区	复杂	复杂	不发育	中等	重要	影响大	
	$Ⅰ_4$	填方为主，局部为挖填搭接区域；主要为高填方边坡稳定影响区、道面影响区，局部为土面区	复杂	复杂	发育	难度大	重要	影响大	

续表

分区编号	次级分区	特征描述	影响因素						危险性与影响程度等级
			IF_1	IF_2	IF_3	IF_4	IF_5	IF_6	
Ⅰ区	I_5	全部为填方区；主要为高填方边坡稳定影响区，局部为土面区	复杂	复杂	发育	难度大	重要	影响大	
	I_6	挖填搭接区域；为道面影响区（站坪）	中等	复杂	不发育	难度大	重要	影响大	
	I_7	全部为填方区；为航站区填方边坡稳定影响区	复杂	复杂	发育	难度大	重要	影响大	
	I_8	全部为填方区；为航站区高填方边坡稳定影响区、建构筑物分布区	复杂	复杂	发育	难度大	重要	影响大	
	I_9	全部为填方区；主要为高填方边坡稳定影响区，局部为土面区	复杂	复杂	发育	难度大	重要	影响大	
Ⅱ区	II_1	主体为填方区，局部为挖填搭接区；主要为道面影响区、土面区，局部为填方边坡区	复杂	中等	中等	中等	重要	影响一般	中等
	II_2	填方为主，局部为挖填搭接区域；主要为土面区，局部为边坡影响区	复杂	复杂	中等	中等	较重要	影响一般	
	II_3	部为填方区；主要为高填方边坡稳定影响区，局部为土面区	复杂	复杂	中等	中等	较重要	影响大	
	II_4	全部为挖方区；西端净空障碍物处理区	复杂	中等	中等	简单	次要	影响一般	
Ⅲ区	III_1	全部为挖方区；道面影响区、土面区，西端净空障碍物处理区	中等	中等	中等	中等/简单	重要/次要	影响一般	飞行区内中等、端净空区小
	III_2	全部为挖方区；道面影响区、土面区	中等	中等	不发育	中等	重要	影响一般	小
	III_3	全部为挖方区，主要为土面区，局部为边坡区	中等	复杂	不发育	中等	较重要	影响一般	

说明：由于各个影响因素（$IF_1 \sim IF_6$）影响程度分级时的表述不一样，如“复杂”“中等”“简单”与“发育”“中等发育”“弱发育”等，为便于进行逻辑分析和判断，此处均采用“强”“中”“弱”三级进行代替表述。

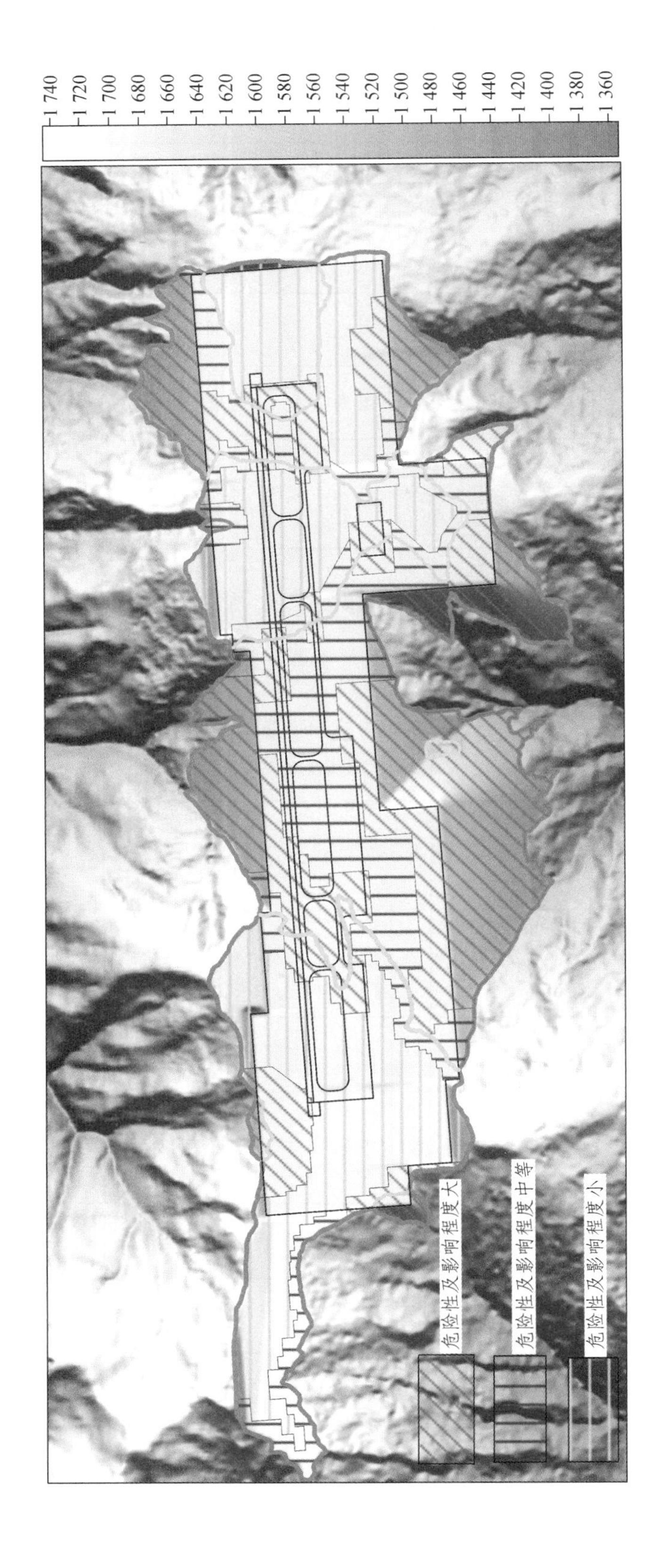
1 740
1 720
1 700
1 680
1 660
1 640
1 620
1 600
1 580
1 560
1 540
1 520
1 500
1 480
1 460
1 440
1 420
1 400
1 380
1 360
危险性及影响程度大
危险性及影响程度中等
危险性及影响程度小

（a）

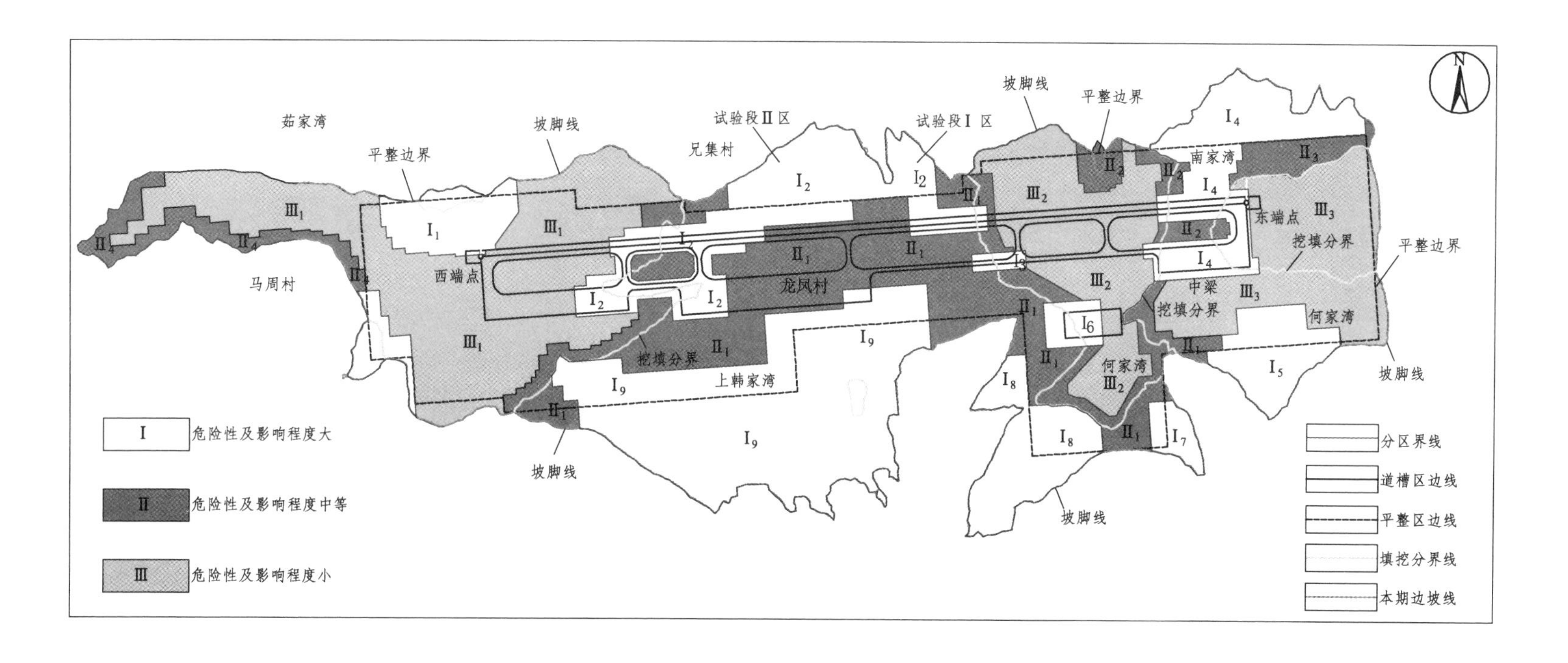

(b)

图 5.2-2 工程场地潜在病害危险性与影响程度分区平面图

5.3 防治措施建议

5.3.1 地下水位与地基排水控制

地下水渗流路径变化和地下水位抬升是引起地下水工程效应的主要原因，控制地下水位和优化排水是减弱地下水工程效应的有效措施，可分为地表水截排措施和填筑体内部排水措施。

5.3.1.1 地表水截排措施

地表水截排一是减少地表水入渗量，减少地下水补给源，最大限度控制地下水位上升，削弱地下水工程效应；二是减少地表水积水对地表浅层土体强度的劣化和对边坡的冲刷破坏。

（1）根据地势设计、工程布局，采用分散排水方式，将降水形成的场内地表水、管道渗漏水和其他地表水分别排向南北两侧的耤河和罗峪沟。分散排水的出水口分别与 3#、5#、6#、8#、9#沟等搭接。分散排水具有如下优点：① 减小场内排水沟断面尺寸，节省投资；② 减小场外排水系统负荷，减小集中排水对场外排水系统冲刷、农田和房屋的淹没与破坏，避免或减弱排水诱发滑坡、泥石流等；③ 最大限度地减小机场建设对场外原有地表、地下水系统的影响，维持生态系统基本稳定。

（2）挖方区边坡中部、坡脚应分别设置截排水沟，将降水、地表渗水拦截后依地势排向场外或汇入场内地表排水系统。

（3）填方边坡坡脚出水点，应结合填筑体内部排水措施、边坡治理措施、场外排水措施疏排，特别是南北两侧的韩家沟、桥子沟滑坡群发育区。

（4）机场绿化用水量很大，是地下水补给的重要来源，在满足植被生长基本条件下，严格控制绿化用水，严禁漫灌。

（5）加强地表排水系统的巡视工作，发现排水沟等开裂、损坏要及时修补，减小地表水入渗。

（6）按历史最大降雨强度和汇水面积设计排水沟渠断面尺寸、跌水等消能设施，避免极端情况下地表水排泄不畅，地表水大量入渗填筑体。

（7）鉴于挖方区岩土和填料性质，场内排水系统均应采取片石头衬砌、混凝土浇筑等保护措施。

（8）对场外排水系统进行深入调查，合理选择场外排水系统的接入口，确保场内地表、地下排水系统的出水能安全有效地接入场外排水系统，避免场外排水不畅，造成地表积水、边坡冲刷、滑坡、泥石流等灾害。场外排水宜采取分散排水方式，南侧地表水应从 8#沟（韩家沟）、9#沟（何家沟）等汇入农灌系统后排入耤河，北侧地表水从 3#沟（南家沟）、5#沟（桥子沟）、6#沟（茹家沟）等排入罗峪沟。

（9）现状地表水排水系统中，由于场区沟谷与农灌系统间的地段均为土沟，滑坡、错落等灾害发育，机场建设将增大每条沟谷排水量，加剧灾害发育，对下游的排水系统，甚至农田、房屋、道路安全造成影响，建议对这些区域沟谷进行维修、边坡治理，必要时，改建不满足机场排水要求的农灌系统。

（10）重视施工期临时排水措施，避免地表水排泄不畅，发生冲刷、浸泡、滑坡、泥石流等不良作用。

5.3.1.2 填筑体内部排水措施

在以往的工程中，填筑体内部排水常常不被重视或有意无意地被削弱，造成填筑体内部壅水，发生严重的地下水工程效应，进而产生道槽区过大沉降与不均匀沉降、道面脱空、开裂与断板、填方边坡冒水、滑移等病害。

（1）充分利用地形、天然冲沟设置完善的盲沟系统。

① 充分利用南北两侧的沟谷设置盲沟，将填筑体底部的地下水排向南北两侧的场外地表水排水系统。

② 边坡清表、开挖台阶、原地面地基处理过程中揭露的泉点、渗水区要有支盲沟与沟谷中主盲沟相连。

③ 根据工后渗流场预测的沟谷流量乘以一定安全系数来计算盲沟断面。盲沟宜以碎石盲沟为主，外包裹滤水土工布等，土工布外设置砂砾石反滤层。对流量大的桥子沟、韩家沟等应在盲沟中增设软式透水管等。

（2）滑坡区、富水的潜在不稳定斜坡区必要时设置渗水井系统。渗水井系统应与原地面地基处理、滑坡与潜在不稳定斜坡治理、填筑厚度与工艺相适应，上部宜与盲沟系统有机相连，下部与场外排水系统相接。

（3）填筑体内部每隔 10 ~ 20 m 设置水平排水层，外倾坡度不小于 1.5%，并与坡面水平排水沟相连。

① 碎石排水层厚度不小于 30 cm，含泥量不大于 5%。

② 考虑到设置水平排水层费用较高，除填筑体上部第一层和填筑体底部最后一层必须满铺外，填筑体中部的水平排水层可间隔 2 ~ 3 层满铺，即第一层下的第二 ~ 三（四）层可局部铺设水平排水层，第四（五）层满铺水平排水层。局部铺设的水平排水层重点铺设在：一是清表、开挖台阶过程中发现的出水区（点），通过填筑体内部盲沟引流到边坡部位的水平排水层；二是填方边坡影响区，一般铺设长度（垂直跑道方向）不小于 50 m。

③ 其他结构排水层，如钢塑或钢筋排水笼等，根据结构形式、排水效果调整。施工中应特别注意强夯、碾压对水平排水层的影响。

5.3.2 道槽区锅盖效应与冻融控制

道面下积水或土基高含水率的水分主要来自地表水入渗、毛细水上升和锅盖效应产生的冷凝水，是填筑体浅层强度劣化、冻融的主要因素，对道面不良影响很大。为消除或减小道面下地基强度劣化和冻融作用，一是要隔断地基中毛细水上升和水汽运移通道；二是要在隔断失效条件下，最大程度避免发生强烈的强度劣化和冻融作用。结合场地条件，建议在冻土前锋线附近设置“双层土工布+隔水膜”隔断层阻止水汽向上运移，在“双层土工布+隔水膜”隔断层上设置硬质碎石垫层。硬质碎石垫层底面深度不应小于极限冻深。

5.3.3 其他措施

（1）在坡脚地形低洼汇水区、富水区，采用透水材料进行的盖重压脚，防止土体被渗透压力所推动，并在渗流溢出区铺设反滤保护层，防治渗透破坏。

（2）场地地震烈度高，填方高度大，水文地质条件复杂，不良地质作用发育，应加强抗震设计。

（3）加强场区（围界内）排水系统巡视，对盲沟和水平排水层出水量、浑浊度进行长期监测。

（4）加强高填方边坡巡视，对原地基滑坡发育区、潜在不稳定斜坡区等高填方边坡进行长期变形监测，制订建设期、运营期的病害防治措施和应急处理预案。

参考文献

[1] 沈照理，朱宛华，钟佐燊．水文地球化学基础．北京：地质出版社，1990.
[2] 钱会，马致远．水文地球化学．北京：地质出版社，2005.
[3] BRACE W F. Permeability of crystalline and argillaceous rocks. International Journal of Rock Mechanics and Mining Sciences & Geomechanics Abstracts, 1980, 17: 241-251.
[4] 王士天，王思敬．大型水域水岩相互作用及其环境效应研究．地质灾害与环境保护，1997，8（1）：69-89.
[5] 冷艳秋．黄土水敏特性及其灾变机制研究．西安：长安大学，2018.
[6] 王永焱，林在贯，等．中国黄土的结构特征及物理力学性质．北京：科学出版社，1990.
[7] SAJGALIK J. Sagging of loesses and its problems. Quaternary International，1990，（7/8）：63-70.
[8] 朱海之．黄河中游马兰黄土颗粒及结构的若干特征：油浸光片法观察的结果．地质科学，1963（2）：88-100；102.
[9] 张宗祜，张之一，王芸生．论中国黄土的基本地质问题．地质学报，1987（4）：362-374.
[10] 高国瑞．黄土显微结构分类与湿陷性．中国科学，1980（12）：1203-1208；1237-1240.
[11] 李作勤．有结构强度的欠压密土的力学特性．岩土工程学报，1982（1）：34-45.
[12] 张炜，张苏民．非饱和黄土的结构强度特性．水文地质工程地质，1990（4）：22-25；49.
[13] 党进谦，李靖．非饱和黄土的结构强度与抗剪强度．水利学报，2001（7）：79-83；90.
[14] 刘海松，倪万魁，颜斌，等．黄土结构强度与湿陷性的关系初探．岩土力学，2008（3）：722-726.
[15] 邵生俊，王丽琴，邵帅，等．黄土的结构屈服及湿陷变形的分析．岩土工程学报，2017，39（8）：1357-1365.
[16] 谢春庆．民用机场工程勘察．北京：人民交通出版社，2016.

[17] 谢春庆．西南地区机场建设中的主要工程地质问题．地质灾害与环境保护，2001，12（2）32-35.
[18] 冯立本．机场工程的环境地质问题．岩土工程技术，1996（4）：39-42.
[19] 龚志红，李天斌，龚习炜，等．攀枝花机场北东角滑坡整治措施研究．工程地质学报，2007（2）：237-243.
[20] 李天斌，刘吉，任洋，等．预加固高填方边坡的滑动机制：攀枝花机场12#滑坡．工程地质学报，2012，20（5）：723-731.
[21] 袁肃．攀枝花机场滑坡特征、机理及治理措施研究．工程建设与设计，2018（13）：121-122；125.
[22] 李江，张继，袁野，等．高填方边坡多期次滑动机制研究：以攀枝花机场12#滑坡为例//中国地质学会．2019年全国工程地质学术年会论文集．北京：中国地质学会，2019：305-314.
[23] 李玉瑞，吴红刚，冯君，等．四川攀枝花机场12#滑坡动力响应数值模拟分析．中国地质灾害与防治学报，2018，29（5）：26-31.
[24] 谢春庆，潘凯，廖崇高，等．西南某机场高填方边坡滑塌机制分析与处理措施研究．工程地质学报，2017，25（4）：1083-1093.
[25] 钱锐．西南某红层机场试验段高填方边坡稳定性研究．成都：成都理工大学，2015.
[26] 李群善．康定机场北段高填方边坡稳定性及场道沉降变形研究．成都：西南交通大学，2008.
[27] 谢春庆，廖梦羽，廖崇高．西南某大面积高填方体局部破坏特征及原因分析．勘察科学技术，2015（6）：27-32.
[28] 陈绍义，陈利娟．土洞的形成与发育机制及处理措施：以某机场为例来说明．四川地质学报，2009，29（3）：296-299.
[29] 杨茂华．敦煌机场道面病害分析．青海交通科技，2006（5）：32.
[30] 白旭耀．敦煌机场跑道道面病害与治理．民航经济与技术，1995（11）：40-41.
[31] 王念秦，柴卓．黄土山区建设机场的灾害问题及防治途径初探．甘肃科技，2010，26（24）：54-56.
[32] 谷天峰，王家鼎，王念秦．吕梁机场黄土滑坡特征及其三维稳定性分析．岩土力学，2013，34（7）：2009-2016.
[33] 刘东生，等．黄土与环境．北京：科学出版社，1985.
[34] 刘祖典．黄土力学与工程．西安：陕西科学技术出版社，1997.
[35] 雷祥义．黄土地质灾害的形成机理与防治对策．北京：北京大学出版社，2011.
[36] 许领，戴福初，闵弘，等．泾阳南塬黄土滑坡类型与发育特征．地球科学（中国地质大学学报），2010，35（1）：155-160.
[37] 李萍，李同录，王阿丹，等．黄土中水分迁移规律现场试验研究．岩土力学，2013，34（5）：1331-1339.

[38] 张茂省，胡炜，孙萍萍，等．黄土水敏性及水致黄土滑坡研究现状与展望．地球环境学报，2016，7（4）：323-334.
[39] 许强，彭大雷，亓星，等．2015 年 4・29 甘肃黑方台党川 2#滑坡基本特征与成因机理研究．工程地质学报，2016，24（2）：167-180.
[40] 张茂省，朱立峰，胡炜，等．灌溉引起的地质环境变化与黄土地质灾害：以甘肃黑方台灌溉区为例．北京：科学出版社，2017.
[41] 李源．湿陷性黄土地区沟壑高填方地基沉降规律研究．兰州：兰州交通大学，2020.
[42] Numerical study on settlement of high-fill airports in collapsible loess geomaterials: A case study of Lüliang Airport in Shanxi Province, China. Journal of Central South University，2021，28（3）：939-953.
[43] 陈陆望，曾文，许冬清，等．挖填工程影响下黄土丘陵沟壑区地下水数值模拟研究．合肥工业大学学报（自然科学版），2017，40（10）：1404-1411.
[44] 朱才辉，李宁．黄土高填方地基中暗穴扩展对机场道面变形分析．岩石力学与工程学报，2015，34（1）：198-206.
[45] 张硕，裴向军，黄润秋，等．黄土高填方坡体加载过程变形-力学响应特征研究．工程地质学报，2017，25（3）：657-670.
[46] 宋焱勋，彭建兵，张骏．黄土填方高边坡变形破坏机制分析．工程地质学报，2008（5）：620-624.
[47] 于丰武，段毅文，邢斐．机场高填方湿陷性黄土地基强夯处理试验研究．工程质量，2016，34（1）：85-88.
[48] 殷鹤，黄雪峰，张彭成，等．新方法处理高填方黄土地基的室内试验研究．施工技术，2016，45（7）：92-94.
[49] 王军进，张洪伟，张国珍，等．地下水数值模拟方法的研究与应用进展．环境与发展，2018，30（6）：103-104；106.
[50] 薛禹群，谢春红．地下水数值模拟．北京：科学出版社，2007.
[51] 薛禹群．中国地下水数值模拟的现状与展望．高校地质学报，2010，16（1）：1-6.
[52] 李凡，李家科，马越，等．地下水数值模拟研究与应用进展．水资源与水工程学报，2018，29（1）：99-104；110.
[53] 王海林．地下水流的物理模拟实验．现代地质，1989（4）：485-486.
[54] 陈鸿雁，徐蕾，孙晓萍．地下水运移的物理模拟实验方法研究．吉林水利，2000（6）：25-27.
[55] 刘东，孙宇，石岩．地下水运移的物理模拟实验方法研究．工程建设与设计，2018（20）：66-67.
[56] 俞伯汀，孙红月，尚岳全．含碎石粘性土边坡渗流系统的物理模拟试验．岩土工程学报，2006（6）：705-708.
[57] 李广信，张丙印，于玉贞．土力学．北京：清华大学出版社，2013.

[58] 傅旭东，邱晓红，赵刚，等. 巫山县污水处理厂高填方地基湿化变形试验研究. 岩土力学，2004（9）：1385-1389.
[59] 保华富，屈智炯. 粗粒料的湿化特性研究. 成都科技大学学报，1989（1）：23-30.
[60] 黑龙江省寒地建筑科学研究院，大连阿尔滨集团有限公司. 冻土地区建筑地基基础设计规范：JGJ 118—2011. 北京：中国建筑工业出版社，2011.
[61] 国家林业局. 冻土工程地质勘察规范：GB 50324—2014. 北京：中国计划出版社，2014.
[62] 姚仰平，王琳. 影响锅盖效应因素的研究. 岩土工程学报，2018，40（8）：1373-1382.
[63] 姚仰平，王琳，王乃东，等. 锅盖效应的形成机制及其防治. 工业建筑，2016，46（9）：1-5.
[64] 李强，姚仰平，韩黎明，等. 土体的“锅盖效应”. 工业建筑，2014，44（2）：69-71.
[65] 罗汀，曲啸，姚仰平，等. 北京新机场“锅盖效应”一维现场试验. 土木工程学报，2019，52（S1）：233-239.